학년별 학습 구성

> 교과서 모든 단원을 빠짐없이 수록하여
> 수학 기초 실력과 연산 실력을 동시에 향상

수학 영역	1학년 | 1~2학기	2학년 | 1~2학기	3학년 | 1~2학기
수와 연산	• 한 자리 수 • 두 자리 수 • 덧셈과 뺄셈	• 세 자리 수 • 네 자리 수 • 덧셈과 뺄셈 • 곱셈 • 곱셈구구	• 세 자리 수의 덧셈과 뺄셈 • 곱셈 • 나눗셈 • 분수 • 소수
변화와 관계	• 규칙 찾기	• 규칙 찾기	
도형과 측정	• 여러 가지 모양 • 길이, 무게, 넓이, 들이 비교하기 • 시계 보기	• 여러 가지 도형 • 시각과 시간 • 길이 재기(cm, m)	• 평면도형, 원 • 시각과 시간 • 길이, 들이, 무게
자료와 가능성		• 분류하기 • 표와 그래프	• 그림그래프

나의 목표와 다짐을 적어 주세요.

큐브 연산
초등 수학 **3·2**

2주

	1일차	2일차	3일차	4일차	5일차	이번 주 스스로 평가
2단원	08~09회 036~039쪽	10~11회 042~049쪽	12회 050~053쪽	13회 054~057쪽	14회 058~061쪽	매우 잘함 □ 보통 □ 노력 요함 □
	월 일	월 일	월 일	월 일	월 일	

3주

이번 주 스스로 평가	5일차	4일차	3일차	2일차	1일차	
매우 잘함 □ 보통 □ 노력 요함 □	20~21회 080~087쪽	19회 076~079쪽	17~18회 070~073쪽	16회 066~069쪽	15회 062~065쪽	**3단원**
	월 일	월 일	월 일	월 일	월 일	

6주

	1일차	2일차	3일차	4일차	5일차	이번 주 스스로 평가
6단원 / 총정리	37회 144~147쪽	38~39회 148~151쪽	40~41회 154~161쪽	42~43회 162~165쪽	44회 166~168쪽	매우 잘함 □ 보통 □ 노력 요함 □
	월 일	월 일	월 일	월 일	월 일	

학습 진도표

1주 — 1단원

	1일차	2일차	3일차	4일차	5일차	이번 주 스스로 평가
1주	01~02회 008~015쪽	03회 016~019쪽	04~05회 020~027쪽	06회 028~031쪽	07회 032~035쪽	매우 잘함 / 보통 / 노력 요함
	월 일	월 일	월 일	월 일	월 일	

4주 — 4단원

이번 주 스스로 평가	5일차	4일차	3일차	2일차	1일차	
매우 잘함 / 보통 / 노력 요함	28~29회 110~117쪽	27회 106~109쪽	25~26회 098~105쪽	24회 094~097쪽	22~23회 088~091쪽	4주
	월 일	월 일	월 일	월 일	월 일	

5주 — 5단원

	1일차	2일차	3일차	4일차	5일차	이번 주 스스로 평가
5주	30~31회 118~125쪽	32~33회 126~129쪽	34회 132~135쪽	35회 136~139쪽	36회 140~143쪽	매우 잘함 / 보통 / 노력 요함
	월 일	월 일	월 일	월 일	월 일	

수학은 **수와 연산 영역이 모든 영역의 문제를 푸는 데 연계**되기 때문에
모든 단원에서 연산 학습을 해야 완벽한 수학 기초 실력을 쌓을 수 있습니다.
특히 초등 수학은 **연산 능력이 바탕인 수학 개념이 많기 때문에**
모든 단원의 개념을 기초로 연산 실력을 다져야 합니다.

큐브 연산

4학년 1~2학기	**5학년** 1~2학기	**6학년** 1~2학기
• 큰 수 • 곱셈과 나눗셈 • 분수의 덧셈과 뺄셈 • 소수의 덧셈과 뺄셈	• 약수와 배수 • 수의 범위와 어림하기 • 자연수의 혼합 계산 • 약분과 통분 • 분수의 덧셈과 뺄셈 • 분수의 곱셈, 소수의 곱셈	• 분수의 나눗셈 • 소수의 나눗셈
• 규칙 찾기	• 규칙과 대응	• 비와 비율 • 비례식과 비례배분
• 각도 • 평면도형의 이동 • 수직과 평행 • 삼각형, 사각형, 다각형	• 합동과 대칭 • 직육면체와 정육면체 • 다각형의 둘레와 넓이	• 각기둥과 각뿔 • 원기둥, 원뿔, 구 • 원주율과 원의 넓이 • 직육면체와 정육면체의 겉넓이와 부피
• 막대그래프 • 꺾은선그래프	• 평균 • 가능성	• 띠그래프 • 원그래프

큐브 연산

초등 수학

3·2

1 전 단원 연산 학습을 수학 교과서의 단원별 개념 순서에 맞게 구성

큐브 연산

교과서 개념 순서에 맞춰 모든 단원의 연산 학습을 해야
기초 실력과 연산 실력이 동시에 향상돼요.

2 하루 4쪽, 4단계 연산 유형으로 체계적인 연산 학습

큐브 연산

개념 → 연습 → 적용 → 완성 체계적인 4단계 구성으로
연산 실력을 효과적으로 키울 수 있어요.

3 연산 실수를 방지하는 TIP과 문제 제공

큐브 연산

학생들이 자주 실수하는 부분을 콕 짚고 실수하기
쉬운 문제를 집중해서 풀어 보면서 실수를 방지해요.

하루 4쪽 4단계 학습

개념
자세한 개념 설명으로 개념 원리와 연산 방법 이해

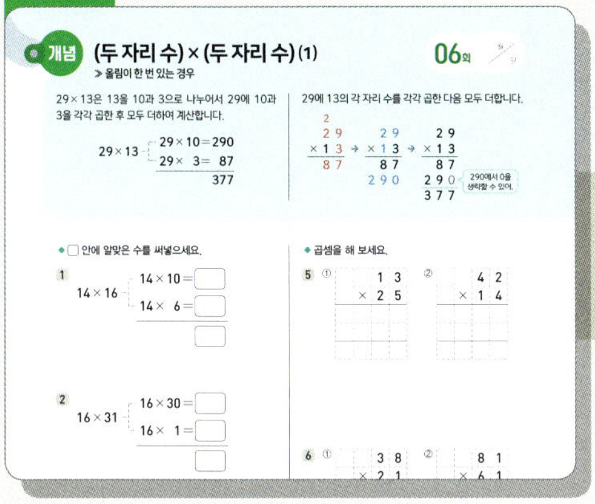

연습
실수 콕과 문제로 연산 실수 방지

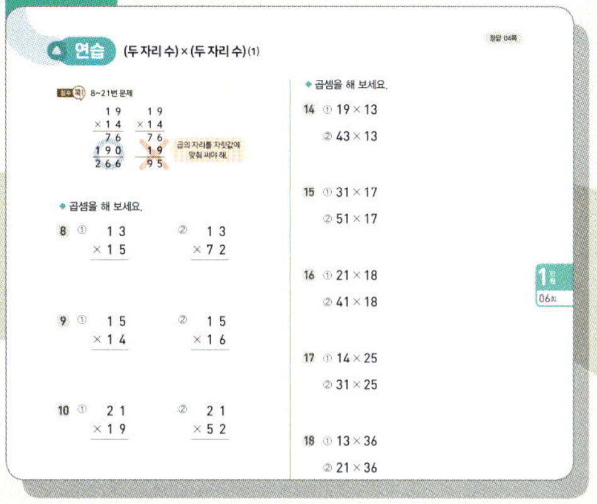

적용
다양한 유형 문제에 적용하여 연산 실력 강화

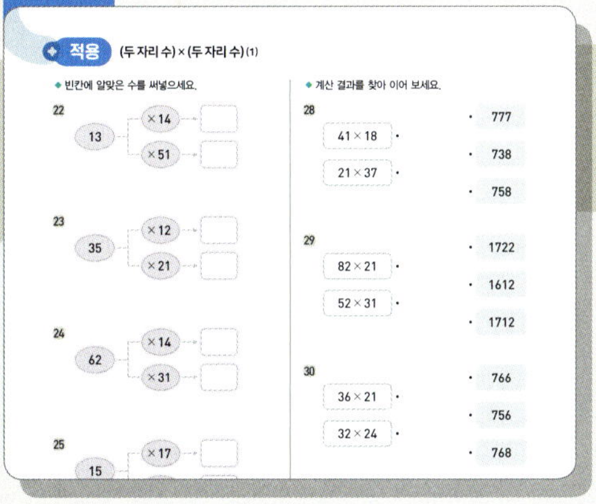

완성
재미있는 소재의 문제와 문해력 연결을 통해 연산 실력 완성

평가 A, B

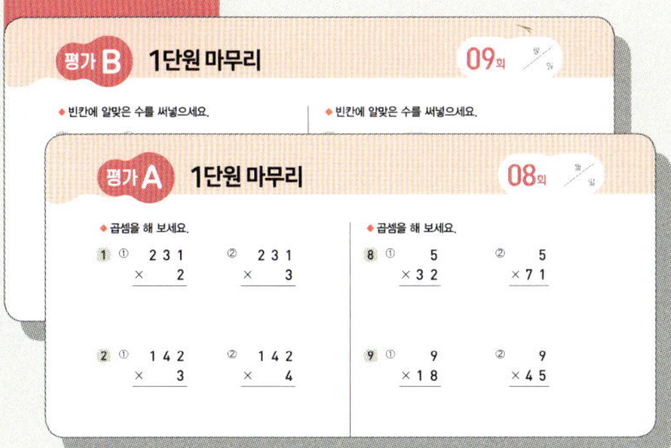

1~6단원 총정리

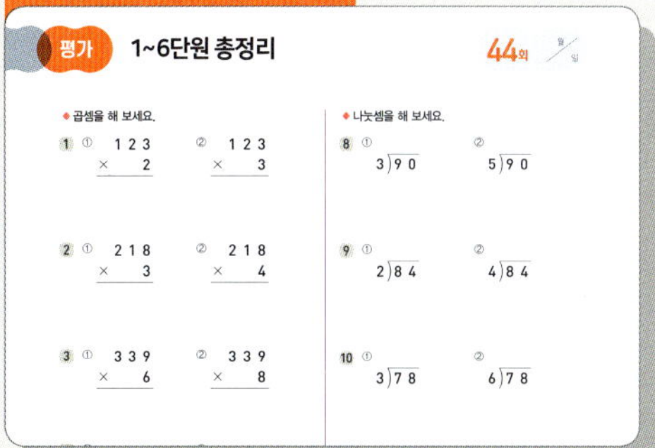

단원별 평가와 전 단원 평가를 통해 연산 실력 점검

차례

1 곱셈

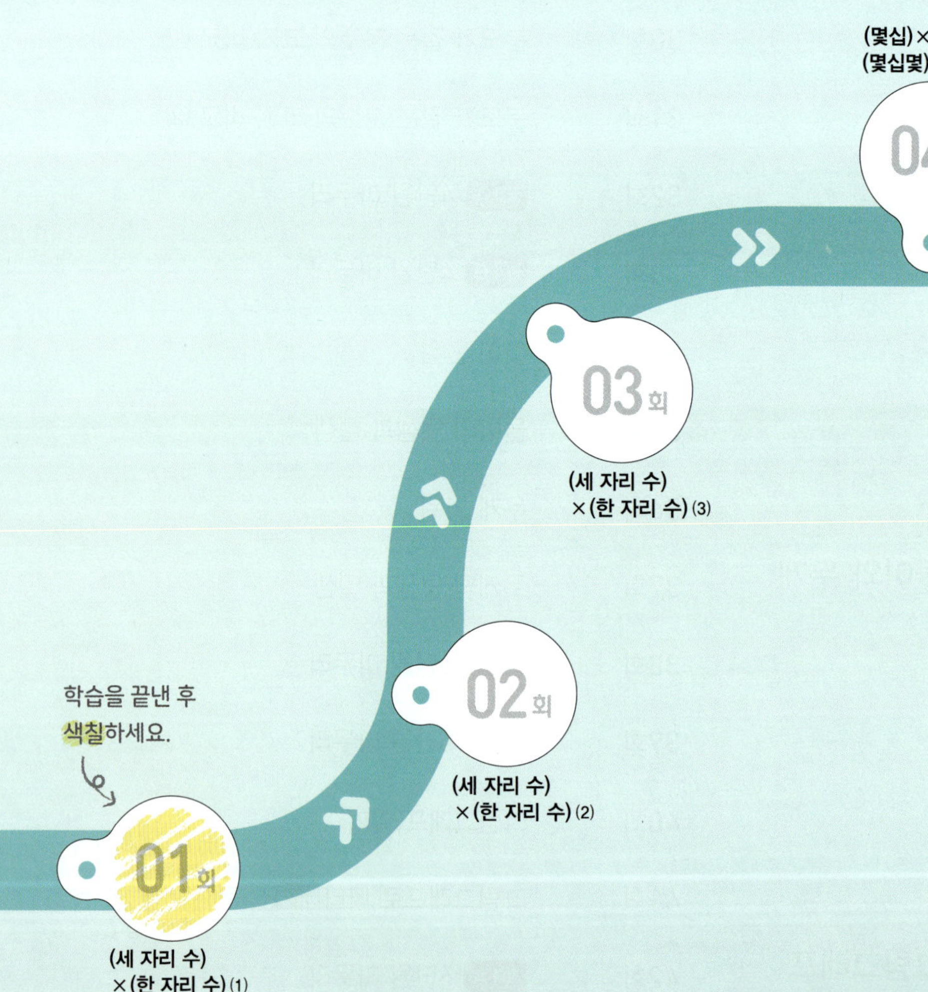

(몇십) × (몇십) /
(몇십몇) × (몇십)
04회

(세 자리 수)
× (한 자리 수) (3)
03회

(세 자리 수)
× (한 자리 수) (2)
02회

학습을 끝낸 후
색칠하세요.
01회

(세 자리 수)
× (한 자리 수) (1)

이전에 배운 내용

[3-1] 곱셈
(두 자리 수) × (한 자리 수)

다음에 배울 내용

[4-1] 곱셈과 나눗셈
(세 자리 수) × (두 자리 수)

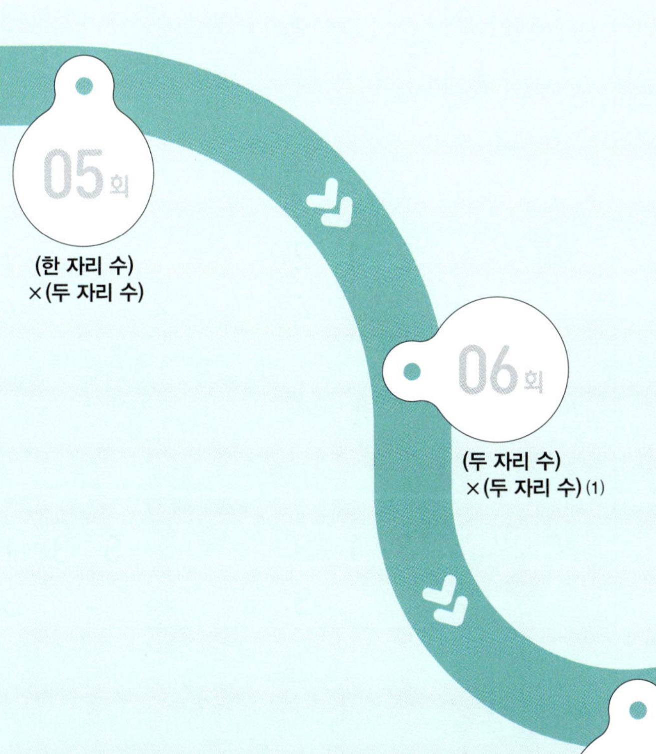

(세 자리 수) × (한 자리 수) (1)

≫ 올림이 없는 경우

213×3은 213의 각 자리에 3을 곱한 후 모두 더하여 계산합니다.

$$213 \times 3 \begin{cases} 200 \times 3 = 600 \\ 10 \times 3 = 30 \\ 3 \times 3 = 9 \end{cases}$$

$$639$$

213의 일, 십, 백의 자리 수에 차례로 3을 곱하여 각 자리에 맞게 씁니다.

$$\begin{array}{r} 2\ 1\ 3 \\ \times \qquad 3 \\ \hline 9 \end{array} \rightarrow \begin{array}{r} 2\ 1\ 3 \\ \times \qquad 3 \\ \hline 3\ 9 \end{array} \rightarrow \begin{array}{r} 2\ 1\ 3 \\ \times \qquad 3 \\ \hline 6\ 3\ 9 \end{array}$$

$3 \times 3 = 9$ | $1 \times 3 = 3$ | $2 \times 3 = 6$

◆ ☐ 안에 알맞은 수를 써넣으세요.

1

$$134 \times 2 \begin{cases} 100 \times 2 = \boxed{} \\ 30 \times 2 = \boxed{} \\ 4 \times 2 = \boxed{} \end{cases}$$

$$\boxed{}$$

2

$$113 \times 3 \begin{cases} 100 \times 3 = \boxed{} \\ 10 \times 3 = \boxed{} \\ 3 \times 3 = \boxed{} \end{cases}$$

$$\boxed{}$$

3

$$124 \times 2 \begin{cases} 100 \times 2 = \boxed{} \\ 20 \times 2 = \boxed{} \\ 4 \times 2 = \boxed{} \end{cases}$$

$$\boxed{}$$

◆ 곱셈을 해 보세요.

4

①
$$\begin{array}{r} 1\ 2\ 3 \\ \times \qquad 2 \\ \hline \end{array}$$

②
$$\begin{array}{r} 1\ 3\ 2 \\ \times \qquad 2 \\ \hline \end{array}$$

5

①
$$\begin{array}{r} 1\ 3\ 1 \\ \times \qquad 3 \\ \hline \end{array}$$

②
$$\begin{array}{r} 1\ 1\ 3 \\ \times \qquad 3 \\ \hline \end{array}$$

6

①
$$\begin{array}{r} 2\ 1\ 2 \\ \times \qquad 4 \\ \hline \end{array}$$

②
$$\begin{array}{r} 2\ 2\ 1 \\ \times \qquad 4 \\ \hline \end{array}$$

7

①
$$\begin{array}{r} 3\ 1\ 3 \\ \times \qquad 3 \\ \hline \end{array}$$

②
$$\begin{array}{r} 3\ 3\ 1 \\ \times \qquad 3 \\ \hline \end{array}$$

8

①
$$\begin{array}{r} 3\ 2\ 4 \\ \times \qquad 2 \\ \hline \end{array}$$

②
$$\begin{array}{r} 3\ 4\ 2 \\ \times \qquad 2 \\ \hline \end{array}$$

 연습 (세 자리 수) × (한 자리 수) (1)

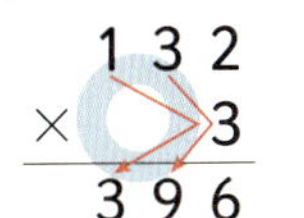 9~22번 문제

```
   1 3 2          1 3 2
 ×     3        ×     3
 ─────────      ─────────
   3 9 6          1 3 6
```

같은 자리에 있는 수만
곱하지 않도록 조심!

◆ 곱셈을 해 보세요.

9 ① 1 1 2 × 3   ② 1 1 2 × 4

10 ① 1 2 2 × 2   ② 1 2 2 × 3

11 ① 2 1 1 × 2   ② 2 1 1 × 4

12 ① 2 3 2 × 2   ② 2 3 2 × 3

13 ① 3 2 1 × 2   ② 3 2 1 × 3

14 ① 3 3 2 × 2   ② 3 3 2 × 3

◆ 곱셈을 해 보세요.

15 ① 114 × 2
    ② 231 × 2

16 ① 212 × 2
    ② 413 × 2

17 ① 321 × 2
    ② 343 × 2

18 ① 123 × 3
    ② 231 × 3

19 ① 222 × 3
    ② 321 × 3

20 ① 121 × 4
    ② 202 × 4

21 ① 122 × 4
    ② 222 × 4

22 ① 110 × 4
    ② 221 × 4

1 단원 01 회

◆ 빈칸에 알맞은 수를 써넣으세요.

23
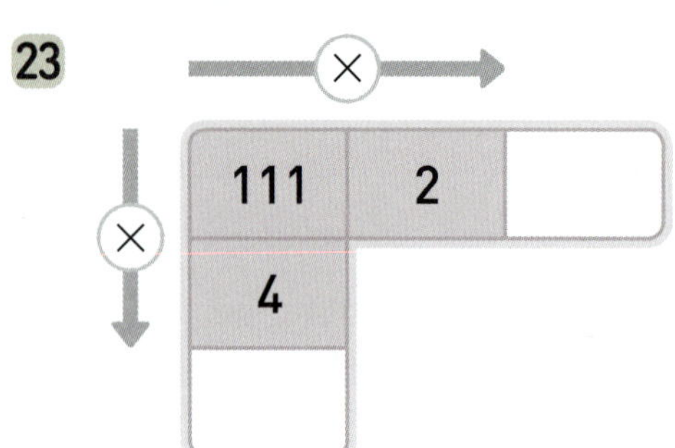

24
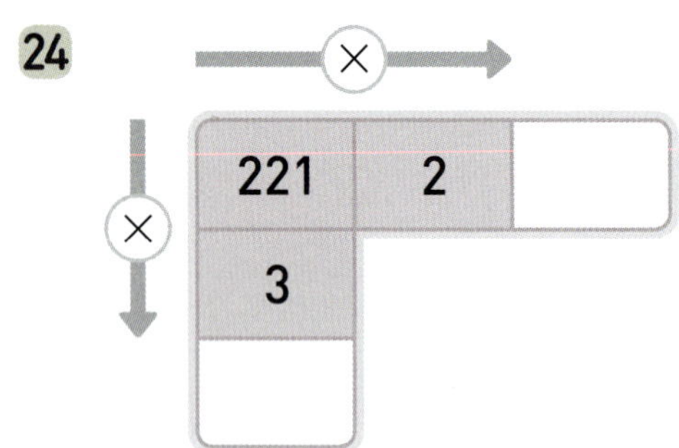

25
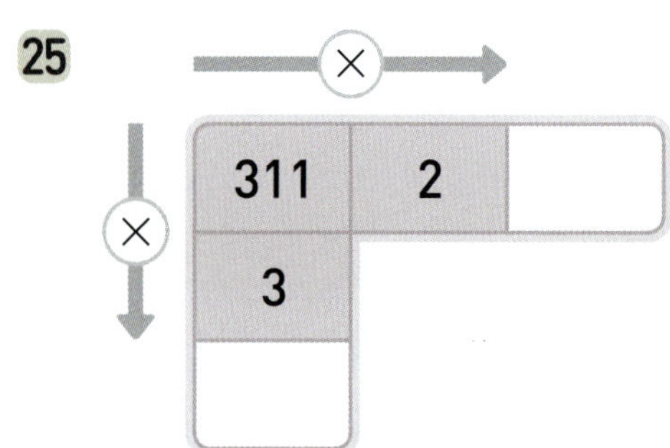

26
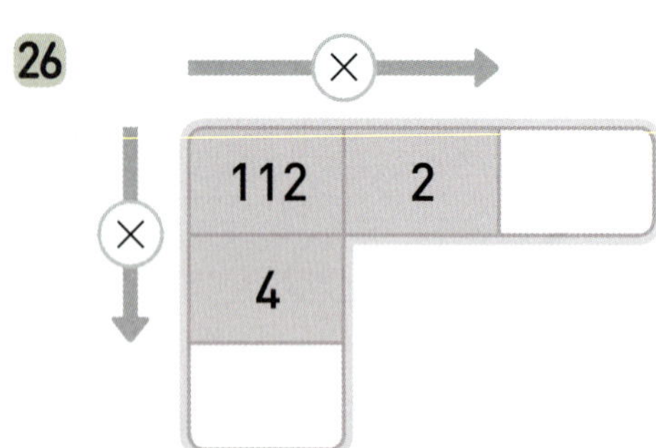

27
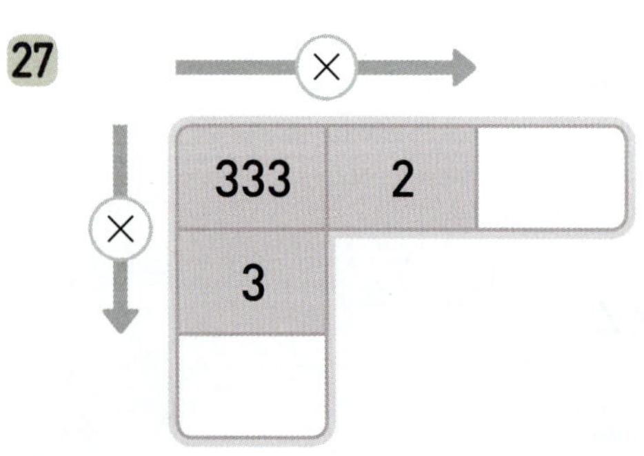

◆ 계산 결과를 비교하여 ○ 안에 >, =, <를 알맞게 써넣으세요.

28 133×3 ○ 213×2

29 323×3 ○ 214×2

30 412×2 ○ 212×4

31 101×4 ○ 201×2

32 233×3 ○ 413×2

33 414×2 ○ 212×3

34 313×3 ○ 424×2

35 211×4 ○ 312×3

★ 완성 (세 자리 수) × (한 자리 수) (1)

◆ 같은 과일은 무게가 서로 같습니다. 저울의 양쪽 무게가 같다면 상자의 무게는 몇 g인지 ☐ 안에 알맞은 수를 써넣으세요.

└→ 무게의 단위

36 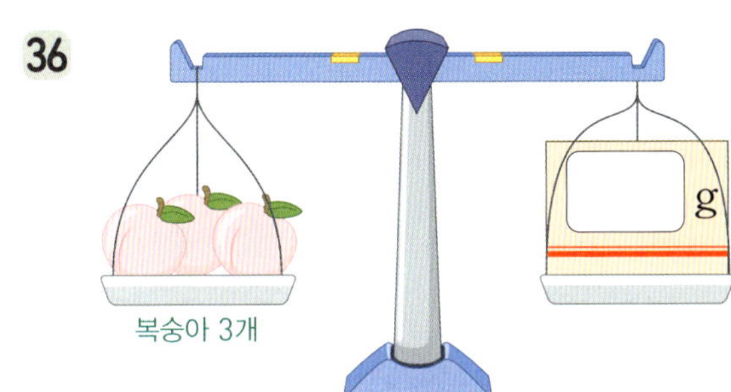

37 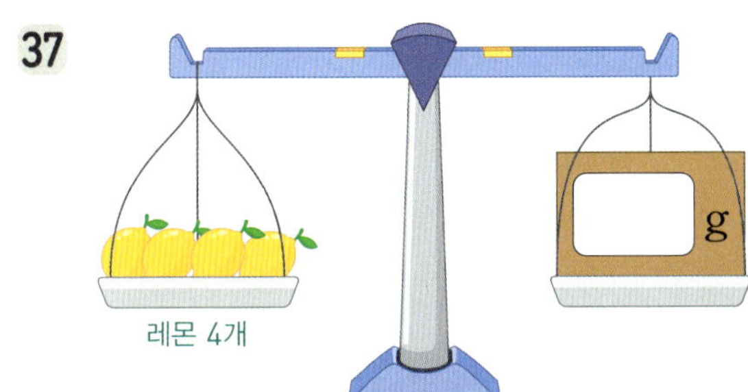

38 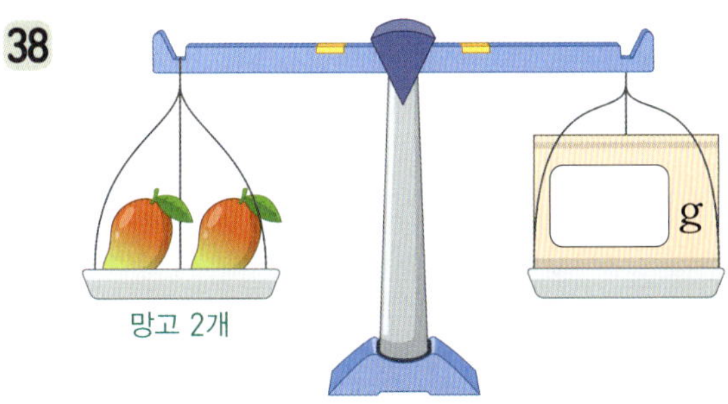

39 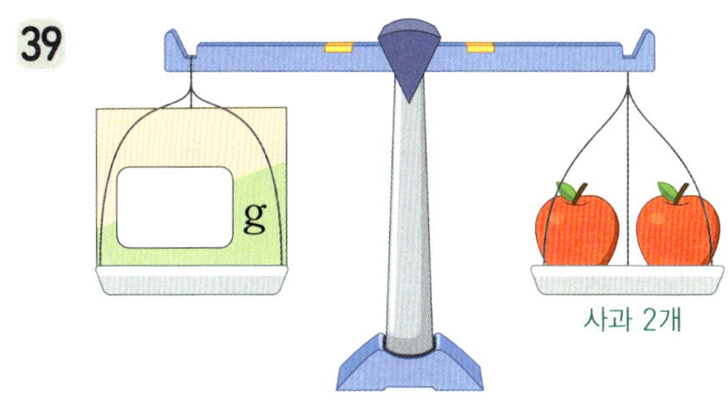

40 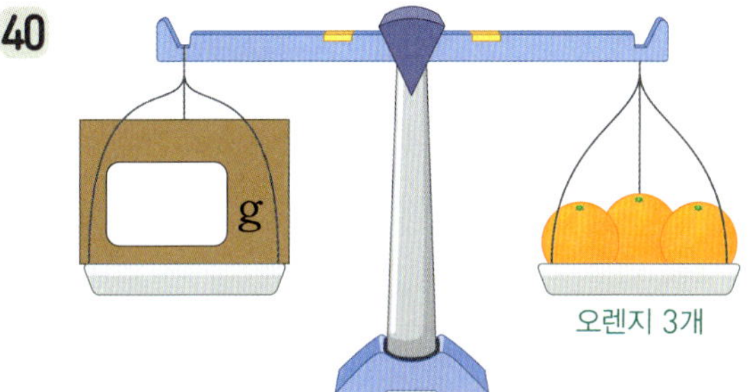

41 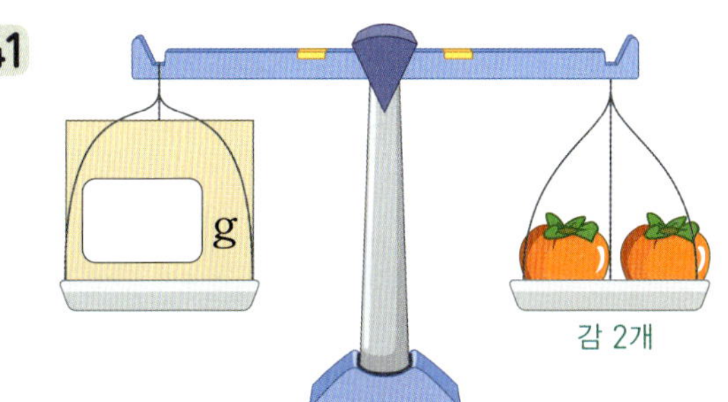

➕ 문해력

42 방울토마토가 한 상자에 322개씩 2상자 있습니다. 방울토마토는 모두 몇 개일까요?

풀이 (한 상자의 방울토마토 수) × (상자 수)

= ☐ × ☐ = ☐

답 방울토마토는 모두 ☐ 개입니다.

≫ 올림이 한 번 있는 경우

327 × 3은 327의 각 자리에 3을 곱한 후 모두 더하여 계산합니다.

$$327 \times 3 \begin{cases} 300 \times 3 = 900 \\ 20 \times 3 = 60 \\ 7 \times 3 = 21 \end{cases}$$

981

각 자리의 곱이 10이거나 10보다 크면 바로 윗자리로 올림합니다.

```
    2              1
  3 2 7          2 6 1          4 2 1
×     3        ×     2        ×     3
─────────      ─────────      ─────────
  9 8 1          5 2 2        1 2 6 3
```

└ 백의 자리에서 올림한 수는 천의 자리에 써.

◆ ☐ 안에 알맞은 수를 써넣으세요.

1

$$128 \times 3 \begin{cases} 100 \times 3 = \boxed{} \\ 20 \times 3 = \boxed{} \\ 8 \times 3 = \boxed{} \end{cases}$$

$$\boxed{}$$

2

$$171 \times 5 \begin{cases} 100 \times 5 = \boxed{} \\ 70 \times 5 = \boxed{} \\ 1 \times 5 = \boxed{} \end{cases}$$

$$\boxed{}$$

3

$$632 \times 2 \begin{cases} 600 \times 2 = \boxed{} \\ 30 \times 2 = \boxed{} \\ 2 \times 2 = \boxed{} \end{cases}$$

$$\boxed{}$$

◆ 곱셈을 해 보세요.

4

①
```
    1 1 6
×       2
─────────
```

②
```
    1 2 7
×       2
─────────
```

5

①
```
    2 1 5
×       4
─────────
```

②
```
    2 1 9
×       4
─────────
```

6

①
```
    2 3 1
×       4
─────────
```

②
```
    2 4 2
×       4
─────────
```

7

①
```
    2 7 1
×       3
─────────
```

②
```
    2 9 3
×       3
─────────
```

8

①
```
    3 1 1
×       5
─────────
```

②
```
    6 1 0
×       5
─────────
```

연습   (세 자리 수) × (한 자리 수) (2)

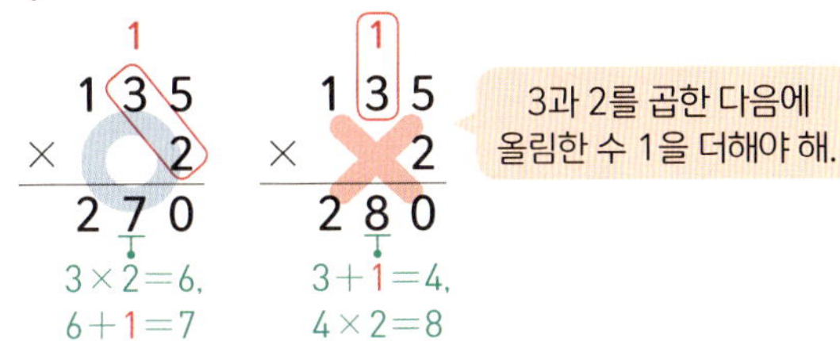

◆ 곱셈을 해 보세요.

9   ① 1 1 7 × 3   ② 1 1 7 × 5

10   ① 1 5 2 × 2   ② 1 5 2 × 4

11   ① 2 8 2 × 2   ② 2 8 2 × 3

12   ① 3 0 9 × 2   ② 3 0 9 × 3

13   ① 4 1 2 × 3   ② 4 1 2 × 4

14   ① 5 1 0 × 4   ② 5 1 0 × 7

◆ 곱셈을 해 보세요.

15   ① 129×2

    ② 394×2

16   ① 225×3

    ② 411×3

17   ① 116×4

    ② 232×4

18   ① 151×5

    ② 210×5

19   ① 131×6

    ② 311×6

20   ① 112×7

    ② 131×7

21   ① 112×8

    ② 511×8

22   ① 103×9

    ② 107×9

1단원 / 02회

◆ 빈칸에 알맞은 수를 써넣으세요.

23
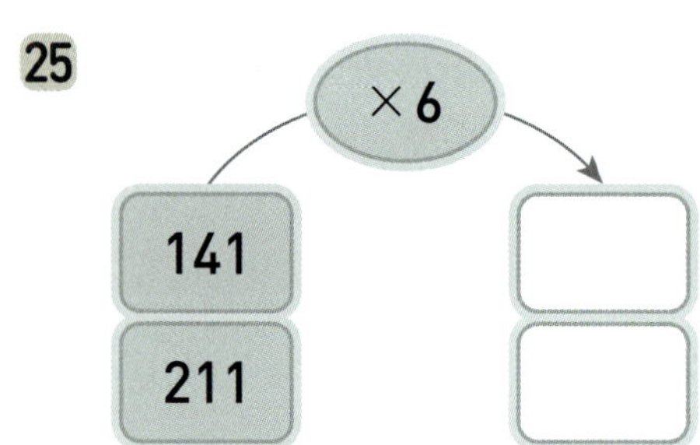

×3

162
217

24

×4

209
621

25

×6

141
211

26
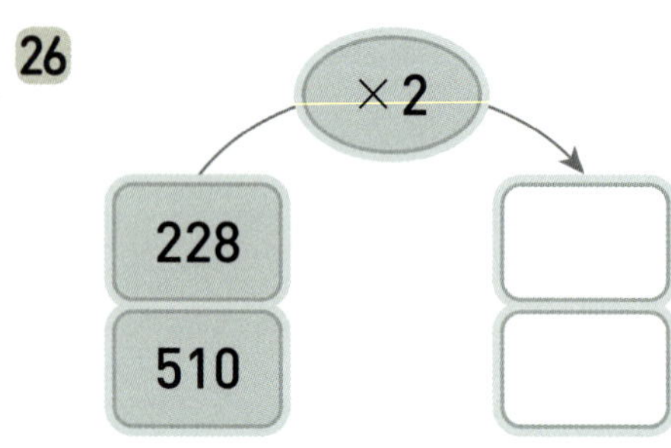

×2

228
510

27
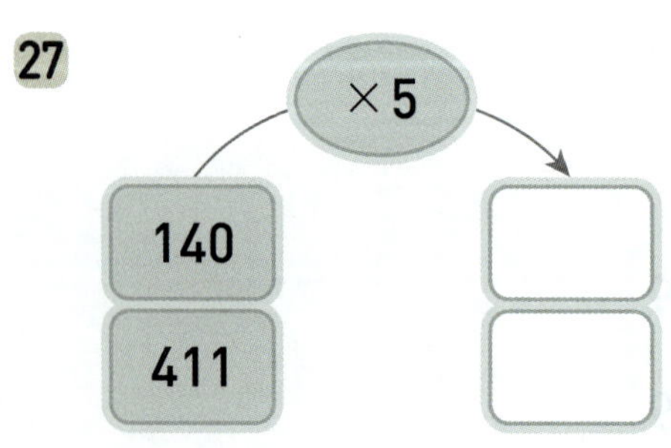

×5

140
411

◆ 계산 결과가 더 큰 것에 ◯표 하세요.

28

142×3	216×2
( )	( )

29

401×4	513×3
( )	( )

30

384×2	329×3
( )	( )

31

114×7	260×3
( )	( )

32

190×5	511×2
( )	( )

33

182×4	161×5
( )	( )

34

142×4	216×3
( )	( )

★ 완성 (세 자리 수) × (한 자리 수) (2)

◆ 달팽이가 알맞은 계산 결과가 적힌 곳에 도착하도록 선을 그어 보세요.

35

38

36

39

37

40
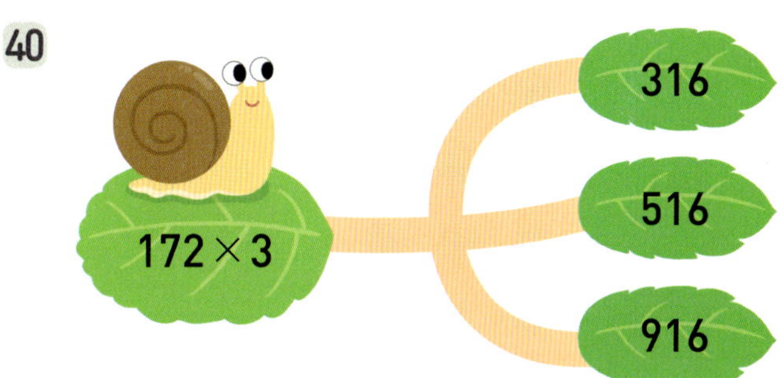

1단원
02회

＋문해력

41 문구점에서 파는 연필 한 자루의 값은 450원입니다. 연필 2자루의 값은 얼마일까요?

풀이 (연필 한 자루의 값) × (연필 수)

= □ × □ = □

답 연필 2자루의 값은 □원입니다.

(세 자리 수) × (한 자리 수) (3)

≫ 올림이 여러 번 있는 경우

527 × 6은 527의 각 자리에 6을 곱한 후 모두 더하여 계산합니다.

$$527 \times 6 \begin{cases} 500 \times 6 = 3000 \\ 20 \times 6 = 120 \\ 7 \times 6 = 42 \end{cases}$$

3162

각 자리의 곱이 10이거나 10보다 크면 바로 윗자리로 올림합니다.

$$\begin{array}{r} 4 \\ 5\,2\,7 \\ \times 6 \\ \hline 2 \end{array} \rightarrow \begin{array}{r} 1\;4 \\ 5\,2\,7 \\ \times 6 \\ \hline 6\,2 \end{array} \rightarrow \begin{array}{r} 1\;4 \\ 5\,2\,7 \\ \times 6 \\ \hline 3\,1\,6\,2 \end{array}$$

12+4   30+1

◆ ☐ 안에 알맞은 수를 써넣으세요.

1

$$153 \times 5 \begin{cases} 100 \times 5 = \boxed{} \\ 50 \times 5 = \boxed{} \\ 3 \times 5 = \boxed{} \end{cases}$$

$$\boxed{}$$

2

$$341 \times 6 \begin{cases} 300 \times 6 = \boxed{} \\ 40 \times 6 = \boxed{} \\ 1 \times 6 = \boxed{} \end{cases}$$

$$\boxed{}$$

3

$$532 \times 8 \begin{cases} 500 \times 8 = \boxed{} \\ 30 \times 8 = \boxed{} \\ 2 \times 8 = \boxed{} \end{cases}$$

$$\boxed{}$$

◆ 곱셈을 해 보세요.

4

①

$$\begin{array}{r} 2\,7\,9 \\ \times 2 \\ \hline \end{array}$$

②

$$\begin{array}{r} 2\,8\,6 \\ \times 2 \\ \hline \end{array}$$

5

①

$$\begin{array}{r} 4\,1\,6 \\ \times 3 \\ \hline \end{array}$$

②

$$\begin{array}{r} 5\,1\,7 \\ \times 3 \\ \hline \end{array}$$

6

①

$$\begin{array}{r} 6\,8\,2 \\ \times 4 \\ \hline \end{array}$$

②

$$\begin{array}{r} 7\,9\,1 \\ \times 4 \\ \hline \end{array}$$

7

①

$$\begin{array}{r} 7\,2\,3 \\ \times 7 \\ \hline \end{array}$$

②

$$\begin{array}{r} 7\,3\,5 \\ \times 7 \\ \hline \end{array}$$

8

①

$$\begin{array}{r} 8\,5\,9 \\ \times 2 \\ \hline \end{array}$$

②

$$\begin{array}{r} 8\,9\,7 \\ \times 2 \\ \hline \end{array}$$

03회 월 / 일

 연습 (세 자리 수) × (한 자리 수) (3)

 9~22번 문제

```
   3 2            3 2
   7 6 4          7 6 4
 ×     5        ×     5
 3 8 2 0        3 5 2 0
   ○              ✕
```

올림한 수를 빠뜨리지 않도록 조심!

◆ 곱셈을 해 보세요.

9 ①　1 4 3　　②　1 4 3
　　× 　　4　　　　×　　　6

10 ①　2 1 6　　②　2 1 6
　　×　　　5　　　　×　　　6

11 ①　3 7 1　　②　3 7 1
　　×　　　4　　　　×　　　7

12 ①　4 2 4　　②　4 2 4
　　×　　　3　　　　×　　　4

13 ①　5 4 3　　②　5 4 3
　　×　　　6　　　　×　　　8

14 ①　6 5 8　　②　6 5 8
　　×　　　2　　　　×　　　5

◆ 곱셈을 해 보세요.

15 ① 168 × 2
　 ② 562 × 2

16 ① 267 × 3
　 ② 508 × 3

17 ① 313 × 4
　 ② 497 × 4

18 ① 221 × 5
　 ② 634 × 5

19 ① 122 × 6
　 ② 524 × 6

20 ① 213 × 7
　 ② 395 × 7

21 ① 451 × 8
　 ② 738 × 8

22 ① 625 × 9
　 ② 846 × 9

◆ 빈칸에 알맞은 수를 써넣으세요.

23   179   ×2 → ☐   ×5 → ☐

24   429   ×3 → ☐   ×6 → ☐

25   581   ×4 → ☐   ×7 → ☐

26   285   ×6 → ☐   ×8 → ☐

27   369   ×3 → ☐   ×7 → ☐

28   485   ×5 → ☐   ×9 → ☐

◆ 계산 결과가 더 작은 것의 기호를 쓰세요.

29   ㉠ 144×3 ㉡ 195×2 ☐

30   ㉠ 214×6 ㉡ 519×3 ☐

31   ㉠ 138×7 ㉡ 316×4 ☐

32   ㉠ 697×2 ㉡ 408×3 ☐

33   ㉠ 567×4 ㉡ 751×2 ☐

34   ㉠ 289×6 ㉡ 858×2 ☐

35   ㉠ 967×3 ㉡ 543×5 ☐

★ 완성 (세 자리 수) × (한 자리 수) (3)

◆ 한 그릇에 담긴 음식의 열량이 다음과 같습니다. 곱셈식을 세워 한 상에 차려진 음식의 열량을 구하세요.

└→ 음식에 들어 있는 에너지

음식	떡국	나물	꼬치전	갈비찜
열량 (킬로칼로리)	473	199	375	537

36

473 × ☐ = ☐ (킬로칼로리)

38

375 × ☐ = ☐ (킬로칼로리)

37

199 × ☐ = ☐ (킬로칼로리)

39

537 × ☐ = ☐ (킬로칼로리)

+ 문해력

40 트럭 한 대에 배추가 238포기씩 실려 있습니다. 트럭 5대에 실려 있는 배추는 모두 몇 포기일까요?

풀이 (트럭 한 대에 실려 있는 배추 수) × (트럭 수)

= ☐ × ☐ = ☐

답 트럭 5대에 실려 있는 배추는 모두 ☐ 포기입니다.

20×40의 계산은 2×4의 값에 0을 2개 붙입니다.

$$20 \times 40 = 20 \times 4 \times 10$$
$$= 80 \times 10$$
$$= 800$$

```
   2 0  → 1개
 × 4 0  → 1개
 ───────
 8 0 0  → 2개
```

24×30의 계산은 24×3의 값에 0을 1개 붙입니다.

$$24 \times 30 = 24 \times 3 \times 10$$
$$= 72 \times 10$$
$$= 720$$

```
   2 4
 × 3 0  → 1개
 ───────
 7 2 0
```

◆ 곱셈을 해 보세요.

1
```
   1        1 0
 × 7  →   × 7 0
```

2
```
   2        2 0
 × 3  →   × 3 0
```

3
```
   4        4 0
 × 5  →   × 5 0
```

4
```
   5        5 0
 × 9  →   × 9 0
```

5
```
   8        8 0
 × 6  →   × 6 0
```

6
```
   9        9 0
 × 7  →   × 7 0
```

◆ 곱셈을 해 보세요.

7
```
   2 1        2 1
 ×   2  →   × 2 0
```

8
```
   2 9        2 9
 ×   3  →   × 3 0
```

9
```
   3 2        3 2
 ×   6  →   × 6 0
```

10
```
   3 7        3 7
 ×   8  →   × 8 0
```

11
```
   4 5        4 5
 ×   4  →   × 4 0
```

12
```
   5 8        5 8
 ×   9  →   × 9 0
```

 연습 (몇십)×(몇십) / (몇십몇)×(몇십)

실수 콕! 15, 22번 문제

```
      4 0        4 0
    × 5 0      × 5 0
    2 0 0 0      2 0 0
```

◆ 곱셈을 해 보세요.

13 ①
```
    1 0
  × 4 0
```
②
```
    1 0
  × 5 0
```

14 ①
```
    3 0
  × 3 0
```
②
```
    3 0
  × 7 0
```

실수 콕!

15 ①
```
    5 0
  × 2 0
```
②
```
    5 0
  × 6 0
```

16 ①
```
    1 7
  × 2 0
```
②
```
    1 7
  × 5 0
```

17 ①
```
    4 3
  × 2 0
```
②
```
    4 3
  × 4 0
```

18 ①
```
    6 8
  × 3 0
```
②
```
    6 8
  × 8 0
```

◆ 곱셈을 해 보세요.

19 ① 10×20

② 90×20

20 ① 30×50

② 70×50

21 ① 40×60

② 90×60

실수 콕!

22 ① 50×80

② 90×80

23 ① 25×30

② 42×30

24 ① 19×40

② 53×40

25 ① 33×70

② 61×70

26 ① 26×90

② 45×90

◆ 빈칸에 알맞은 수를 써넣으세요.

27
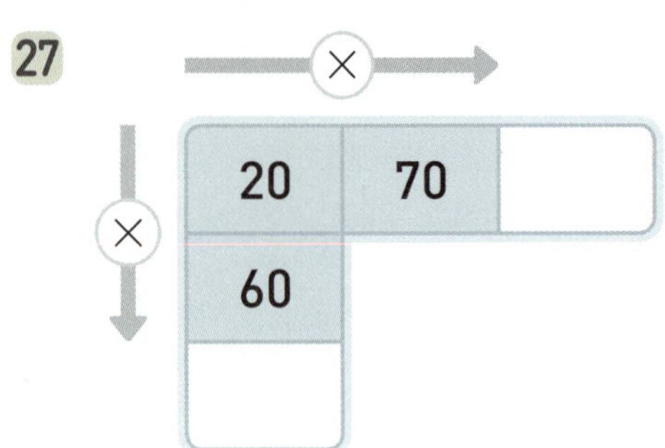

28
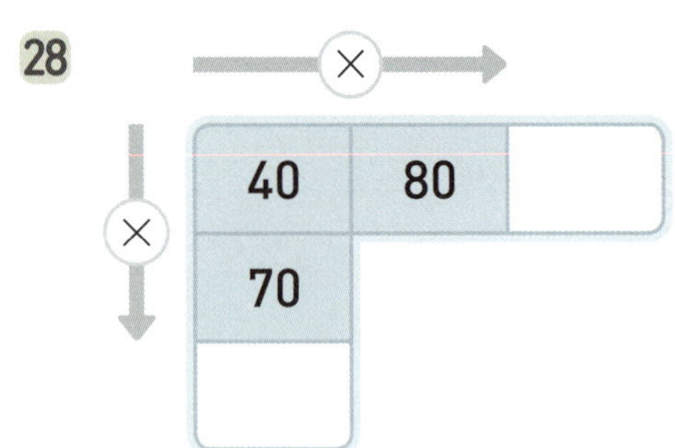

29
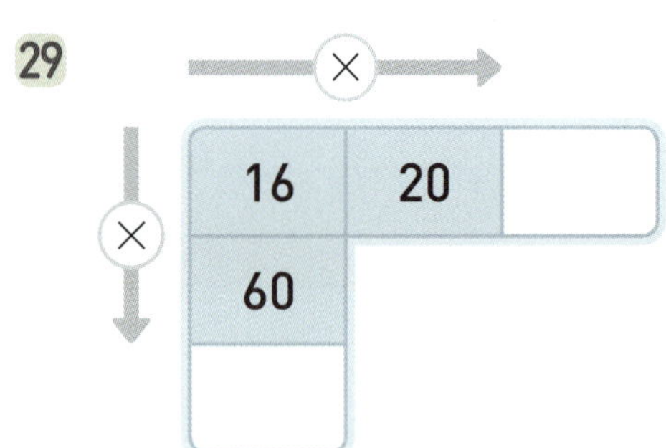

30
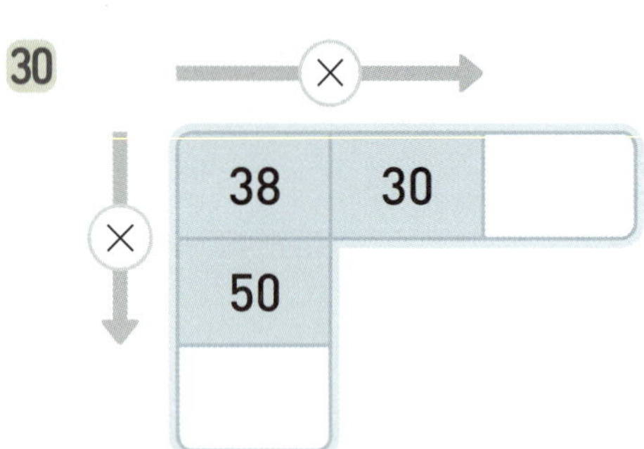

31
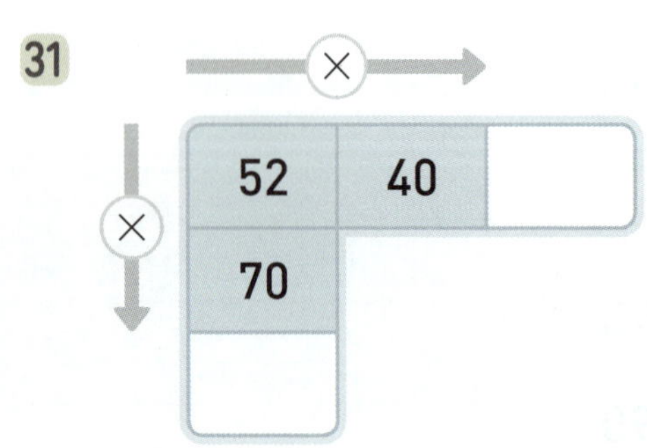

◆ 계산 결과를 비교하여 ○ 안에 >, =, <를 알맞게 써넣으세요.

32 10×90 ◯ 20×20

33 40×70 ◯ 60×30

34 60×60 ◯ 90×40

35 80×80 ◯ 90×70

36 15×40 ◯ 31×20

37 47×60 ◯ 57×50

38 79×30 ◯ 97×20

39 53×80 ◯ 86×50

★ 완성 (몇십) × (몇십) / (몇십몇) × (몇십)

◆ 다람쥐가 먹이를 찾으러 가려고 합니다. 갈림길마다 옳은 계산 결과를 따라가며 선을 그리고, 도착한 곳에서 찾은 먹이에 ◯표 하세요.

40

＋ 문해력

41 달걀이 한 판에 ⟨30개씩⟩ 있습니다. ⟨40판⟩에 있는 달걀은 모두 몇 개일까요?

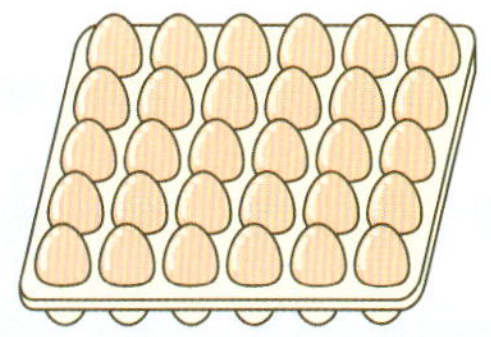

풀이 (한 판에 있는 달걀 수) × (판 수)

= ☐ × ☐ = ☐

답 40판에 있는 달걀은 모두 ☐개입니다.

4×35는 35를 30과 5로 나누어서 4에 30과 5를 각각 곱한 후 모두 더하여 계산합니다.

$$4 \times 35 \begin{cases} 4 \times 30 = 120 \\ 4 \times \ 5 = \ 20 \end{cases}$$
$$140$$

4에 35의 각 자리 수를 각각 곱한 다음 모두 더합니다.

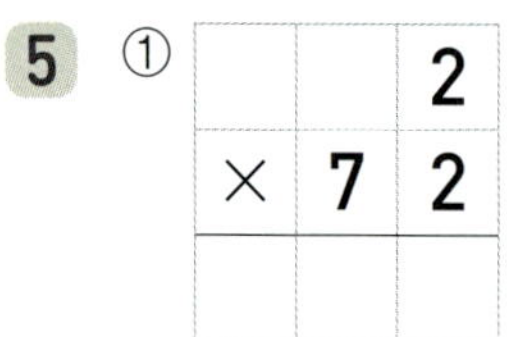
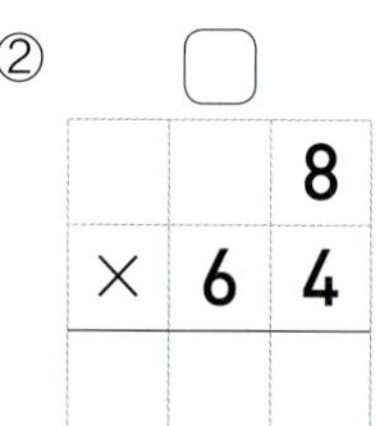

◆ ☐ 안에 알맞은 수를 써넣으세요.

1 $2 \times 62 \begin{cases} 2 \times 60 = \boxed{} \\ 2 \times \ 2 = \boxed{} \end{cases}$ $\boxed{}$

2 $3 \times 45 \begin{cases} 3 \times 40 = \boxed{} \\ 3 \times \ 5 = \boxed{} \end{cases}$ $\boxed{}$

3 $6 \times 79 \begin{cases} 6 \times 70 = \boxed{} \\ 6 \times \ 9 = \boxed{} \end{cases}$ $\boxed{}$

4 $7 \times 38 \begin{cases} 7 \times 30 = \boxed{} \\ 7 \times \ 8 = \boxed{} \end{cases}$ $\boxed{}$

◆ 곱셈을 해 보세요.

5 ①
$$\begin{array}{r} 2 \\ \times\ 7\ 2 \\ \hline \end{array}$$
②
$$\begin{array}{r} 3 \\ \times\ 9\ 3 \\ \hline \end{array}$$

6 ①
$$\begin{array}{r} 5 \\ \times\ 4\ 9 \\ \hline \end{array}$$
②
$$\begin{array}{r} 8 \\ \times\ 6\ 4 \\ \hline \end{array}$$

7 ①
$$\begin{array}{r} 4 \\ \times\ 4\ 5 \\ \hline \end{array}$$
②
$$\begin{array}{r} 6 \\ \times\ 6\ 7 \\ \hline \end{array}$$

8 ①
$$\begin{array}{r} 7 \\ \times\ 5\ 8 \\ \hline \end{array}$$
②
$$\begin{array}{r} 9 \\ \times\ 8\ 6 \\ \hline \end{array}$$

9 ①
$$\begin{array}{r} 3 \\ \times\ 4\ 4 \\ \hline \end{array}$$
②
$$\begin{array}{r} 5 \\ \times\ 3\ 5 \\ \hline \end{array}$$

⬥ 연습   (한 자리 수) × (두 자리 수)

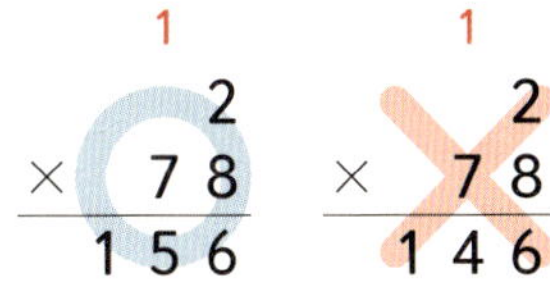

◆ 곱셈을 해 보세요.

10 ①
$$\begin{array}{r} 3 \\ \times\, 1\ 8 \\ \hline \end{array}$$
②
$$\begin{array}{r} 3 \\ \times\, 3\ 4 \\ \hline \end{array}$$

11 ①
$$\begin{array}{r} 4 \\ \times\, 2\ 8 \\ \hline \end{array}$$
②
$$\begin{array}{r} 4 \\ \times\, 4\ 7 \\ \hline \end{array}$$

12 ①
$$\begin{array}{r} 5 \\ \times\, 1\ 6 \\ \hline \end{array}$$
②
$$\begin{array}{r} 5 \\ \times\, 5\ 3 \\ \hline \end{array}$$

13 ①
$$\begin{array}{r} 6 \\ \times\, 3\ 1 \\ \hline \end{array}$$
②
$$\begin{array}{r} 6 \\ \times\, 6\ 8 \\ \hline \end{array}$$

14 ①
$$\begin{array}{r} 7 \\ \times\, 2\ 5 \\ \hline \end{array}$$
②
$$\begin{array}{r} 7 \\ \times\, 5\ 2 \\ \hline \end{array}$$

15 ①
$$\begin{array}{r} 8 \\ \times\, 3\ 7 \\ \hline \end{array}$$
②
$$\begin{array}{r} 8 \\ \times\, 6\ 9 \\ \hline \end{array}$$

◆ 곱셈을 해 보세요.

16 ① 4×12

　　② 5×12

17 ① 2×14

　　② 9×14

18 ① 3×21

　　② 6×21

19 ① 4×39

　　② 7×39

20 ① 2×44

　　② 7×44

21 ① 3×56

　　② 8×56

22 ① 4×59

　　② 6×59

23 ① 5×63

　　② 9×63

◆ 빈칸에 알맞은 수를 써넣으세요.

24

4	13	
3	17	

25

8	75	
6	23	

26

5	29	
4	65	

27

7	34	
9	57	

28

3	48	
8	89	

29

2	92	
6	76	

◆ 계산 결과가 더 작은 것에 ◯표 하세요.

30

4×15	7×12
(　　　)	(　　　)

31

5×54	8×33
(　　　)	(　　　)

32

6×47	9×32
(　　　)	(　　　)

33

3×78	5×46
(　　　)	(　　　)

34

4×57	7×29
(　　　)	(　　　)

35

6×51	8×39
(　　　)	(　　　)

36

9×17	4×42
(　　　)	(　　　)

★ 완성 (한 자리 수) × (두 자리 수)

◆ 마라톤 선수들의 연습 경로를 나타낸 것입니다. 매일 같은 경로를 주어진 날수만큼 달린다면 모두 몇 km를 달리게 되는지 구하세요.

37 5 km

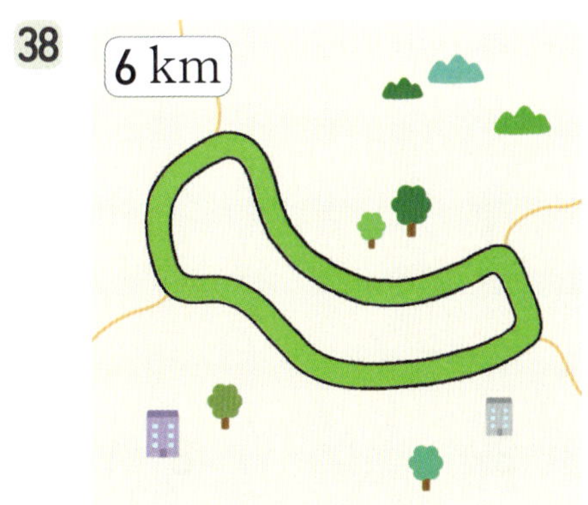

5 km씩 23일

➡ $5 \times 23 =$ ☐ (km)

39 7 km

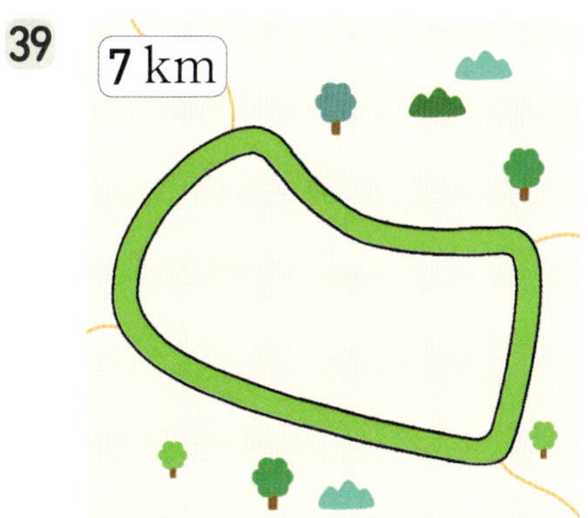

7 km씩 21일

➡ $7 \times 21 =$ ☐ (km)

38 6 km

6 km씩 22일

➡ $6 \times 22 =$ ☐ (km)

40 9 km

9 km씩 25일

➡ $9 \times 25 =$ ☐ (km)

+ 문해력

41 떡꼬치 한 개를 만드는 데 떡이 5개 필요합니다. 떡꼬치 19개를 만드는 데 필요한 떡은 모두 몇 개일까요?

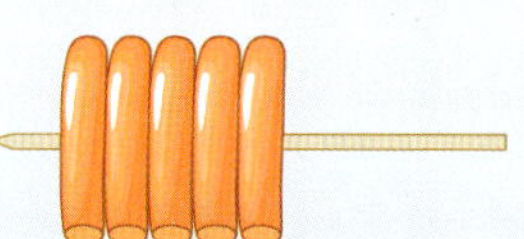

풀이 (떡꼬치 한 개를 만드는 데 필요한 떡 수) × (떡꼬치 수)

= ☐ × ☐ = ☐

답 떡꼬치 19개를 만드는 데 필요한 떡은 모두 ☐개입니다.

≫ 올림이 한 번 있는 경우

29×13은 13을 10과 3으로 나누어서 29에 10과 3을 각각 곱한 후 모두 더하여 계산합니다.

$$29 \times 13 \begin{cases} 29 \times 10 = 290 \\ 29 \times\ 3 =\ 87 \end{cases}$$
$$377$$

29에 13의 각 자리 수를 각각 곱한 다음 모두 더합니다.

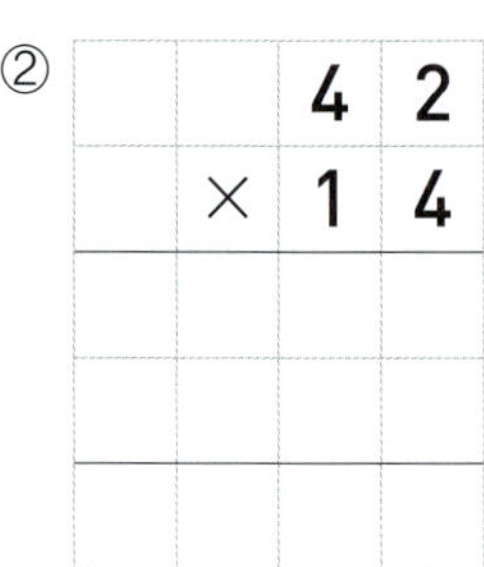

◆ ☐ 안에 알맞은 수를 써넣으세요.

1 $14 \times 16 \begin{cases} 14 \times 10 = \boxed{} \\ 14 \times\ 6 = \boxed{} \end{cases}$ $\boxed{}$

2 $16 \times 31 \begin{cases} 16 \times 30 = \boxed{} \\ 16 \times\ 1 = \boxed{} \end{cases}$ $\boxed{}$

3 $21 \times 47 \begin{cases} 21 \times 40 = \boxed{} \\ 21 \times\ 7 = \boxed{} \end{cases}$ $\boxed{}$

4 $32 \times 42 \begin{cases} 32 \times 40 = \boxed{} \\ 32 \times\ 2 = \boxed{} \end{cases}$ $\boxed{}$

◆ 곱셈을 해 보세요.

5 ①
$$\begin{array}{r} 1\ 3 \\ \times\ 2\ 5 \\ \hline \end{array}$$
②
$$\begin{array}{r} 4\ 2 \\ \times\ 1\ 4 \\ \hline \end{array}$$

6 ①
$$\begin{array}{r} 3\ 8 \\ \times\ 2\ 1 \\ \hline \end{array}$$
②
$$\begin{array}{r} 8\ 1 \\ \times\ 6\ 1 \\ \hline \end{array}$$

7 ①
$$\begin{array}{r} 1\ 2 \\ \times\ 2\ 6 \\ \hline \end{array}$$
②
$$\begin{array}{r} 6\ 1 \\ \times\ 3\ 1 \\ \hline \end{array}$$

연습 (두 자리 수) × (두 자리 수) (1)

실수 콕! 8~21번 문제

```
    1 9        1 9
  × 1 4      × 1 4
    7 6        7 6
  1 9 0        1 9
  2 6 6        9 5
```

곱의 자리를 자릿값에 맞춰 써야 해.

◆ 곱셈을 해 보세요.

8 ①
```
    1 3
  × 1 5
```
②
```
    1 3
  × 7 2
```

9 ①
```
    1 5
  × 1 4
```
②
```
    1 5
  × 1 6
```

10 ①
```
    2 1
  × 1 9
```
②
```
    2 1
  × 5 2
```

11 ①
```
    2 5
  × 2 1
```
②
```
    2 5
  × 3 1
```

12 ①
```
    3 2
  × 1 4
```
②
```
    3 2
  × 4 3
```

13 ①
```
    3 7
  × 1 2
```
②
```
    3 7
  × 2 1
```

◆ 곱셈을 해 보세요.

14 ① 19×13

② 43×13

15 ① 31×17

② 51×17

16 ① 21×18

② 41×18

17 ① 14×25

② 31×25

18 ① 13×36

② 21×36

19 ① 14×42

② 24×42

20 ① 12×52

② 31×52

21 ① 12×71

② 51×71

1단원 **06**회

◆ 빈칸에 알맞은 수를 써넣으세요.

22
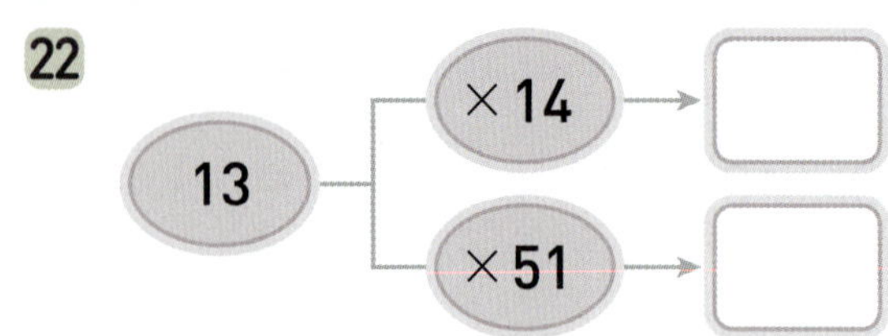

23
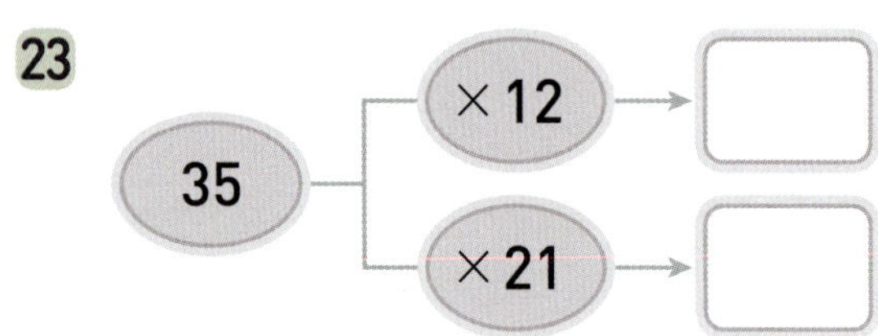

24
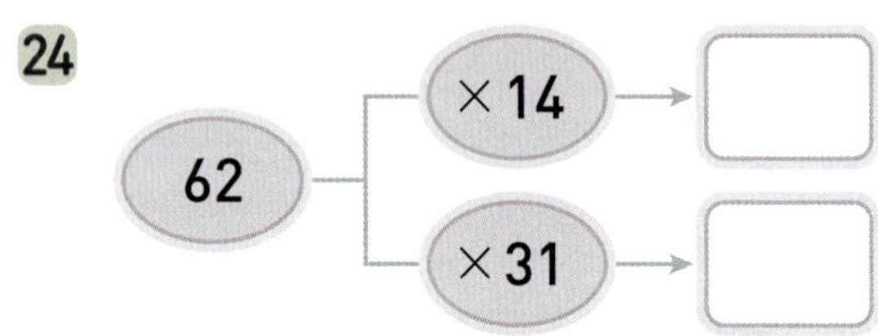

25
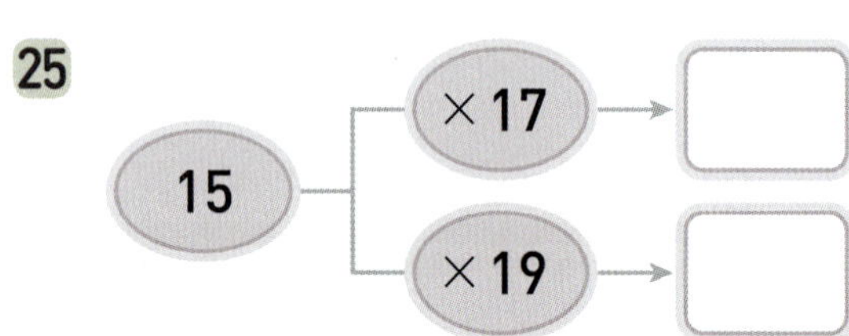

26
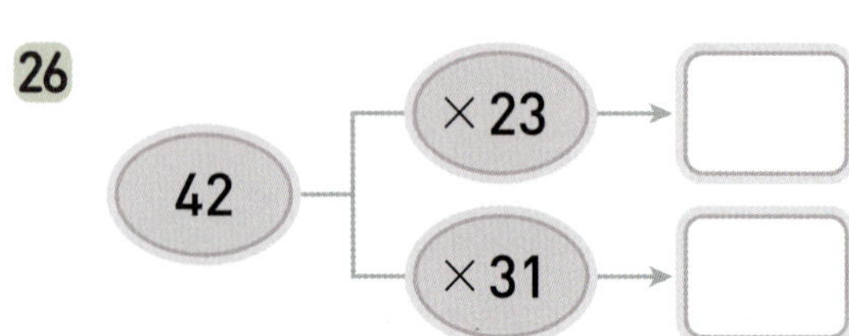

27

53 → ×12 → ☐
53 → ×21 → ☐

◆ 계산 결과를 찾아 이어 보세요.

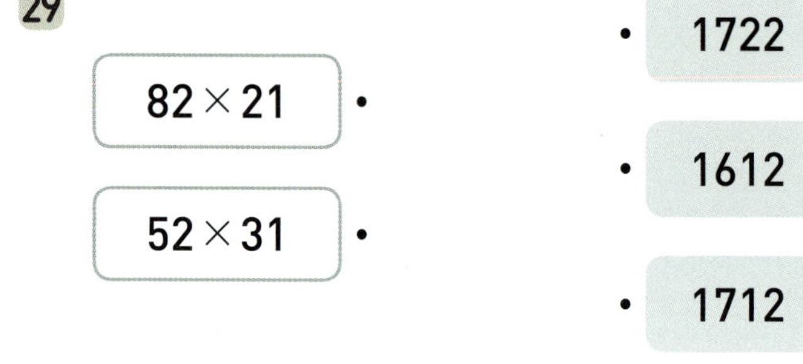

28

41×18 •

21×37 •

• 777

• 738

• 758

29

82×21 •

52×31 •

• 1722

• 1612

• 1712

30

36×21 •

32×24 •

• 766

• 756

• 768

31

61×16 •

43×13 •

• 956

• 559

• 976

32

74×12 •

12×45 •

• 540

• 848

• 888

★ 완성 (두 자리 수) × (두 자리 수) (1)

◆ 계산 결과가 더 큰 길을 따라가며 선을 그리고, 도착한 곳에 ◯표 하세요.

33

1단원 06회

＋ 문해력

34 윤아네 학교 학생들이 소풍을 가려고 버스 한 대에 **25명씩** **31대**에 탔습니다. 버스에 탄 학생은 모두 몇 명일까요?

풀이 (버스 한 대에 탄 학생 수) × (버스 수)

$$= \boxed{} \times \boxed{} = \boxed{}$$

답 버스에 탄 학생은 모두 $\boxed{}$ 명입니다.

(두 자리 수) × (두 자리 수) (2)

≫ 올림이 여러 번 있는 경우

32×46은 46을 40과 6으로 나누어서 32에 40과 6을 각각 곱한 후 모두 더하여 계산합니다.

$$32 \times 46 \begin{cases} 32 \times 40 = 1280 \\ 32 \times 6 = 192 \end{cases}$$
$$1472$$

32에 46의 각 자리 수를 각각 곱한 다음 모두 더합니다.

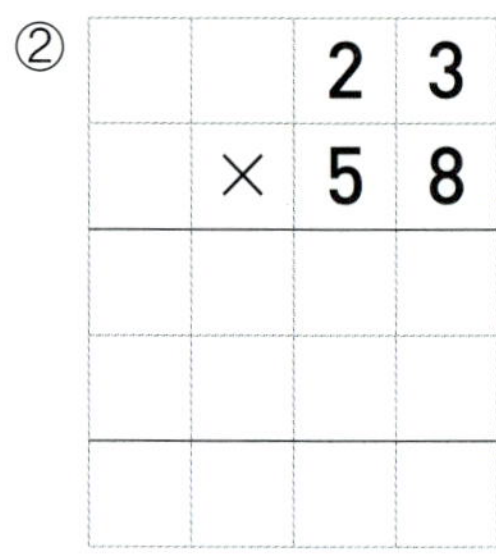

◆ ☐ 안에 알맞은 수를 써넣으세요.

1 $19 \times 26 \begin{cases} 19 \times 20 = \boxed{} \\ 19 \times 6 = \boxed{} \end{cases}$ $\boxed{}$

2 $25 \times 38 \begin{cases} 25 \times 30 = \boxed{} \\ 25 \times 8 = \boxed{} \end{cases}$ $\boxed{}$

3 $37 \times 54 \begin{cases} 37 \times 50 = \boxed{} \\ 37 \times 4 = \boxed{} \end{cases}$ $\boxed{}$

4 $62 \times 49 \begin{cases} 62 \times 40 = \boxed{} \\ 62 \times 9 = \boxed{} \end{cases}$ $\boxed{}$

◆ 곱셈을 해 보세요.

5 ① $\begin{array}{r} 27 \\ \times\ 29 \\ \hline \end{array}$ ② $\begin{array}{r} 23 \\ \times\ 58 \\ \hline \end{array}$

6 ① $\begin{array}{r} 34 \\ \times\ 68 \\ \hline \end{array}$ ② $\begin{array}{r} 46 \\ \times\ 85 \\ \hline \end{array}$

7 ① $\begin{array}{r} 52 \\ \times\ 79 \\ \hline \end{array}$ ② $\begin{array}{r} 97 \\ \times\ 46 \\ \hline \end{array}$

 연습 (두 자리 수) × (두 자리 수) (2)

실수 콕! 8~21번 문제

```
      3            3
   2 7          2 7
 × 2 5        × 2 5
─────────    ─────────
 1 3 5        1 3 5
 5 4 0        5 7 0
─────────    ─────────
 6 7 5        7 0 5
```

27 × 5의 계산에서
올림한 수 3을
27 × 20의 계산에
더하면 안 돼!

◆ 곱셈을 해 보세요.

8 ①
```
   1 7
 × 2 3
───────
```
②
```
   1 7
 × 4 8
───────
```

9 ①
```
   2 3
 × 5 9
───────
```
②
```
   2 3
 × 6 7
───────
```

10 ①
```
   3 5
 × 4 5
───────
```
②
```
   3 5
 × 6 9
───────
```

11 ①
```
   3 8
 × 2 4
───────
```
②
```
   3 8
 × 4 3
───────
```

12 ①
```
   4 1
 × 4 6
───────
```
②
```
   4 1
 × 6 8
───────
```

13 ①
```
   5 3
 × 3 6
───────
```
②
```
   5 3
 × 7 2
───────
```

◆ 곱셈을 해 보세요.

14 ① 28 × 19

② 53 × 19

15 ① 37 × 22

② 65 × 22

16 ① 17 × 26

② 54 × 26

17 ① 25 × 37

② 42 × 37

18 ① 36 × 43

② 48 × 43

19 ① 25 × 52

② 42 × 52

20 ① 39 × 58

② 82 × 58

21 ① 27 × 65

② 45 × 65

◆ 빈칸에 알맞은 수를 써넣으세요.

22

$\times 27$

18	34

23

$\times 43$

25	53

24

$\times 65$

34	62

25

$\times 19$

38	75

26

$\times 36$

46	87

27

$\times 54$

89	92

◆ 계산 결과가 더 작은 것의 기호를 쓰세요.

28

㉠ 18×29
㉡ 24×26

29

㉠ 25×46
㉡ 31×44

30

㉠ 35×36
㉡ 14×83

31

㉠ 76×23
㉡ 64×27

32

㉠ 24×73
㉡ 35×55

33

㉠ 58×34
㉡ 82×22

34

㉠ 98×38
㉡ 69×55

★ 완성 (두 자리 수) × (두 자리 수) (2)

◆ 계산 결과가 쓰여 있는 물고기를 찾아 이어 보세요.

35

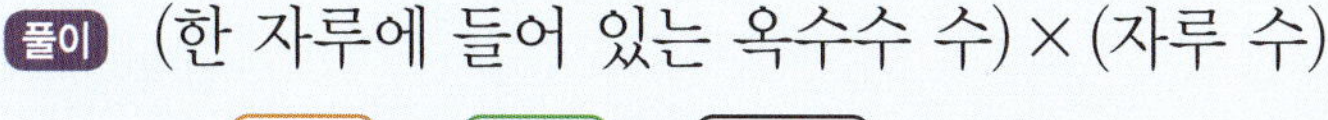

+ 문해력

36 한 자루에 18개씩 들어 있는 옥수수가 36자루 있습니다. 옥수수는 모두 몇 개일까요?

풀이 (한 자루에 들어 있는 옥수수 수) × (자루 수)

= ☐ × ☐ = ☐

답 옥수수는 모두 ☐ 개입니다.

◆ 곱셈을 해 보세요.

1 ①
231
× 2

② 231
× 3

2 ①
142
× 3

② 142
× 4

3 ①
316
× 4

② 316
× 5

4 ①
458
× 5

② 458
× 7

5 ①
20
× 40

② 20
× 90

6 ①
43
× 30

② 43
× 70

7 ①
58
× 60

② 58
× 90

◆ 곱셈을 해 보세요.

8 ①
5
× 32

② 5
× 71

9 ①
9
× 18

② 9
× 45

10 ①
16
× 31

② 16
× 51

11 ①
21
× 62

② 21
× 72

12 ①
36
× 18

② 36
× 43

13 ①
53
× 27

② 53
× 62

14 ①
79
× 39

② 79
× 84

◆ 곱셈을 해 보세요.

15 ① 213×2

② 324×2

16 ① 112×3

② 322×3

17 ① 141×5

② 211×5

18 ① 113×6

② 141×6

19 ① 341×4

② 452×4

20 ① 584×6

② 629×6

21 ① 40×30

② 70×30

22 ① 16×50

② 84×50

◆ 곱셈을 해 보세요.

23 ① 5×24

② 9×24

24 ① 4×31

② 8×31

25 ① 3×46

② 7×46

26 ① 19×12

② 53×12

27 ① 13×35

② 21×35

28 ① 37×24

② 48×24

29 ① 23×35

② 46×35

30 ① 15×76

② 58×76

1단원 08회

◆ 빈칸에 알맞은 수를 써넣으세요.

1

×

| 113 | 3 | |
| 212 | 4 | |

2

×

| 723 | 2 | |
| 261 | 3 | |

3

×

| 519 | 4 | |
| 487 | 6 | |

4

×

| 50 | 80 | |
| 60 | 70 | |

5

×

| 30 | 90 | |
| 28 | 40 | |

6

×

| 45 | 50 | |
| 87 | 60 | |

◆ 빈칸에 알맞은 수를 써넣으세요.

7

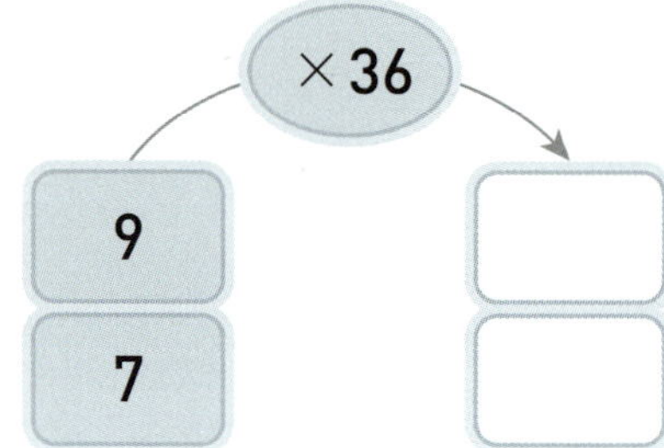

× 36

9
7

8

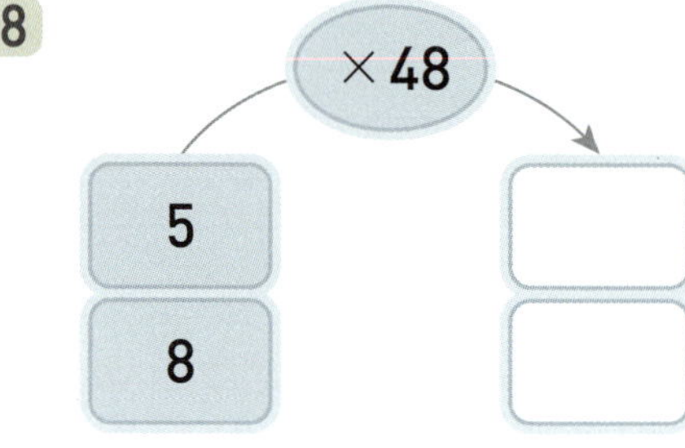

× 48

5
8

9

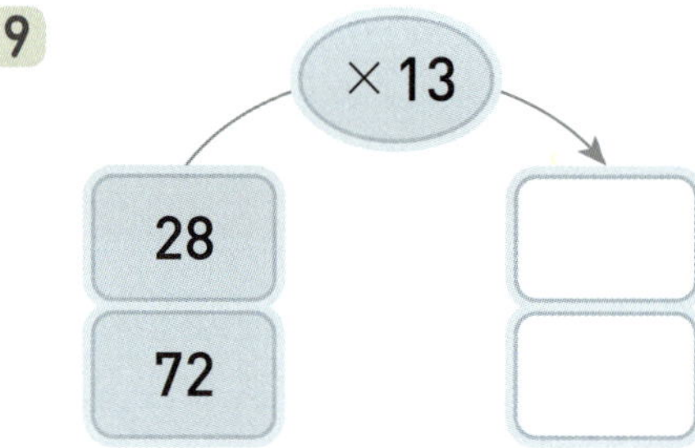

× 13

28
72

10

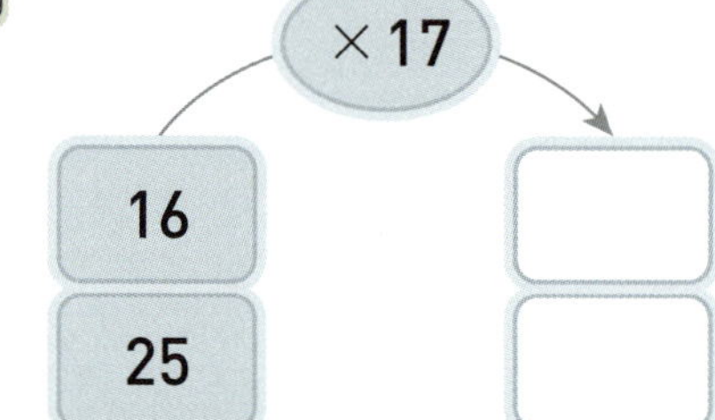

× 17

16
25

11

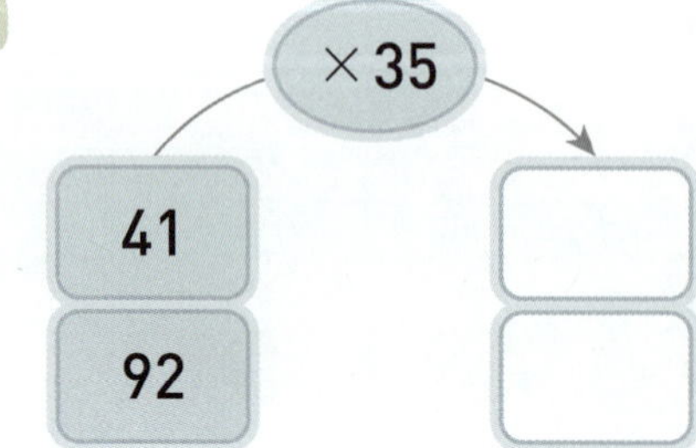

× 35

41
92

◆ 계산 결과를 비교하여 ○ 안에 $>$, $=$, $<$를 알맞게 써넣으세요.

12 133×3 ○ 214×2

13 161×6 ○ 232×4

14 436×4 ○ 219×8

15 40×70 ○ 60×50

16 27×90 ○ 81×30

17 3×51 ○ 7×26

18 14×16 ○ 15×13

19 23×56 ○ 39×33

◆ 계산 결과가 더 큰 것에 ○표 하세요.

20 112×4 141×2

( )   ( )

21 151×5 117×6

( )   ( )

22 594×5 387×8

( )   ( )

23 40×90 87×40

( )   ( )

24 4×82 6×56

( )   ( )

25 21×15 17×18

( )   ( )

26 92×25 67×35

( )   ( )

1**단원** 09회

2 나눗셈

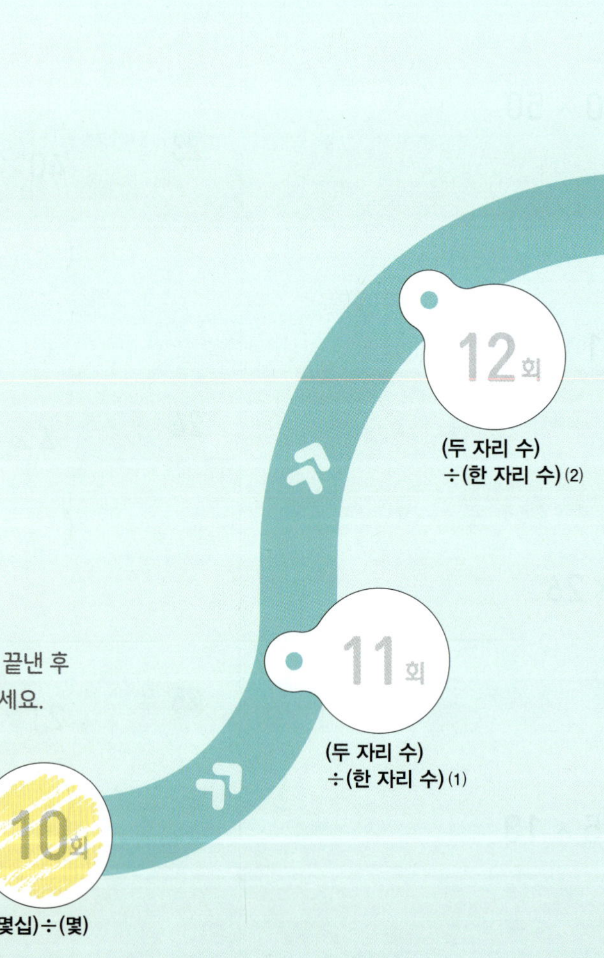

이전에 배운 내용

[3-1] 나눗셈
똑같이 나누기
곱셈과 나눗셈의 관계
나눗셈의 몫을 곱셈으로 구하기

다음에 배울 내용

[4-1] 곱셈과 나눗셈
(두 자리 수)÷(두 자리 수)
(세 자리 수)÷(두 자리 수)

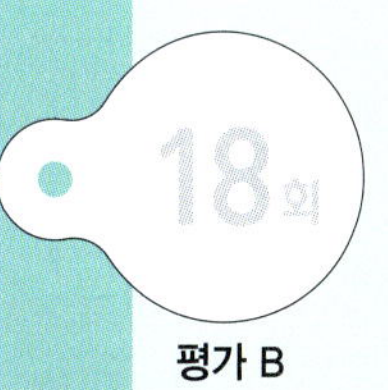

18회
평가 B

17회
평가 A

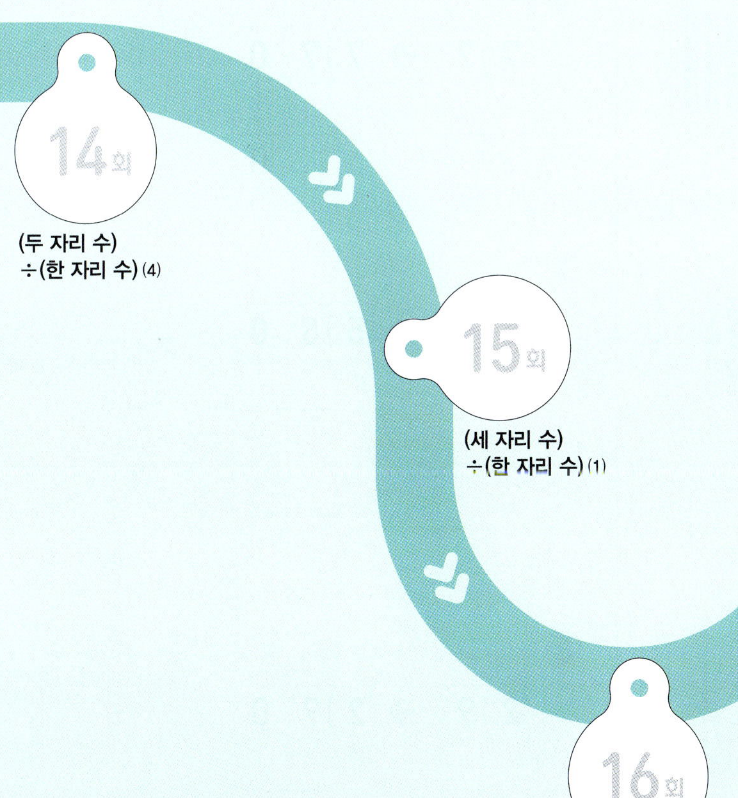

14회
(두 자리 수)
÷(한 자리 수) (4)

15회
(세 자리 수)
÷(한 자리 수) (1)

16회
(세 자리 수)
÷(한 자리 수) (2)

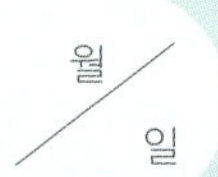

십 모형 7개를 5묶음으로 똑같이 나누면 한 묶음에 십 모형 1개와 일 모형 4개씩입니다.

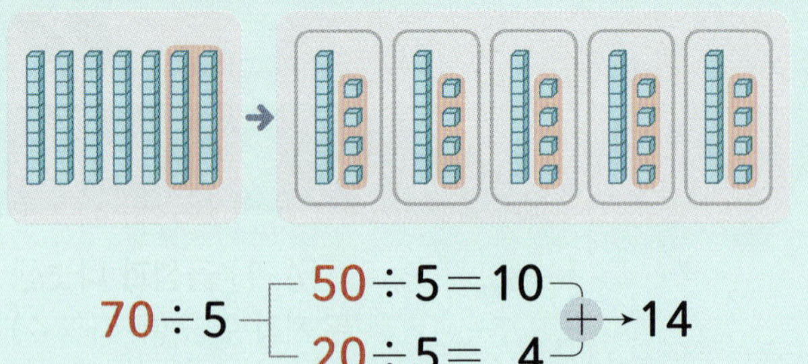

$$70 \div 5 \begin{cases} 50 \div 5 = 10 \\ 20 \div 5 = 4 \end{cases} + \to 14$$

$70 \div 5$의 계산은 십의 자리를 먼저 나누고 내림하여 남은 수를 한 번 더 나눕니다.

$$5 \overline{)70} \to 5\overline{)70} \to 5\overline{)70}$$

의 안쪽에는 나누어지는 수, 의 왼쪽에는 나누는 수를 써.

◆ 수 모형을 보고 ◻ 안에 알맞은 수를 써넣으세요.

1

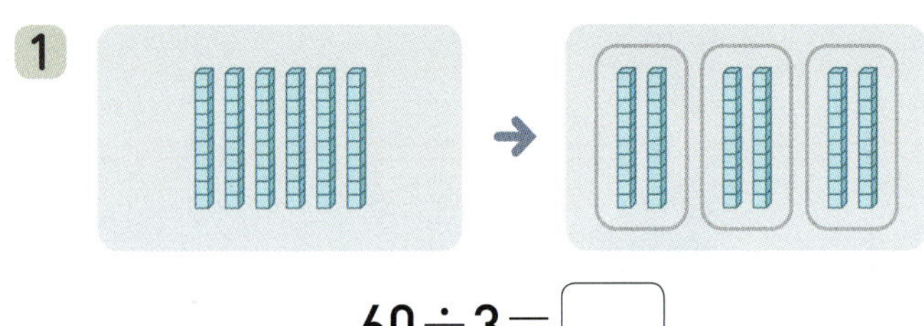

$60 \div 3 = \boxed{}$

2

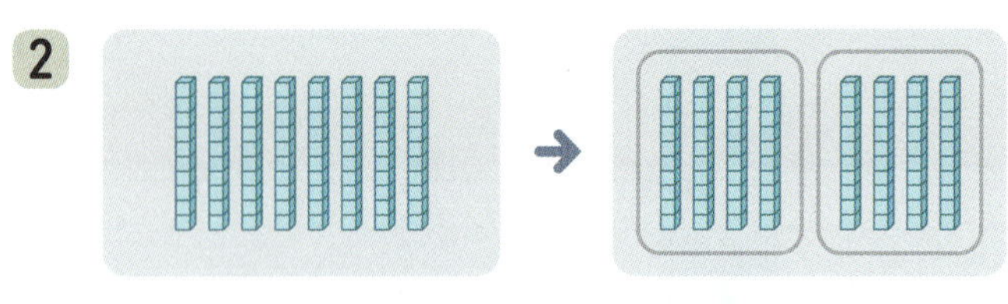

$80 \div 2 = \boxed{}$

3

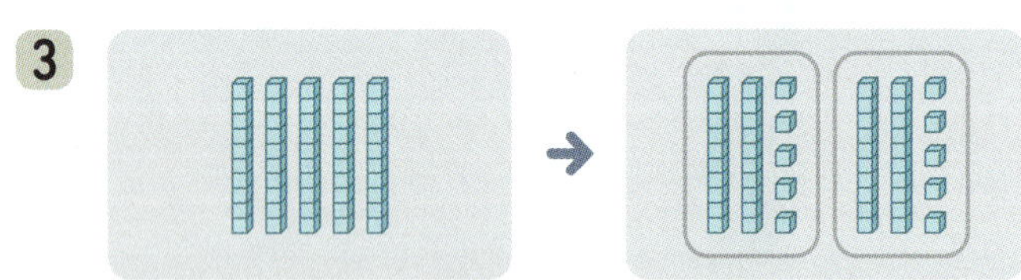

$$50 \div 2 \begin{cases} 40 \div 2 = \boxed{} \\ 10 \div 2 = \boxed{} \end{cases} + \boxed{}$$

4

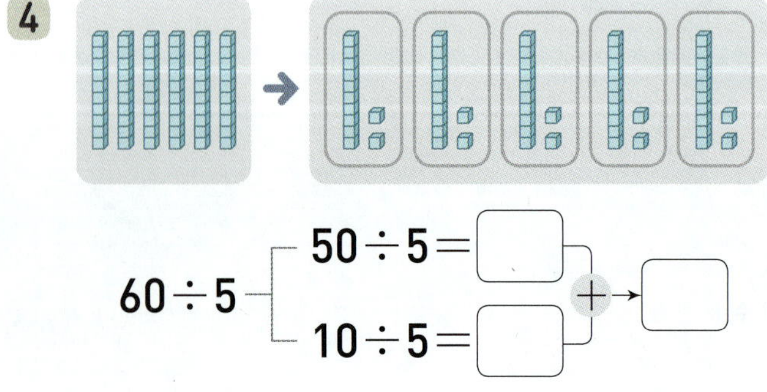

$$60 \div 5 \begin{cases} 50 \div 5 = \boxed{} \\ 10 \div 5 = \boxed{} \end{cases} + \boxed{}$$

◆ 나눗셈을 해 보세요.

5

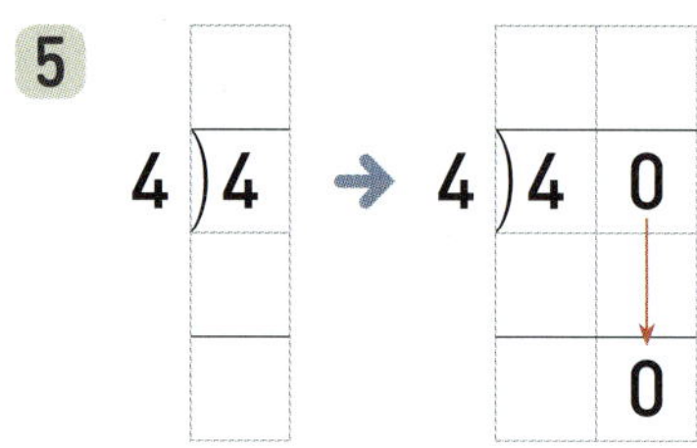

6

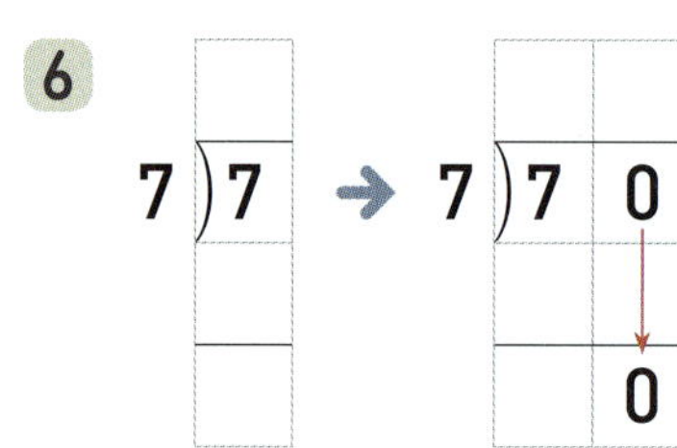

7

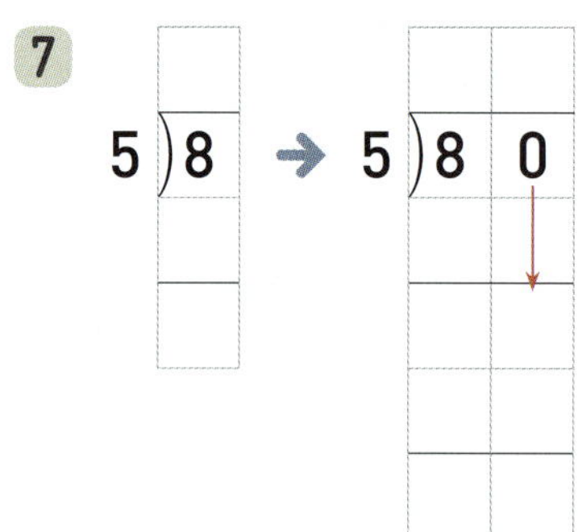

8

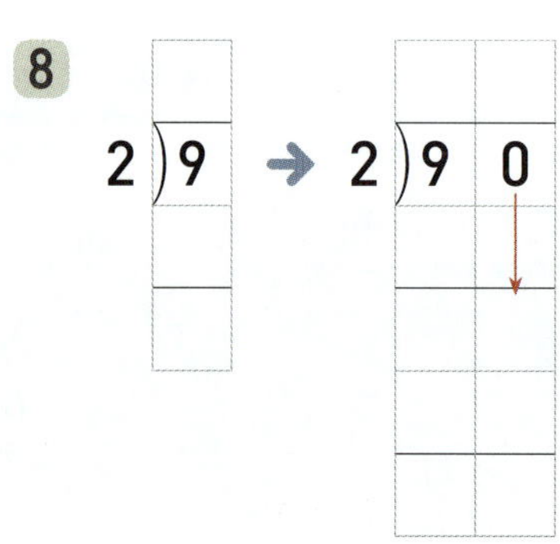

 연습 (몇십)÷(몇)

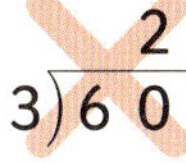 9~22번 문제

$$20$$
$$3\overline{)60}$$ ✗ $$3\overline{)60}^{2}$$

몫의 일의 자리에 0을 꼭 써야 해.

◆ 나눗셈을 해 보세요.

9 ① $2\overline{)40}$ ② $4\overline{)40}$

10 ① $2\overline{)50}$ ② $5\overline{)50}$

11 ① $2\overline{)60}$ ② $4\overline{)60}$

12 ① $2\overline{)70}$ ② $7\overline{)70}$

13 ① $4\overline{)80}$ ② $8\overline{)80}$

14 ① $5\overline{)90}$ ② $9\overline{)90}$

◆ 나눗셈을 해 보세요.

15 ① $20 \div 2$
　　② $30 \div 2$

16 ① $50 \div 2$
　　② $60 \div 2$

17 ① $80 \div 2$
　　② $90 \div 2$

18 ① $30 \div 3$
　　② $90 \div 3$

19 ① $60 \div 4$
　　② $80 \div 4$

20 ① $60 \div 5$
　　② $70 \div 5$

21 ① $80 \div 5$
　　② $90 \div 5$

22 ① $60 \div 6$
　　② $90 \div 6$

2단원 10회

◆ 빈칸에 알맞은 수를 써넣으세요.

23

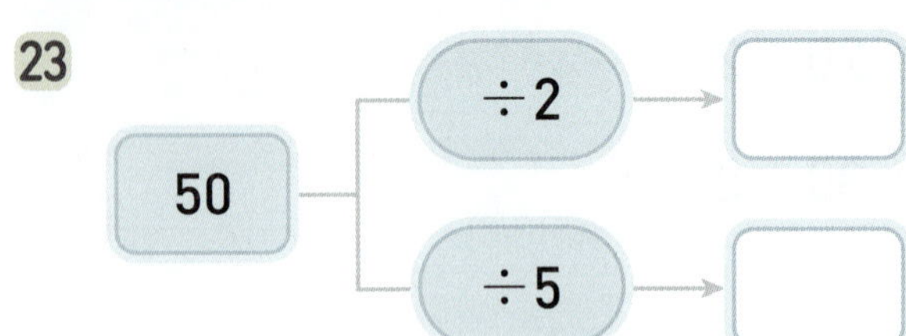

24

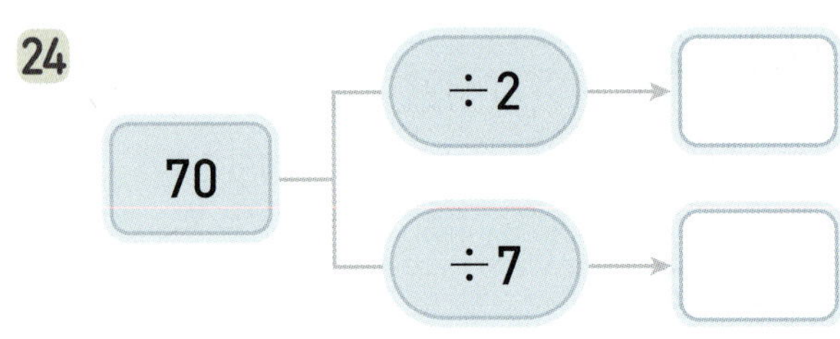

25

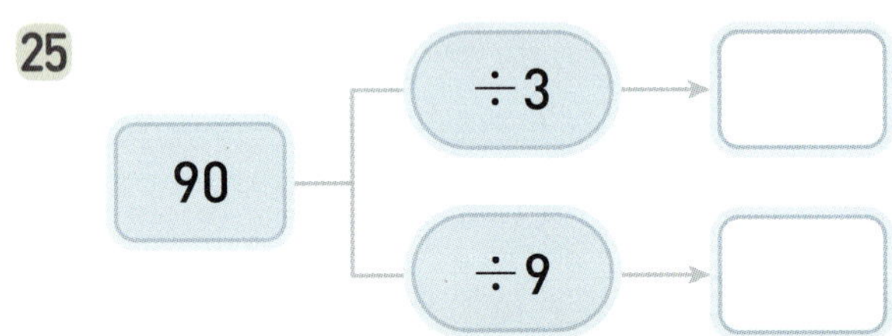

26

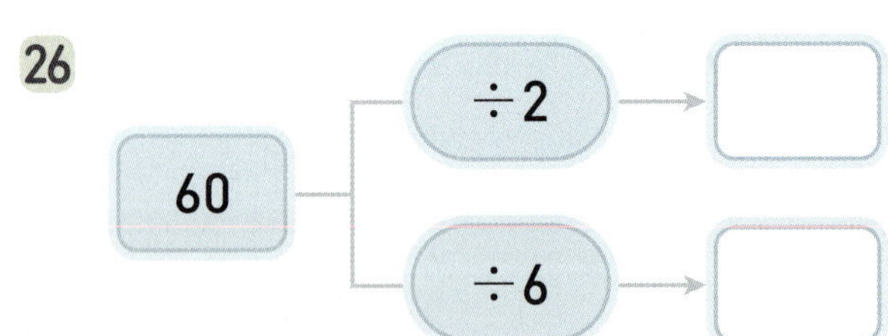

27

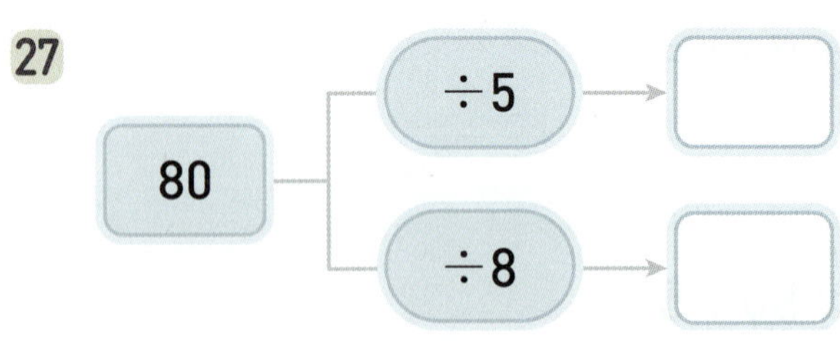

28

◆ 몫의 크기를 비교하여 ○ 안에 >, =, <를 알맞게 써넣으세요.

29 $20 \div 2$ ◯ $90 \div 6$

30 $40 \div 2$ ◯ $80 \div 4$

31 $30 \div 2$ ◯ $70 \div 5$

32 $90 \div 5$ ◯ $60 \div 3$

33 $60 \div 5$ ◯ $80 \div 2$

34 $90 \div 2$ ◯ $60 \div 4$

35 $30 \div 3$ ◯ $90 \div 9$

36 $60 \div 2$ ◯ $50 \div 5$

★ 완성   (몇십)÷(몇)

◆ 몫이 다른 비눗방울 하나를 찾아 색칠해 보세요.

37

$40 \div 2$　　$80 \div 5$

$60 \div 3$

39

$80 \div 4$　　$60 \div 2$

$90 \div 3$

38

$30 \div 3$　　$90 \div 9$

$70 \div 5$

40

$70 \div 2$　　$60 \div 4$

$90 \div 6$

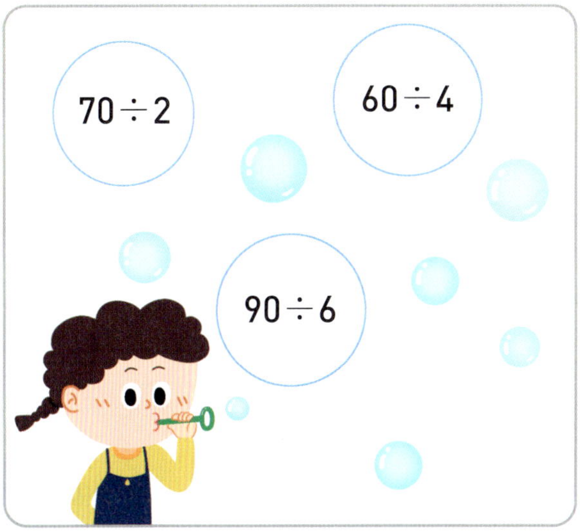

+ 문해력

41 현아는 곶감 [90개]를 [2상자]에 똑같이 나누어 담으려고 합니다. 한 상자에 곶감을 몇 개씩
담아야 할까요?

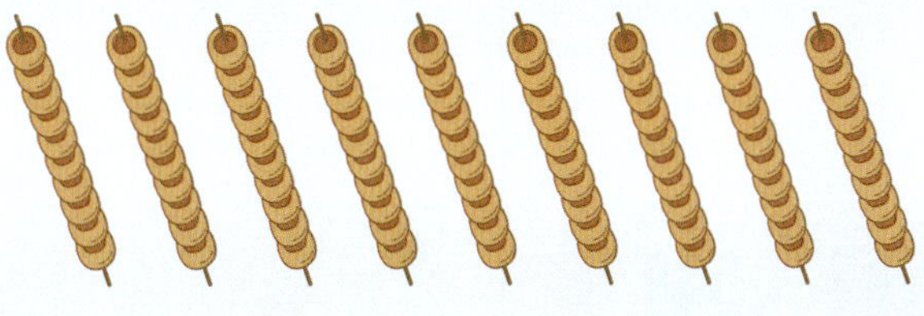

풀이 (전체 곶감 수)÷(상자 수)

= ◻ ÷ ◻ = ◻

답 한 상자에 곶감을 ◻개씩 담아야 합니다.

≫ 내림이 없는 경우

수 모형을 3묶음으로 똑같이 나누면 한 묶음에 십 모형 2개와 일 모형 3개씩입니다.

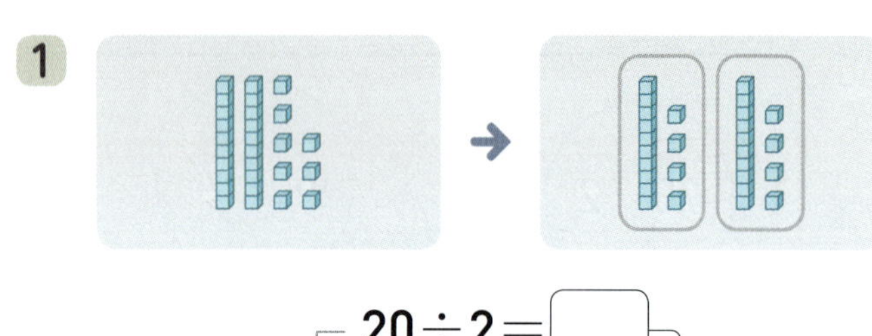

$$69 \div 3 \begin{cases} 60 \div 3 = 20 \\ 9 \div 3 = 3 \end{cases} + \to 23$$

69÷3의 계산 방법을 알아봅니다.

$$3 \overline{)69} \to 3 \overline{)69} \to 3 \overline{)69}$$

$$60 \leftarrow 3 \times 20$$
$$9$$
$$9 \leftarrow 3 \times 3$$
$$0$$

$$69 \div 3 = 23 \quad \text{확인} \quad 3 \times 23 = 69$$

◆ 수 모형을 보고 ◯ 안에 알맞은 수를 써넣으세요.

1

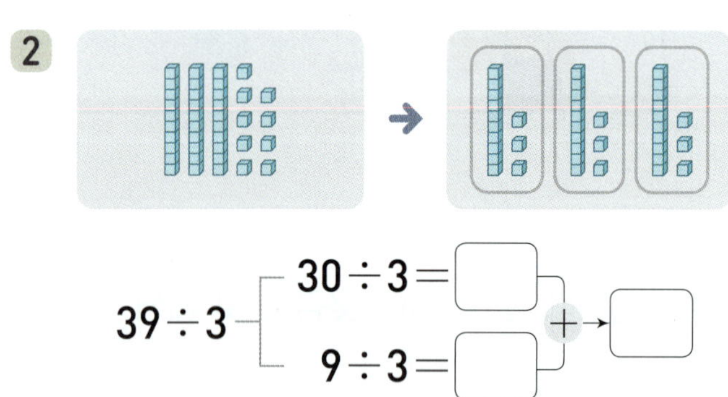

$$28 \div 2 \begin{cases} 20 \div 2 = \square \\ 8 \div 2 = \square \end{cases} + \to \square$$

2

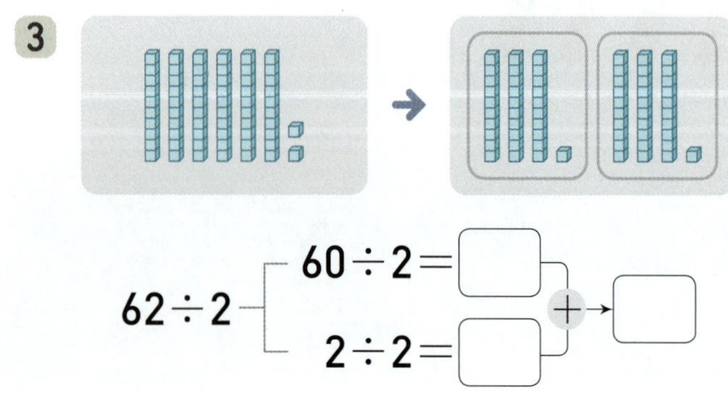

$$39 \div 3 \begin{cases} 30 \div 3 = \square \\ 9 \div 3 = \square \end{cases} + \to \square$$

3

$$62 \div 2 \begin{cases} 60 \div 2 = \square \\ 2 \div 2 = \square \end{cases} + \to \square$$

◆ 나눗셈을 해 보세요.

4

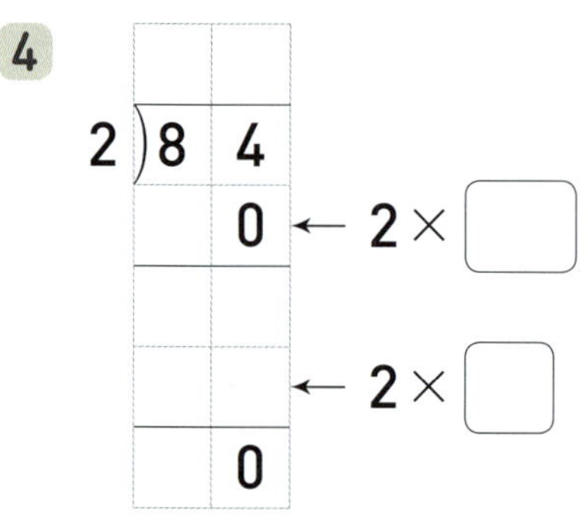

$$2 \overline{)84}$$
$$0 \leftarrow 2 \times \square$$
$$\leftarrow 2 \times \square$$
$$0$$

5

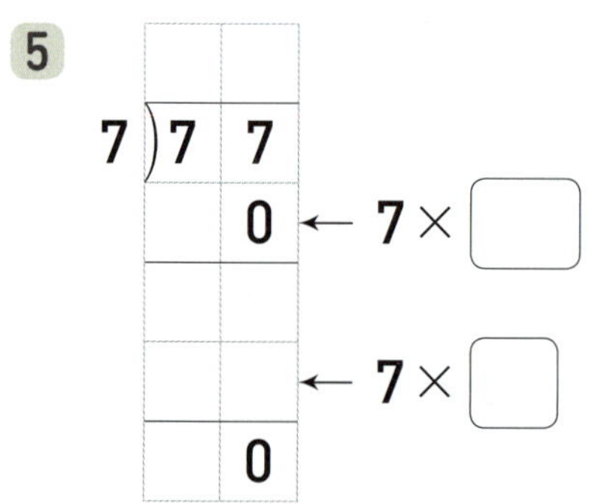

$$7 \overline{)77}$$
$$0 \leftarrow 7 \times \square$$
$$\leftarrow 7 \times \square$$
$$0$$

6

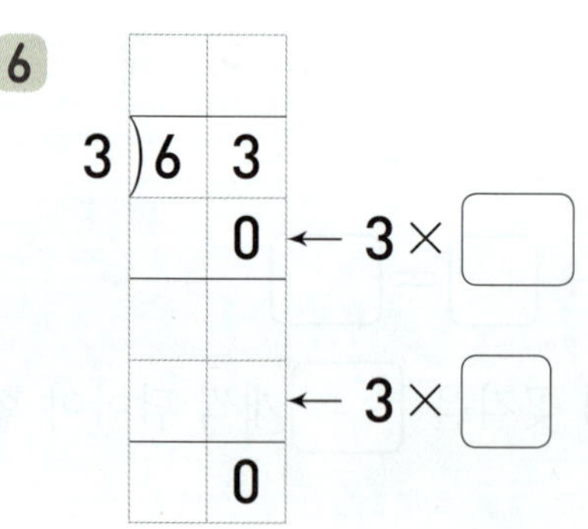

$$3 \overline{)63}$$
$$0 \leftarrow 3 \times \square$$
$$\leftarrow 3 \times \square$$
$$0$$

연습 (두 자리 수)÷(한 자리 수) (1)

◆ 나눗셈을 해 보세요.

7 ①
$$2\overline{)2\ 4}$$

②
$$2\overline{)4\ 4}$$

8 ①
$$2\overline{)6\ 4}$$

②
$$2\overline{)8\ 2}$$

9 ①
$$2\overline{)2\ 2}$$

②
$$2\overline{)6\ 8}$$

10 ①
$$2\overline{)4\ 6}$$

②
$$2\overline{)8\ 8}$$

11 ①
$$3\overline{)3\ 3}$$

②
$$3\overline{)6\ 6}$$

12 ①
$$3\overline{)3\ 6}$$

②
$$3\overline{)9\ 6}$$

13 ①
$$4\overline{)4\ 4}$$

②
$$4\overline{)8\ 4}$$

◆ 보기 와 같이 나눗셈의 몫을 구하고, 계산이 맞는지 확인해 보세요.

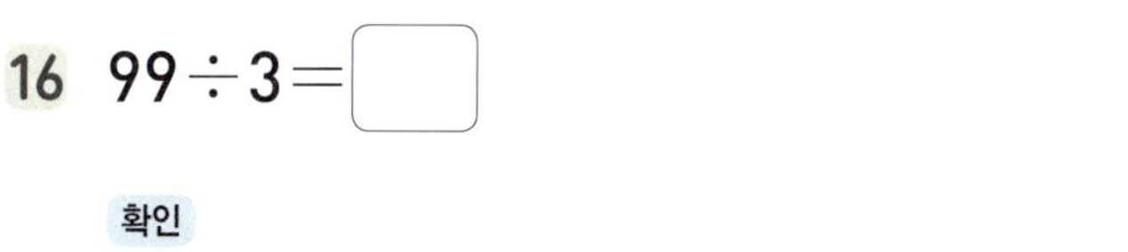

보기

$$42 \div 2 = 21$$

확인 $2 \times 21 = 42$

14 $48 \div 2 = \boxed{}$

확인

15 $26 \div 2 = \boxed{}$

확인

16 $99 \div 3 = \boxed{}$

확인

17 $88 \div 4 = \boxed{}$

확인

18 $55 \div 5 = \boxed{}$

확인

19 $66 \div 6 = \boxed{}$

확인

2단원

11회

◆ 빈칸에 알맞은 수를 써넣으세요.

20

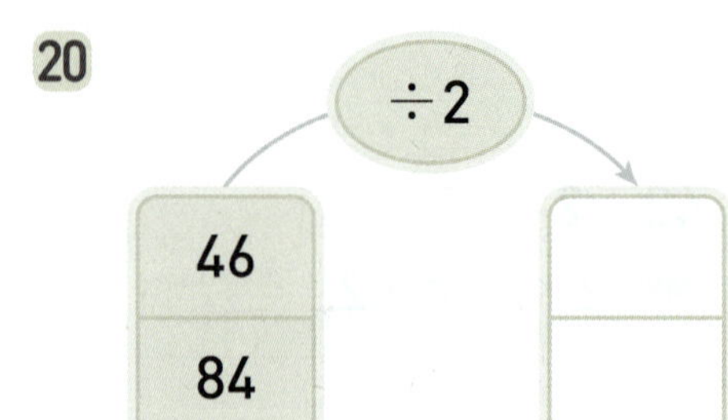

21

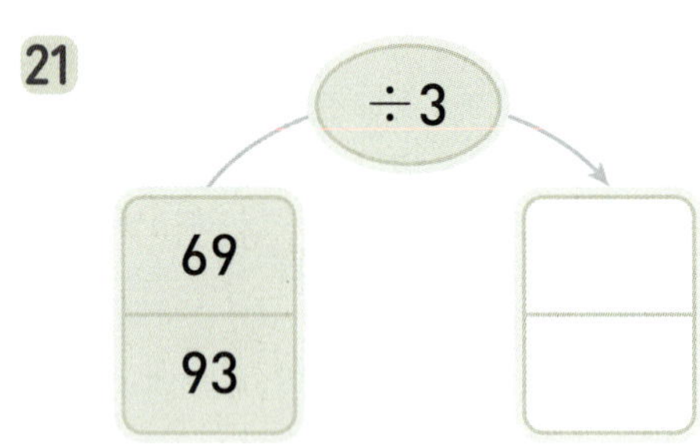

22

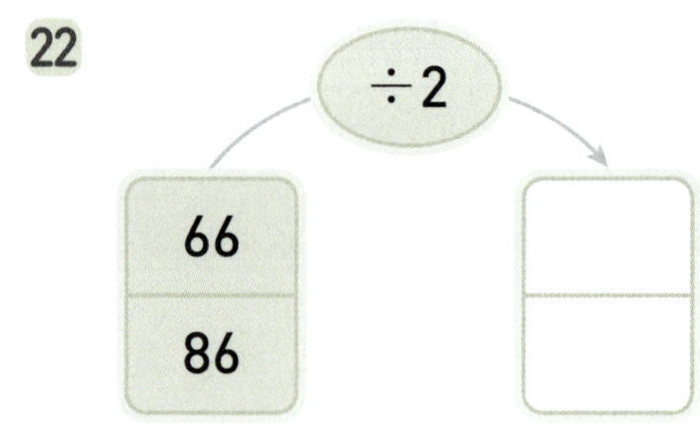

23

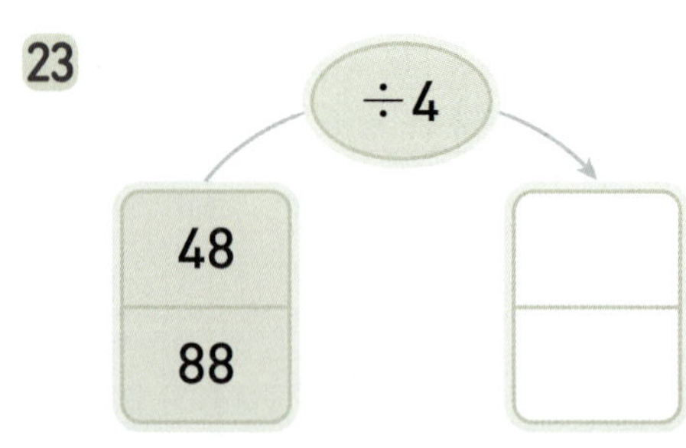

24

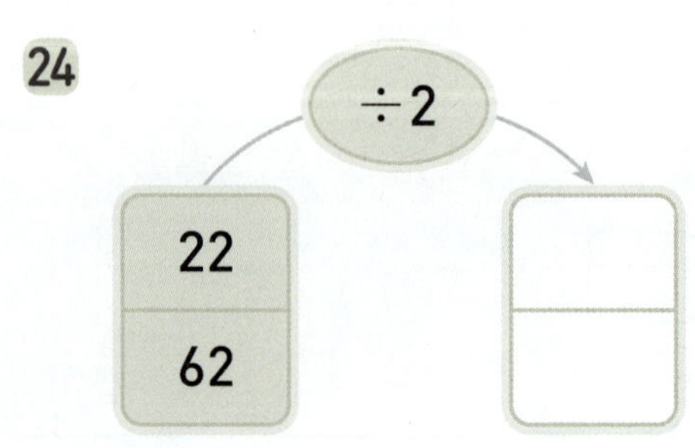

◆ 나눗셈의 몫이 더 큰 것에 ○표 하세요.

25

$28 \div 2$	$44 \div 4$
(　　)	(　　)

26

$48 \div 2$	$66 \div 6$
(　　)	(　　)

27

$99 \div 3$	$82 \div 2$
(　　)	(　　)

28

$36 \div 3$	$63 \div 3$
(　　)	(　　)

29

$26 \div 2$	$99 \div 9$
(　　)	(　　)

30

$55 \div 5$	$24 \div 2$
(　　)	(　　)

31

$39 \div 3$	$88 \div 8$
(　　)	(　　)

★ 완성 (세 자리 수) × (한 자리 수) (2)

◆ 달팽이가 알맞은 계산 결과가 적힌 곳에 도착하도록 선을 그어 보세요.

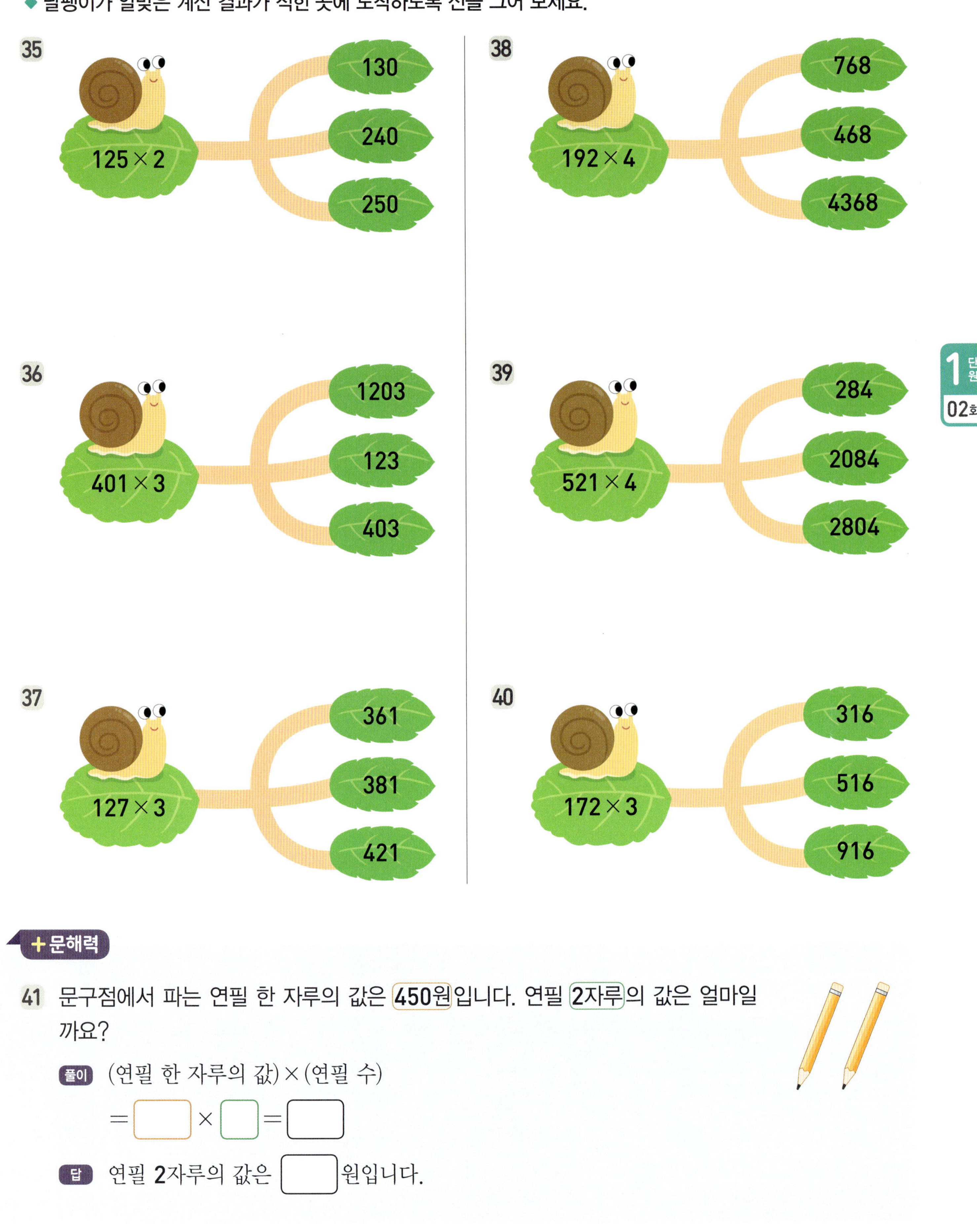

+ 문해력

41 문구점에서 파는 연필 한 자루의 값은 450원입니다. 연필 2자루의 값은 얼마일까요?

풀이 (연필 한 자루의 값) × (연필 수)

= ☐ × ☐ = ☐

답 연필 2자루의 값은 ☐ 원입니다.

개념

(세 자리 수)×(한 자리 수) (3)

03회 월 일

≫ 올림이 여러 번 있는 경우

527×6은 527의 각 자리에 6을 곱한 후 모두 더하여 계산합니다.

$$527\times6 \begin{cases} 500\times6=3000 \\ 20\times6=120 \\ 7\times6=42 \end{cases}$$

3162

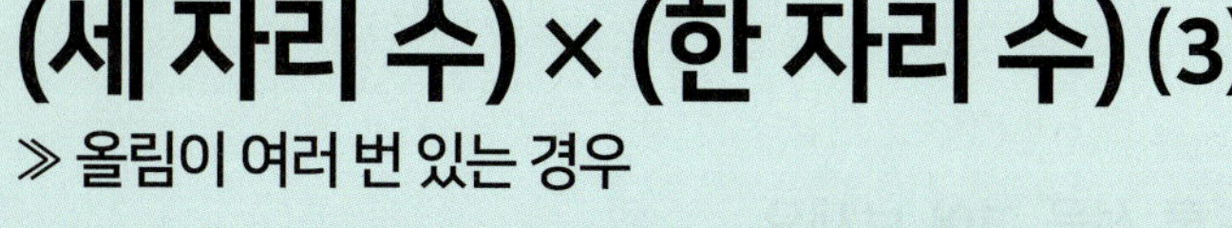

각 자리의 곱이 10이거나 10보다 크면 바로 윗자리로 올림합니다.

$$\begin{array}{r} {}^{4} \\ 527 \\ \times\quad 6 \\ \hline 2 \end{array} \rightarrow \begin{array}{r} {}^{1\,4} \\ 527 \\ \times\quad 6 \\ \hline 62 \end{array} \rightarrow \begin{array}{r} {}^{1\,4} \\ 527 \\ \times\quad 6 \\ \hline 3162 \end{array}$$

(12+4) (30+1)

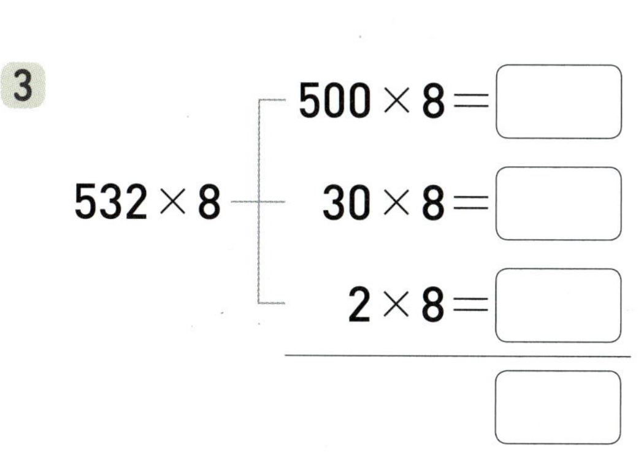

◆ □ 안에 알맞은 수를 써넣으세요.

1 153×5
- 100×5=□
- 50×5=□
- 3×5=□

□

2 341×6
- 300×6=□
- 40×6=□
- 1×6=□

□

3 532×8
- 500×8=□
- 30×8=□
- 2×8=□

□

◆ 곱셈을 해 보세요.

4 ① 279×2 ② 286×2

5 ① 416×3 ② 517×3

6 ① 682×4 ② 791×4

7 ① 723×7 ② 735×7

8 ① 859×2 ② 897×2

★ 완성 (두 자리 수)÷(한 자리 수) (1)

◆ 사다리 타기 놀이는 세로선을 따라 내려가다가 가로선을 만나면 가로선을 따라 내려가는 놀이입니다. 사다리를 타고 내려가 도착한 곳에 계산 결과를 써넣으세요.

32

82÷2   66÷3   77÷7   68÷2   84÷4

+ 문해력

33 준우는 구슬 39개를 3명에게 똑같이 나누어 주려고 합니다. 한 사람에게 구슬을 몇 개씩 주면 될까요?

풀이 (전체 구슬 수)÷(사람 수)

= ☐ ÷ ☐ = ☐

답 한 사람에게 구슬을 ☐개씩 주면 됩니다.

≫ 내림이 있는 경우

수 모형을 3묶음으로 똑같이 나누면 한 묶음에 십 모형 1개와 일 모형 5개씩입니다.

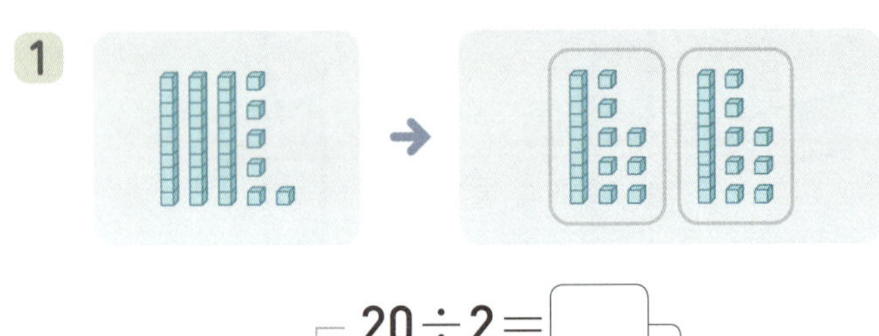

$$45 \div 3 \begin{cases} 30 \div 3 = \boxed{10} \\ 15 \div 3 = \boxed{5} \end{cases} \to 15$$

$45 \div 3$의 계산 방법을 알아봅니다.

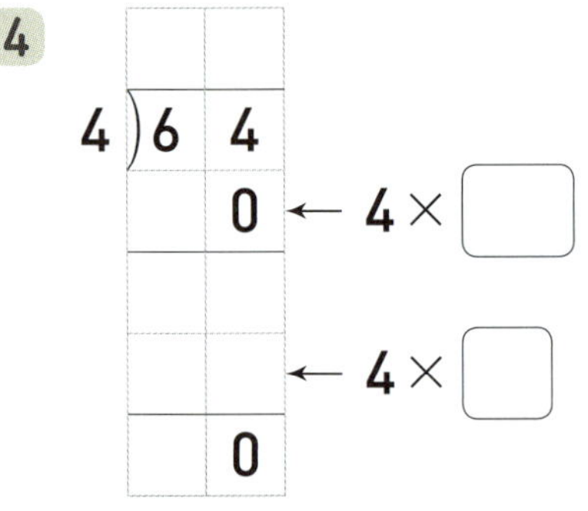

$$45 \div 3 = 15 \quad \boxed{확인} \quad 3 \times 15 = 45$$

◆ 수 모형을 보고 ◯ 안에 알맞은 수를 써넣으세요.

1

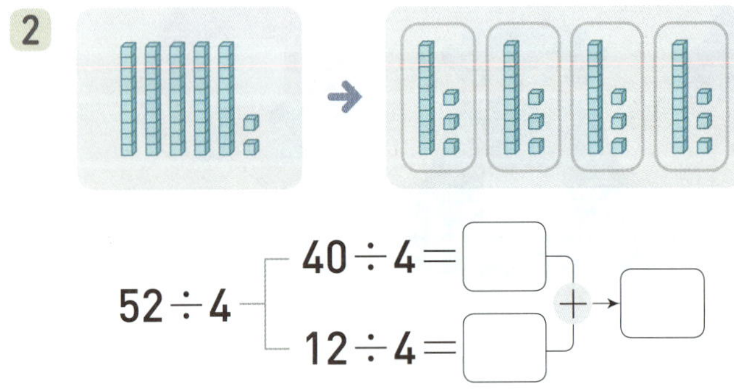

$$36 \div 2 \begin{cases} 20 \div 2 = \boxed{} \\ 16 \div 2 = \boxed{} \end{cases} + \to \boxed{}$$

2

$$52 \div 4 \begin{cases} 40 \div 4 = \boxed{} \\ 12 \div 4 = \boxed{} \end{cases} + \to \boxed{}$$

3

$$75 \div 3 \begin{cases} 60 \div 3 = \boxed{} \\ 15 \div 3 = \boxed{} \end{cases} + \to \boxed{}$$

◆ 나눗셈을 해 보세요.

4

$$4) \overline{6 \ 4}$$
$0 \leftarrow 4 \times \boxed{}$
$\leftarrow 4 \times \boxed{}$
0

5

$$7) \overline{8 \ 4}$$
$0 \leftarrow 7 \times \boxed{}$
$\leftarrow 7 \times \boxed{}$
0

6

$$6) \overline{9 \ 6}$$
$0 \leftarrow 6 \times \boxed{}$
$\leftarrow 6 \times \boxed{}$
0

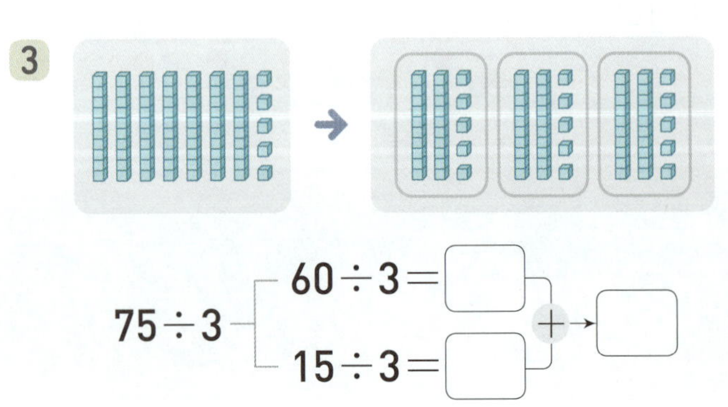
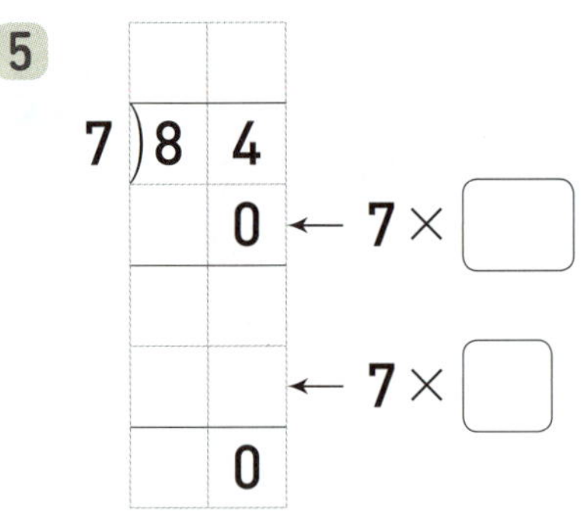
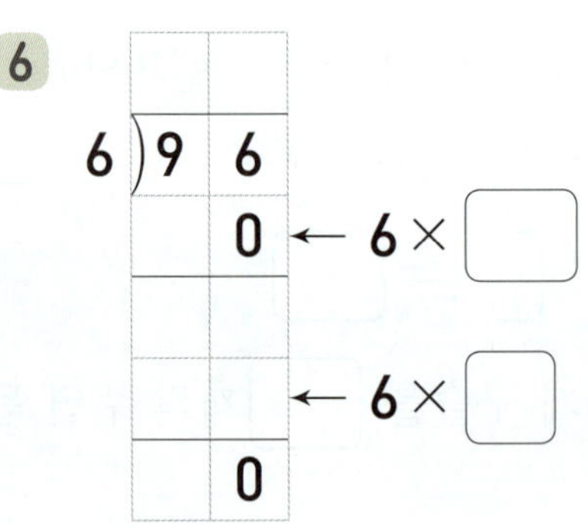

연습 (두 자리 수)÷(한 자리 수) (2)

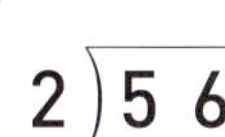 7~18번 문제

```
   2            1
3)8 7        3)8 7
  6 0          3 0
    2            5
```

십의 자리 계산에서 내림한 수는
나누는 수보다 크면 안 돼!

◆ 나눗셈을 해 보세요.

7 ①
```
2)5 6
```
②
```
4)5 6
```

8 ①
```
4)7 2
```
②
```
6)7 2
```

9 ①
```
3)7 5
```
②
```
5)7 5
```

10 ①
```
3)8 4
```
②
```
6)8 4
```

11 ①
```
2)9 2
```
②
```
4)9 2
```

12 ①
```
2)9 8
```
②
```
7)9 8
```

◆ 보기 와 같이 나눗셈의 몫을 구하고, 계산이 맞는지 확인해 보세요.

보기

$$64 \div 4 = 16$$

확인 $4 \times 16 = 64$

13 $34 \div 2 = \boxed{}$

확인 ______________________

14 $58 \div 2 = \boxed{}$

확인 ______________________

15 $78 \div 3 = \boxed{}$

확인 ______________________

16 $68 \div 4 = \boxed{}$

확인 ______________________

17 $95 \div 5 = \boxed{}$

확인 ______________________

18 $91 \div 7 = \boxed{}$

확인 ______________________

2단원 12회

◆ 빈칸에 알맞은 수를 써넣으세요.

19

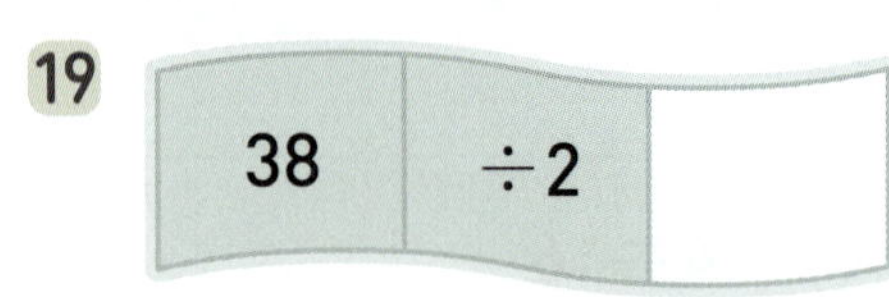

20

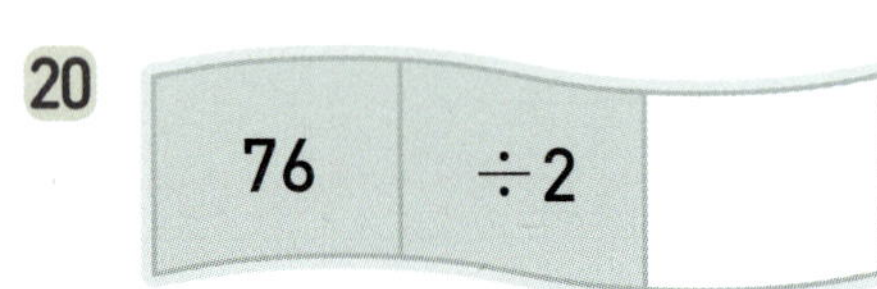

21

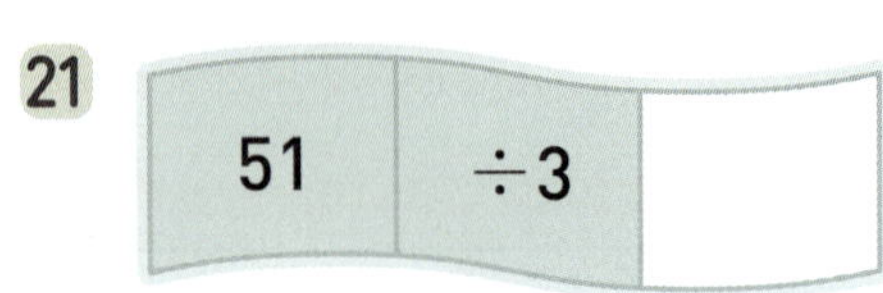

22

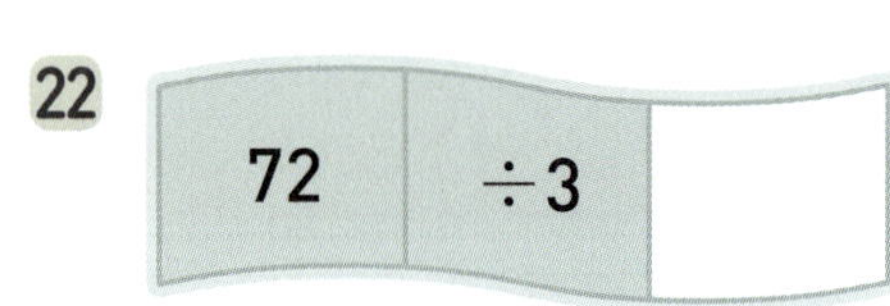

23

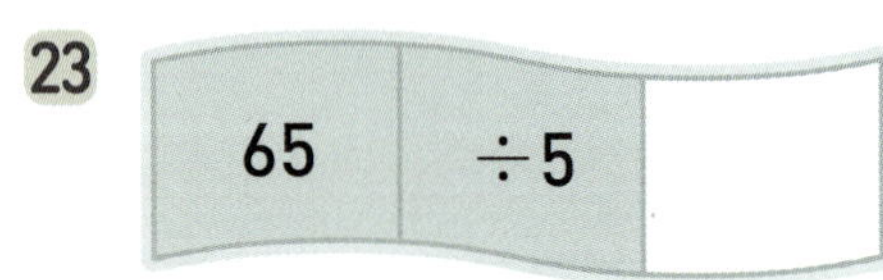

24

85 | ÷5

25

76 | ÷4

◆ 나눗셈의 몫을 찾아 이어 보세요.

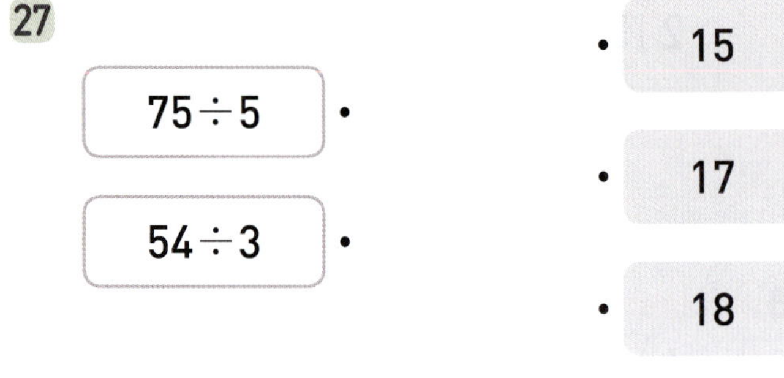

26

32÷2 •
52÷4 •

• 13
• 14
• 16

27

75÷5 •
54÷3 •

• 15
• 17
• 18

28

96÷4 •
87÷3 •

• 22
• 24
• 29

29

94÷2 •
81÷3 •

• 27
• 37
• 47

30

78÷6 •
42÷3 •

• 13
• 14
• 16

★ 완성 (두 자리 수)÷(한 자리 수) (2)

◆ 나눗셈의 몫을 구하고, 몫이 쓰인 곳을 따라가며 집으로 가는 길을 선으로 이어 보세요.

31

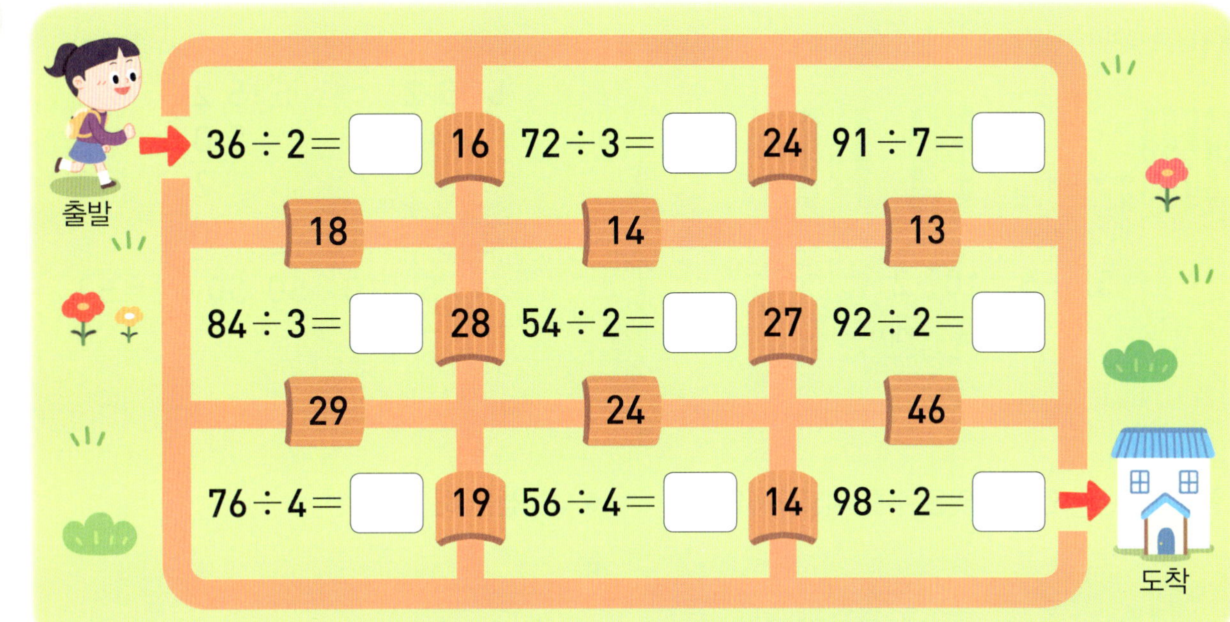

32

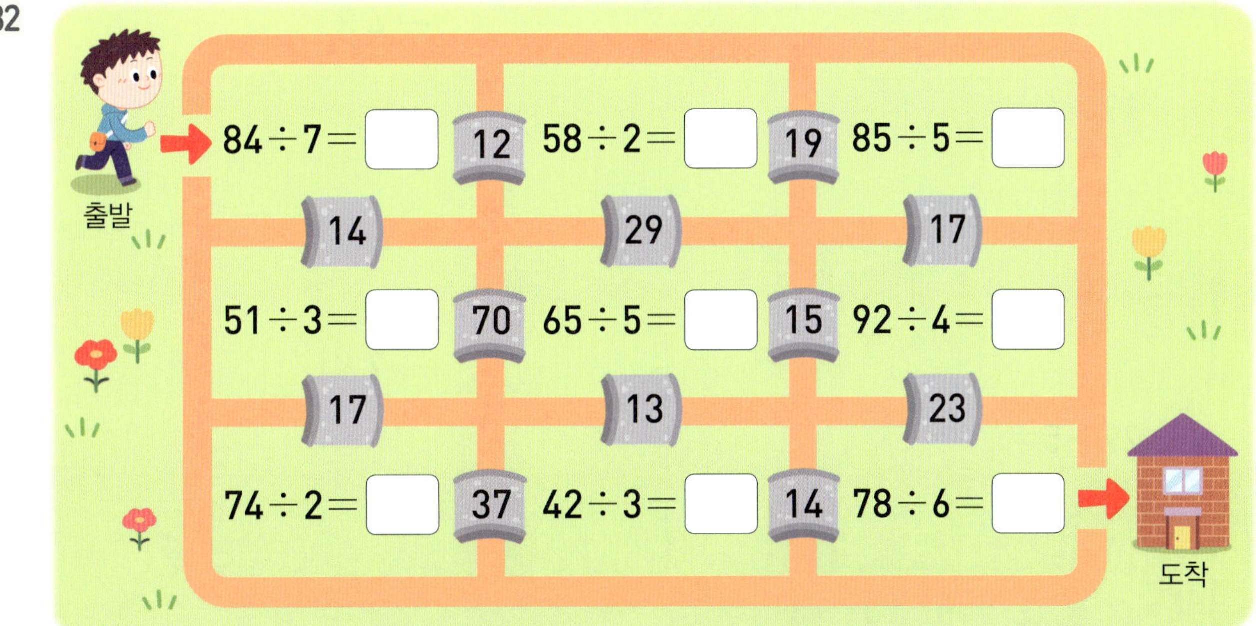

✚ 문해력

33 민규는 초콜릿 57개를 한 사람에게 3개씩 나누어 주려
고 합니다. 초콜릿을 몇 명에게 나누어 줄 수 있을까요?

풀이 (전체 초콜릿 수)÷(한 사람에게 주는 초콜릿 수)

= ☐ ÷ ☐ = ☐

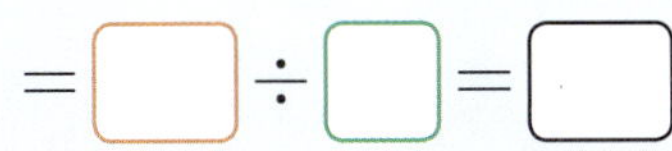

답 초콜릿을 ☐명에게 나누어 줄 수 있습니다.

개념 (두 자리 수)÷(한 자리 수) (3)

≫ 내림이 없고, 나머지가 있는 경우

52를 5로 나누면 **몫**은 10이고 2가 남습니다.
이때 2를 $52 \div 5$의 **나머지**라고 합니다.

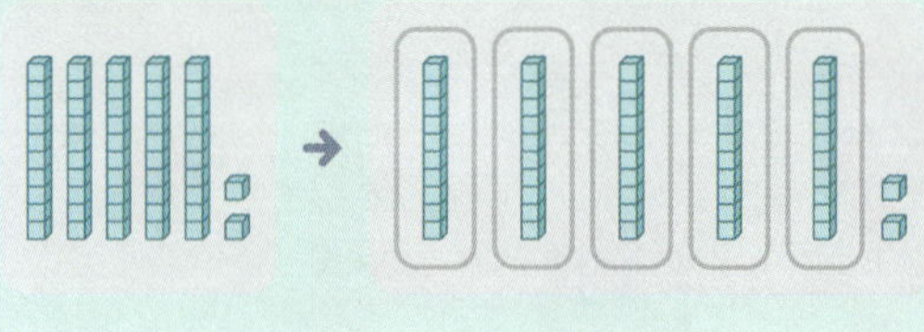

$$52 \div 5 = 10 \cdots 2$$

몫 나머지

$52 \div 5$의 계산 방법을 알아봅니다.

$$5\overline{)52} \quad \rightarrow \quad 5\overline{)\,52\,} \begin{array}{r} 1\,0 \leftarrow 몫 \\ 5\,0 \\ \hline 2 \leftarrow 나머지 \end{array}$$

$$52 \div 5 = 10 \cdots 2$$

확인 $5 \times 10 = 50,\ 50 + 2 = 52$

◆ 수 모형을 보고 ☐ 안에 알맞은 수를 써넣으세요.

1

$19 \div 4 = \boxed{} \cdots \boxed{}$

2

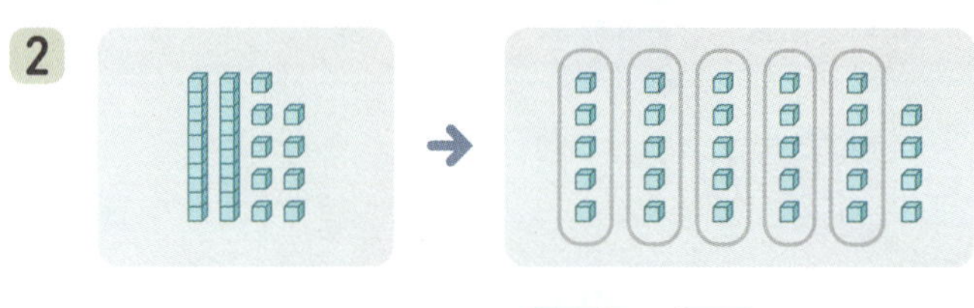

$29 \div 5 = \boxed{} \cdots \boxed{}$

3

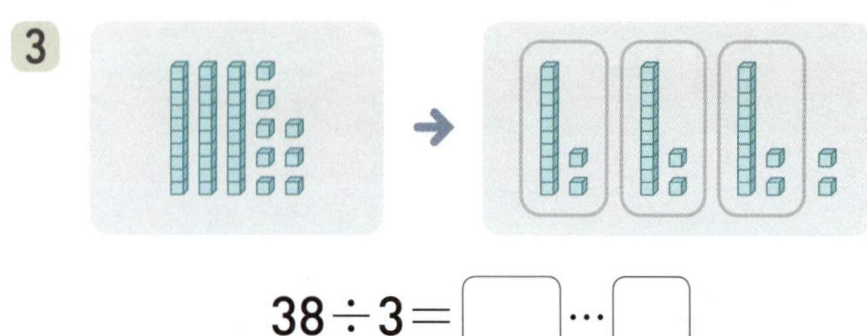

$38 \div 3 = \boxed{} \cdots \boxed{}$

4

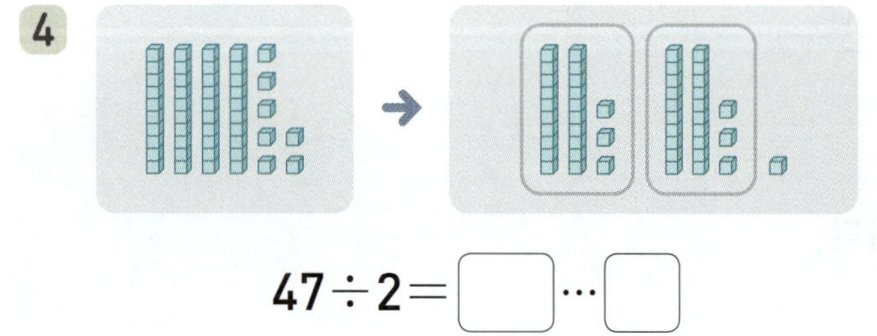

$47 \div 2 = \boxed{} \cdots \boxed{}$

◆ 나눗셈을 해 보세요.

5

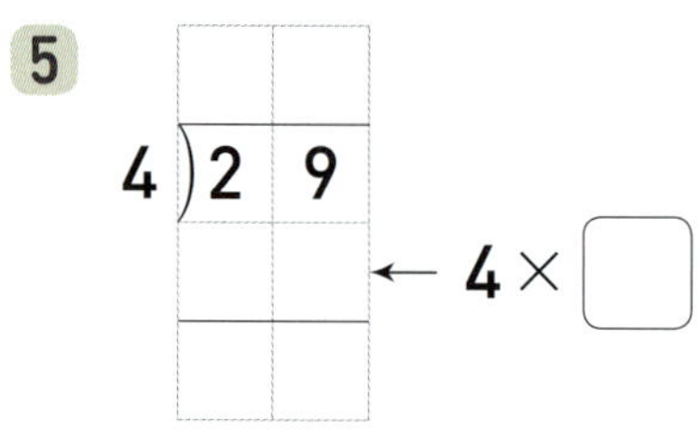

$4\overline{)29}$ ← $4 \times \boxed{}$

6

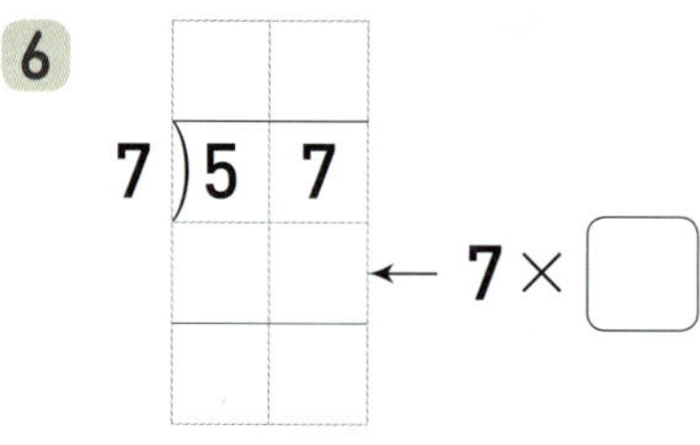

$7\overline{)57}$ ← $7 \times \boxed{}$

7

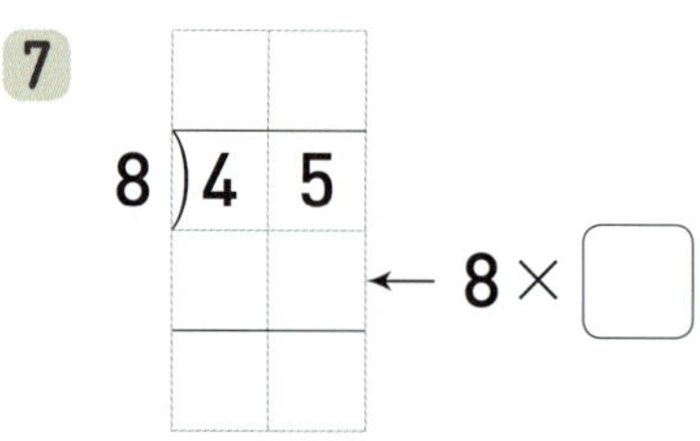

$8\overline{)45}$ ← $8 \times \boxed{}$

8

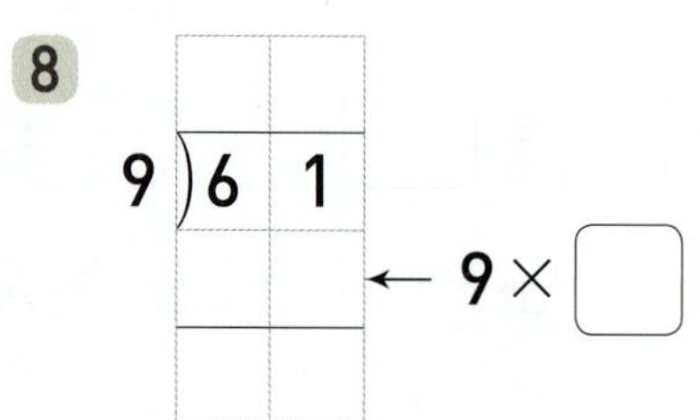

$9\overline{)61}$ ← $9 \times \boxed{}$

연습 (두 자리 수)÷(한 자리 수) (3)

실수 콕! 9~20번 문제

$$5\overline{)34} \quad \begin{array}{r} 6 \\ 30 \\ \hline 4 \end{array} \qquad 5\overline{)34} \quad \begin{array}{r} 5 \\ 25 \\ \hline 9 \end{array} ✗$$

◆ 나눗셈을 해 보세요.

9 ① $3\overline{)35}$　② $4\overline{)35}$

10 ① $5\overline{)41}$　② $6\overline{)41}$

11 ① $4\overline{)47}$　② $8\overline{)47}$

12 ① $5\overline{)59}$　② $7\overline{)59}$

13 ① $2\overline{)63}$　② $8\overline{)63}$

14 ① $4\overline{)85}$　② $8\overline{)85}$

◆ 보기 와 같이 나눗셈의 몫과 나머지를 구하고, 계산이 맞는지 확인해 보세요.

보기

$$13 \div 4 = 3 \cdots 1$$

확인　$4 \times 3 = 12,\ 12 + 1 = 13$

15 $45 \div 6 = \boxed{} \cdots \boxed{}$

확인

16 $37 \div 7 = \boxed{} \cdots \boxed{}$

확인

17 $76 \div 9 = \boxed{} \cdots \boxed{}$

확인

18 $25 \div 2 = \boxed{} \cdots \boxed{}$

확인

19 $95 \div 3 = \boxed{} \cdots \boxed{}$

확인

20 $58 \div 5 = \boxed{} \cdots \boxed{}$

확인

◆ ☐ 안에 몫을 쓰고, ◯ 안에 나머지를 써넣으세요.

21
32 → ÷3 → ☐ … ◯
     ÷5 → ☐ … ◯

22
46 → ÷4 → ☐ … ◯
     ÷7 → ☐ … ◯

23
85 → ÷2 → ☐ … ◯
     ÷8 → ☐ … ◯

24
56 → ÷5 → ☐ … ◯
     ÷6 → ☐ … ◯

25
68 → ÷3 → ☐ … ◯
     ÷8 → ☐ … ◯

26
87 → ÷4 → ☐ … ◯
     ÷9 → ☐ … ◯

◆ 큰 수를 작은 수로 나눈 몫과 나머지를 구하세요.

27
18   5
→ 몫: ☐ , 나머지: ☐

28
44   8
→ 몫: ☐ , 나머지: ☐

29
66   7
→ 몫: ☐ , 나머지: ☐

30
77   9
→ 몫: ☐ , 나머지: ☐

31
81   2
→ 몫: ☐ , 나머지: ☐

32
98   3
→ 몫: ☐ , 나머지: ☐

33
54   5
→ 몫: ☐ , 나머지: ☐

★ 완성 (두 자리 수)÷(한 자리 수) (3)

◆ 나눗셈의 나머지를 표에서 찾아 같은 색으로 색칠해 보세요.

34

나머지	2	3	4	5
색깔				

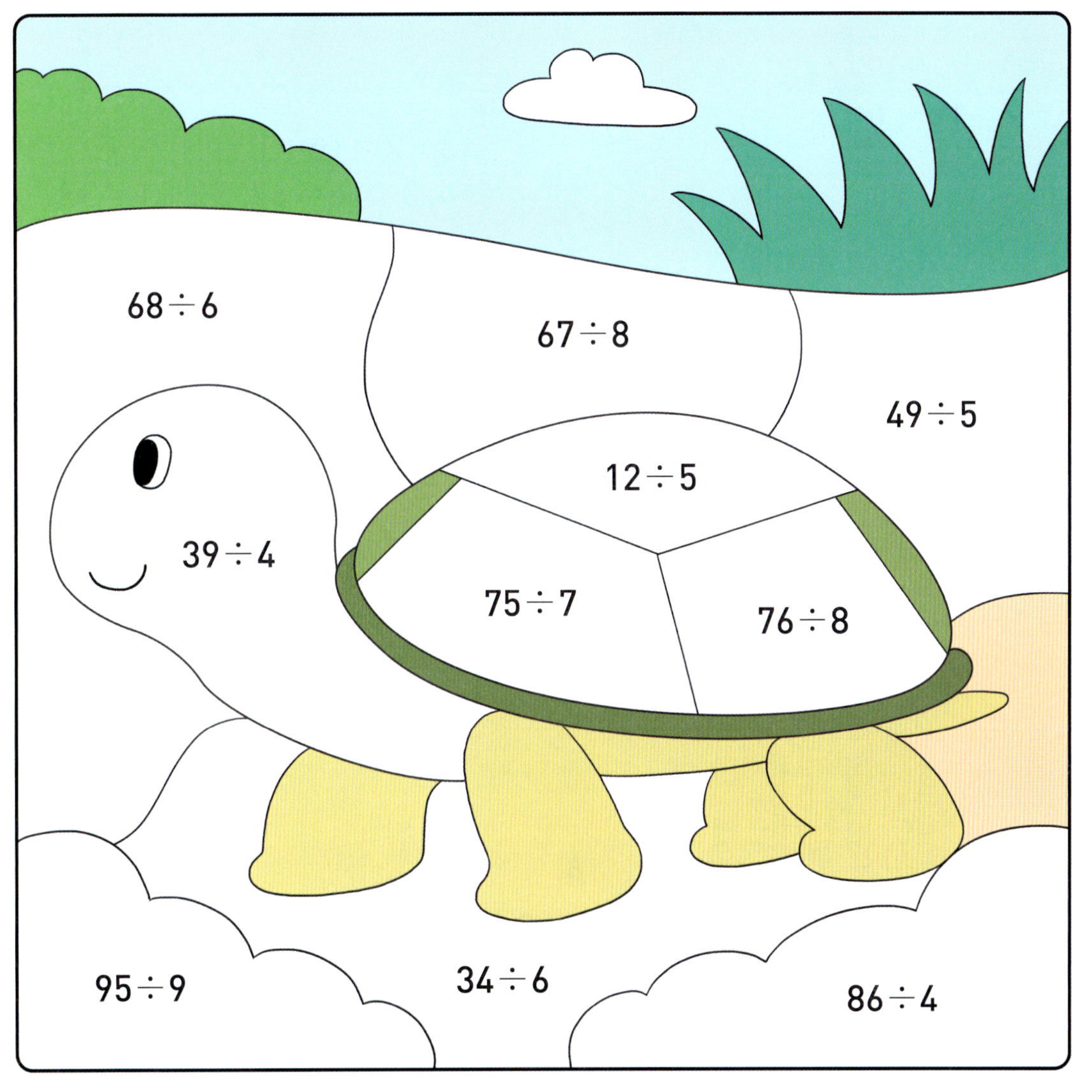

✛ 문해력

35 온유는 길이가 $\boxed{60\,\text{cm}}$ 인 끈을 $\boxed{7\,\text{cm}}$ 씩 자르려고 합니다. **7** cm짜리 끈을 몇 도막까지 만들 수 있고, 남는 끈은 몇 cm일까요?

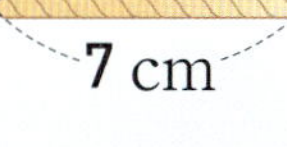

풀이 (전체 끈의 길이)÷(한 도막의 길이)

$$= \boxed{} \div \boxed{} = \boxed{} \cdots \boxed{}$$

답 **7** cm짜리 끈을 $\boxed{}$ 도막까지 만들 수 있고, 남는 끈은 $\boxed{}$ cm입니다.

개념 (두 자리 수)÷(한 자리 수) (4)
≫ 내림이 있고, 나머지가 있는 경우

33을 2로 나누면 몫은 16이고 1이 남습니다.
이때 1을 33÷2의 나머지라고 합니다.

십 모형 1개를 일 모형 10개로 바꿔.

$$33÷2=16…1$$

몫　나머지

33÷2의 계산 방법을 알아봅니다.

$$
2\,)\overline{3\,3} \quad→\quad 2\,)\overline{3\,3} \atop \underline{2\,0} \atop 1\,3 \quad→\quad 2\,)\overline{3\,3}
$$

$$33÷2=16…1$$

확인 $2×16=32,\ 32+1=33$

◆ 수 모형을 보고 ☐ 안에 알맞은 수를 써넣으세요.

1

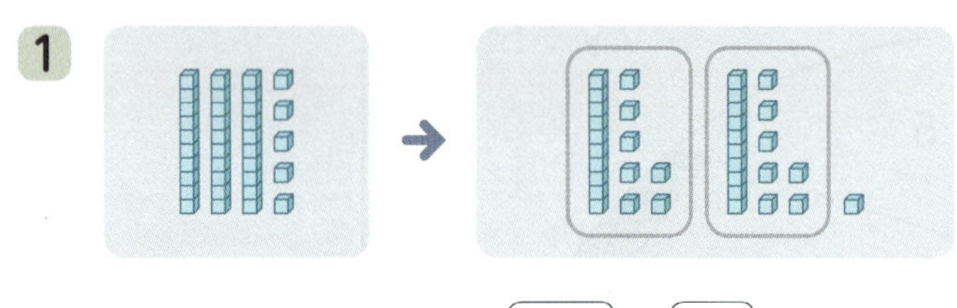

$$35÷2=\boxed{}…\boxed{}$$

2

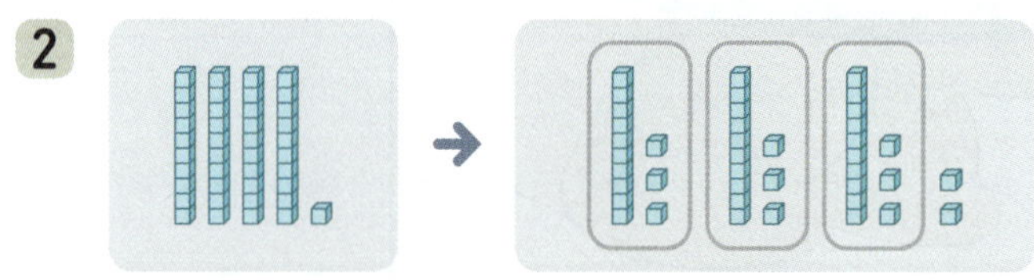

$$41÷3=\boxed{}…\boxed{}$$

3

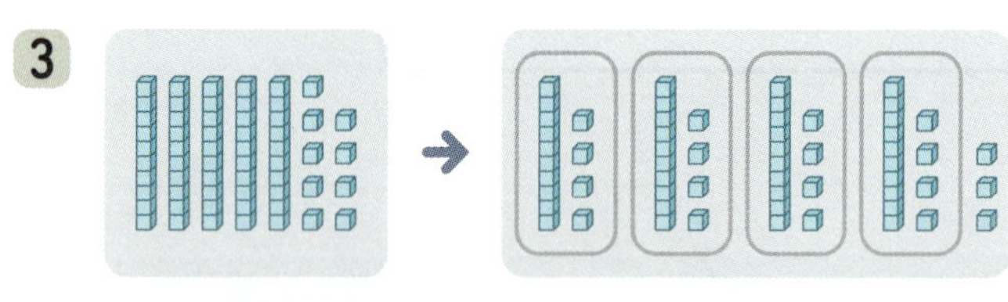

$$59÷4=\boxed{}…\boxed{}$$

4

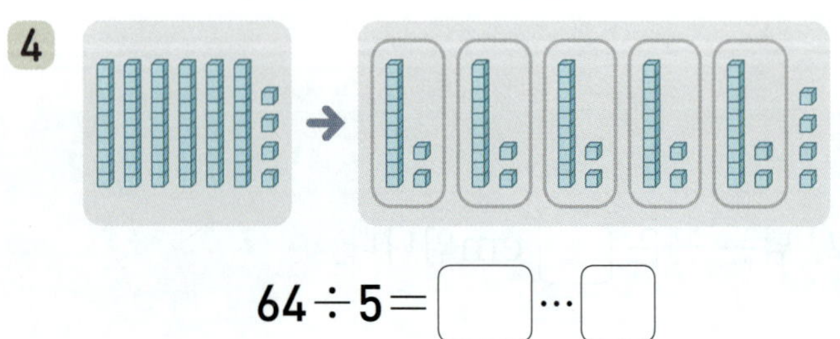

$$64÷5=\boxed{}…\boxed{}$$

◆ 나눗셈을 해 보세요.

5

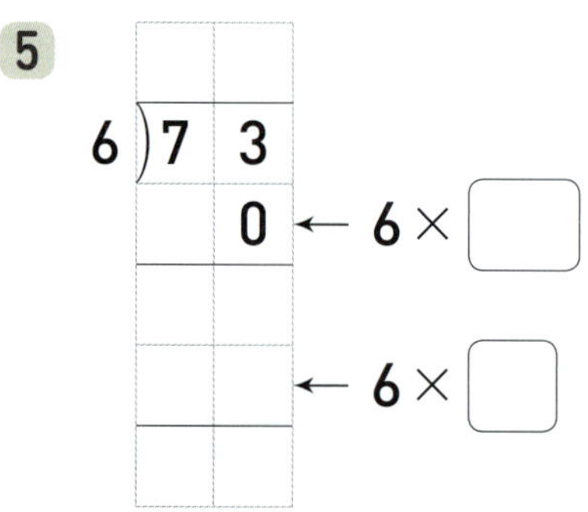

6

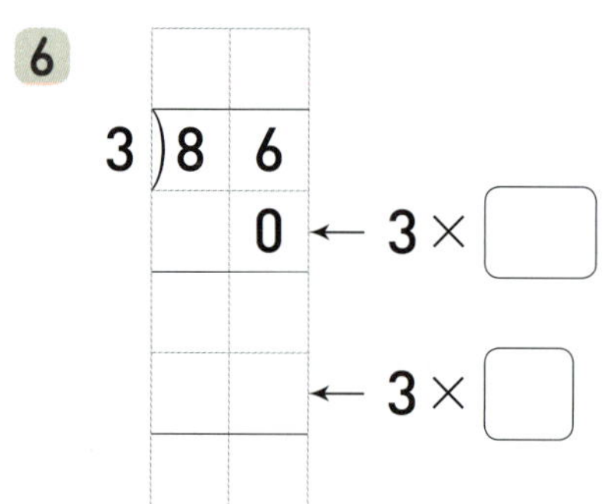

7

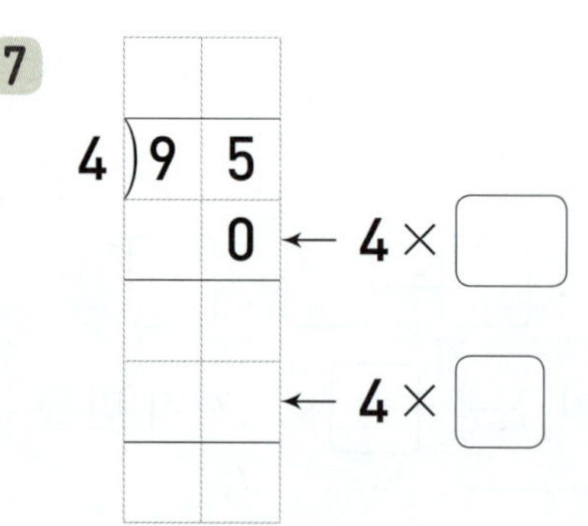

연습 (두 자리 수)÷(한 자리 수) (4)

◆ 나눗셈을 해 보세요.

8 ① $2\overline{)5\ 3}$ ② $3\overline{)5\ 3}$

9 ① $3\overline{)5\ 8}$ ② $4\overline{)5\ 8}$

10 ① $4\overline{)6\ 7}$ ② $5\overline{)6\ 7}$

11 ① $4\overline{)7\ 5}$ ② $6\overline{)7\ 5}$

12 ① $5\overline{)8\ 6}$ ② $6\overline{)8\ 6}$

13 ① $3\overline{)8\ 8}$ ② $7\overline{)8\ 8}$

14 ① $5\overline{)9\ 4}$ ② $8\overline{)9\ 4}$

◆ 보기 와 같이 나눗셈의 몫과 나머지를 구하고, 계산이 맞는지 확인해 보세요.

> **보기**
>
> $$46 \div 3 = 15 \cdots 1$$
> 확인 $3 \times 15 = 45,\ 45 + 1 = 46$

15 $37 \div 2 = \boxed{} \cdots \boxed{}$

확인 ______________________

16 $44 \div 3 = \boxed{} \cdots \boxed{}$

확인 ______________________

17 $91 \div 4 = \boxed{} \cdots \boxed{}$

확인 ______________________

18 $76 \div 6 = \boxed{} \cdots \boxed{}$

확인 ______________________

19 $83 \div 7 = \boxed{} \cdots \boxed{}$

확인 ______________________

20 $95 \div 8 = \boxed{} \cdots \boxed{}$

확인 ______________________

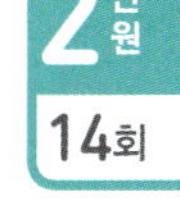

◆ ☐ 안에 몫을 쓰고, ◯ 안에 나머지를 써넣으세요.

21   ÷

| 57 | 2 | | … ◯ |
| 63 | 4 | | … ◯ |

22   ÷

| 76 | 3 | | … ◯ |
| 86 | 7 | | … ◯ |

23   ÷

| 68 | 5 | | … ◯ |
| 97 | 7 | | … ◯ |

24   ÷

| 66 | 4 | | … ◯ |
| 85 | 3 | | … ◯ |

25   ÷

| 59 | 2 | | … ◯ |
| 78 | 5 | | … ◯ |

26   ÷

| 80 | 6 | | … ◯ |
| 99 | 8 | | … ◯ |

◆ 나눗셈의 몫이 더 작은 것에 ◯표 하세요.

27

$75 \div 2$	$79 \div 3$
( )	( )

28

$77 \div 6$	$91 \div 8$
( )	( )

29

$43 \div 3$	$81 \div 7$
( )	( )

30

$84 \div 5$	$55 \div 2$
( )	( )

31

$78 \div 4$	$93 \div 8$
( )	( )

32

$83 \div 6$	$97 \div 5$
( )	( )

33

$95 \div 7$	$51 \div 4$
( )	( )

★ 완성 (두 자리 수)÷(한 자리 수) (4)

◆ 나눗셈의 나머지가 같은 두 공룡을 찾아 색칠해 보세요.

34

36

35

37

2단원 14회

＋문해력

38 혜주는 색연필 [31자루]를 한 사람에게 [2자루]씩 나누어 주려고 합니다. 몇 명에게 나누어 줄 수 있고, 남는 색연필은 몇 자루일까요?

풀이 (전체 색연필 수)÷(한 사람에게 주는 색연필 수)

$$= \boxed{} ÷ \boxed{} = \boxed{} \cdots \boxed{}$$

답 $\boxed{}$ 명에게 나누어 줄 수 있고, 남는 색연필은 $\boxed{}$ 자루입니다.

≫ 나머지가 없는 경우

720÷3의 계산은 백의 자리부터 차례로 계산합니다.

$$720 \div 3 = 240 \qquad \text{확인} \quad 3 \times 240 = 720$$

256÷4의 계산은 백의 자리에서 2를 4로 나눌 수 없으므로 십의 자리에서 나눕니다.

백의 자리에서는 나눌 수 없어.

$$256 \div 4 = 64 \qquad \text{확인} \quad 4 \times 64 = 256$$

◆ 나눗셈을 해 보세요.

1

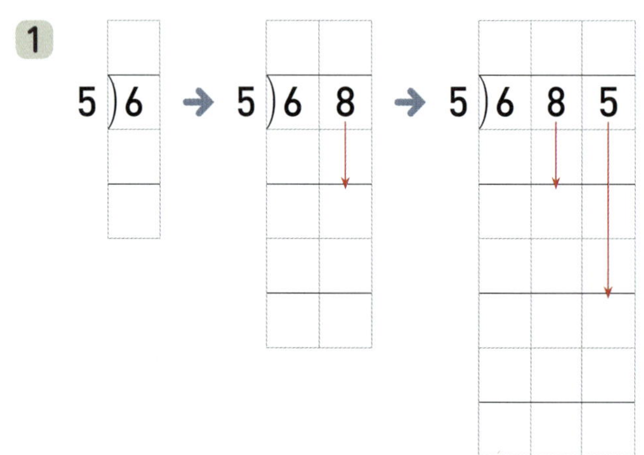

2

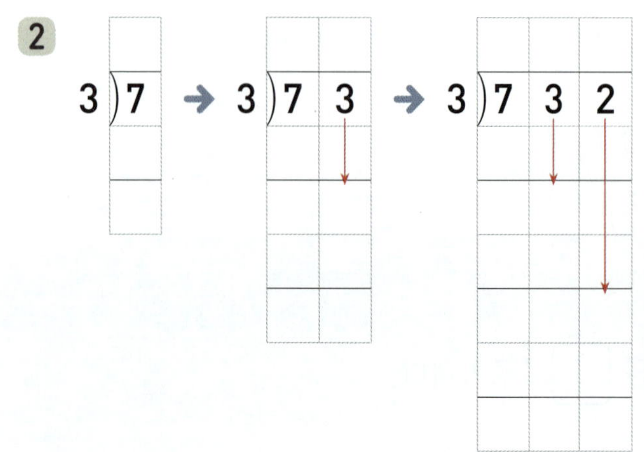

◆ 나눗셈을 해 보세요.

3

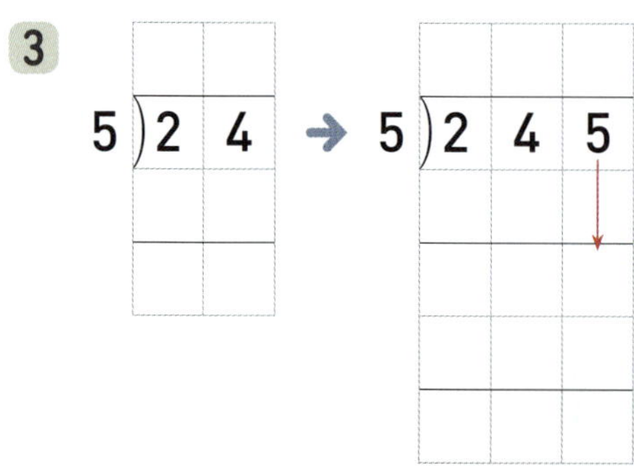

4

7)3 6 → 7)3 6 4

5

6)4 9 → 6)4 9 8

연습 (세 자리 수)÷(한 자리 수) (1)

실수 콕! 6~9번 문제

```
    4 2          4 2 0
 9)3 7 8      9)3 7 8
   3 6           3 6
   ─────         ─────
   1 8           1 8
   1 8           1 8
   ─────         ─────
     0             0
```

백의 자리에서 나누지 못할 때 몫을 백의 자리에 쓰지 않도록 조심!

◆ 나눗셈을 해 보세요.

6 ① 2)1 3 2   ② 4)1 3 2

7 ① 3)2 5 2   ② 7)2 5 2

8 ① 6)4 6 8   ② 9)4 6 8

9 ① 2)5 4 0   ② 9)5 4 0

10 ① 4)6 7 2   ② 6)6 7 2

11 ① 3)9 8 4   ② 8)9 8 4

◆ 보기 와 같이 나눗셈의 몫을 구하고, 계산이 맞는지 확인해 보세요.

보기

$$855 \div 9 = 95$$

확인 $9 \times 95 = 855$

12 $162 \div 3 = \boxed{}$

확인 ______________________

13 $144 \div 4 = \boxed{}$

확인 ______________________

14 $550 \div 5 = \boxed{}$

확인 ______________________

15 $918 \div 6 = \boxed{}$

확인 ______________________

16 $735 \div 7 = \boxed{}$

확인 ______________________

17 $896 \div 8 = \boxed{}$

확인 ______________________

◆ 빈칸에 알맞은 수를 써넣으세요.

18
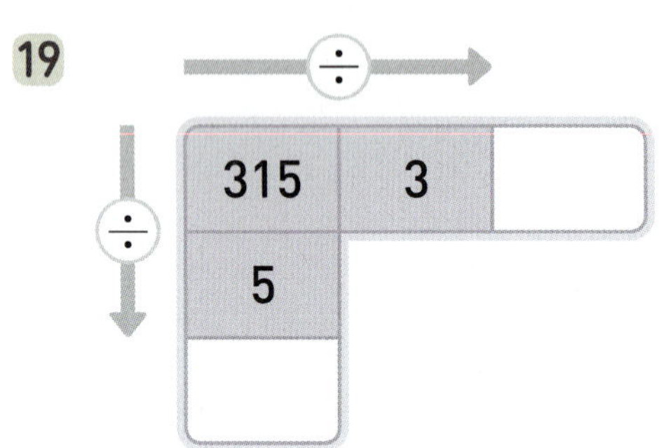

19
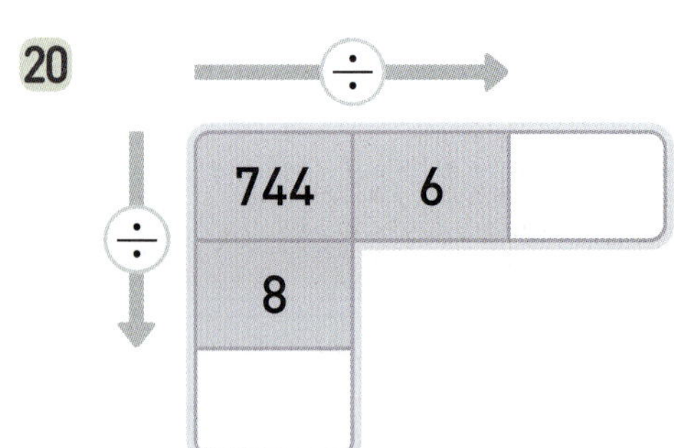

20
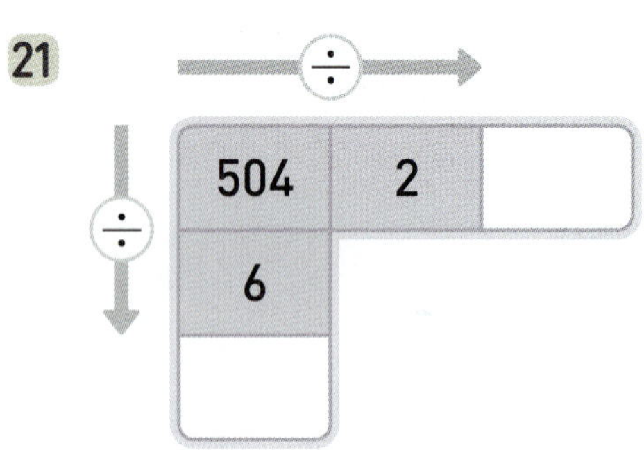

21
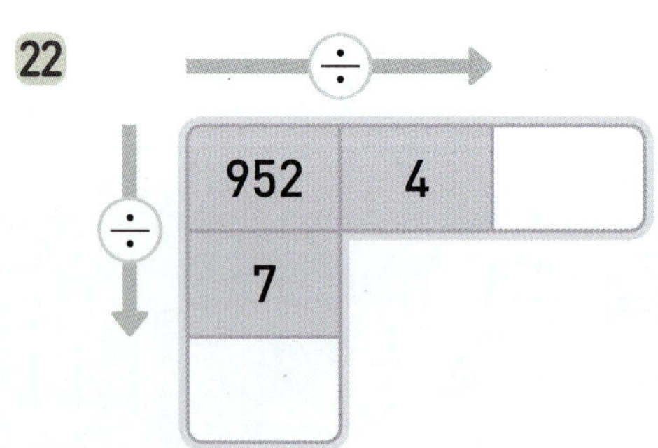

22

◆ 몫의 크기를 비교하여 ○ 안에 >, =, <를 알맞게 써넣으세요.

23 $432 \div 6$ ◯ $584 \div 8$

24 $925 \div 5$ ◯ $292 \div 2$

25 $324 \div 4$ ◯ $612 \div 9$

26 $658 \div 7$ ◯ $327 \div 3$

27 $582 \div 6$ ◯ $291 \div 3$

28 $492 \div 4$ ◯ $931 \div 7$

29 $927 \div 9$ ◯ $864 \div 8$

30 $396 \div 2$ ◯ $730 \div 5$

★ 완성 (세 자리 수)÷(한 자리 수)(1)

◆ 나눗셈의 몫을 찾아 이어 보세요.

31

✚문해력

32 경호는 호두 280개를 바구니 8개에 똑같이 나누어 담으려고 합니다. 한 바구니에 호두를 몇 개씩 담아야 할까요?

[풀이] (전체 호두 수)÷(바구니 수)

= ☐ ÷ ☐ = ☐

[답] 한 바구니에 호두를 ☐ 개씩 담아야 합니다.

개념 (세 자리 수)÷(한 자리 수) (2)
≫ 나머지가 있는 경우

507÷5의 계산은 백의 자리부터 차례로 계산합니다.

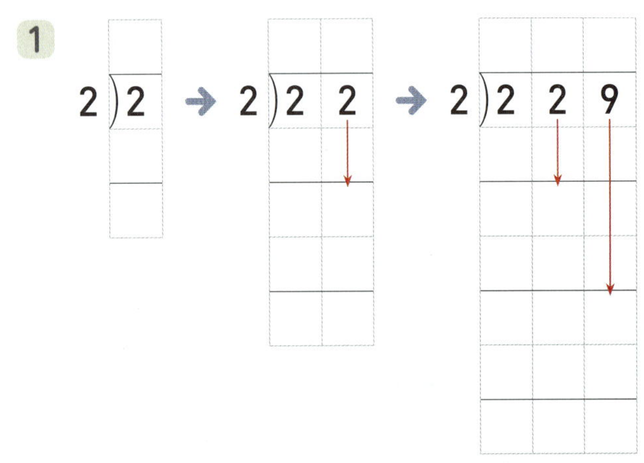

$$507 \div 5 = 101 \cdots 2$$

확인 $5 \times 101 = 505,\ 505 + 2 = 507$

135÷2의 계산은 백의 자리에서 1을 2로 나눌 수 없으므로 십의 자리에서 나눕니다.

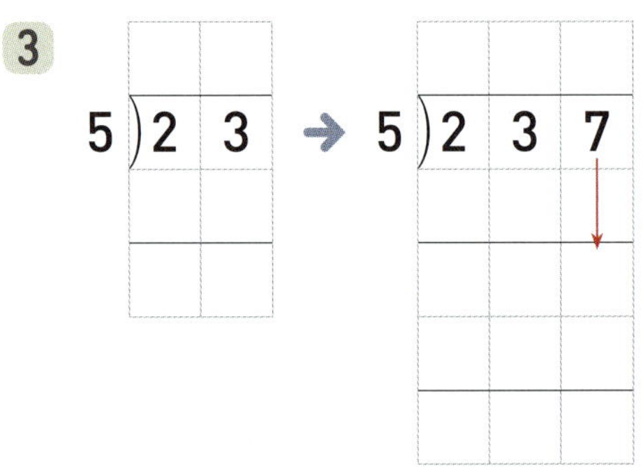

$$135 \div 2 = 67 \cdots 1$$

확인 $2 \times 67 = 134,\ 134 + 1 = 135$

◆ 나눗셈을 해 보세요.

1

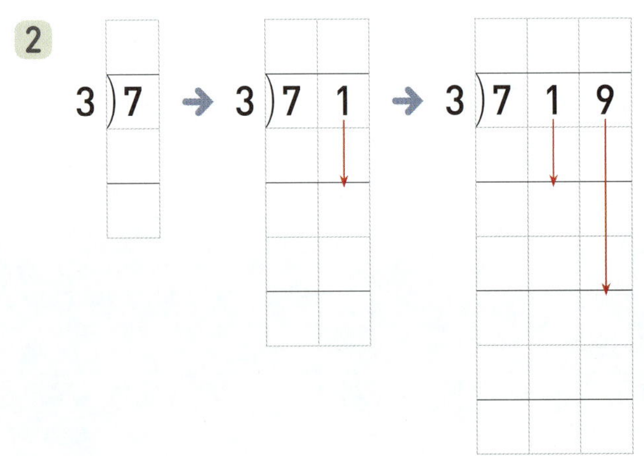

2

3

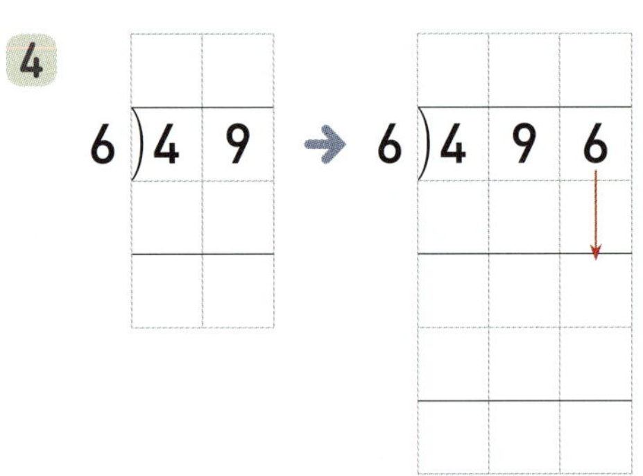

4

5

연습 (세 자리 수)÷(한 자리 수) (2)

실수 콕! 8번 문제

◆ 나눗셈을 해 보세요.

6 ① $3 \overline{)278}$　　② $5 \overline{)278}$

7 ① $2 \overline{)395}$　　② $9 \overline{)395}$

실수 콕!

8 ① $2 \overline{)409}$　　② $4 \overline{)409}$

9 ① $4 \overline{)514}$　　② $7 \overline{)514}$

10 ① $3 \overline{)670}$　　② $8 \overline{)670}$

11 ① $5 \overline{)746}$　　② $6 \overline{)746}$

◆  보기 와 같이 나눗셈의 몫과 나머지를 구하고, 계산이 맞는지 확인해 보세요.

> **보기**
> $$404 \div 7 = 57 \cdots 5$$
> 확인 $7 \times 57 = 399,\ 399 + 5 = 404$

12 $175 \div 3 = \boxed{} \cdots \boxed{}$

확인 ______________________

13 $689 \div 5 = \boxed{} \cdots \boxed{}$

확인 ______________________

14 $555 \div 6 = \boxed{} \cdots \boxed{}$

확인 ______________________

15 $845 \div 7 = \boxed{} \cdots \boxed{}$

확인 ______________________

16 $905 \div 8 = \boxed{} \cdots \boxed{}$

확인 ______________________

17 $308 \div 9 = \boxed{} \cdots \boxed{}$

확인 ______________________

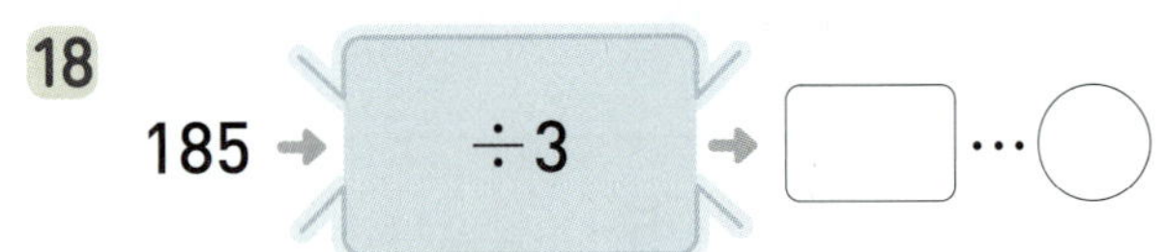

◆ ▢ 안에 몫을 쓰고, ◯ 안에 나머지를 써넣으세요.

18
185 → ÷3 → ▢ … ◯

19
539 → ÷5 → ▢ … ◯

20
615 → ÷4 → ▢ … ◯

21
689 → ÷7 → ▢ … ◯

22
786 → ÷9 → ▢ … ◯

23
857 → ÷6 → ▢ … ◯

24
993 → ÷2 → ▢ … ◯

◆ 가장 큰 수를 가장 작은 수로 나눈 몫과 나머지를 구하세요.

25
| 409 | 444 | 5 | 7 |

몫 (　　　　　　　)
나머지 (　　　　　　　)

26
| 391 | 201 | 8 | 4 |

몫 (　　　　　　　)
나머지 (　　　　　　　)

27
| 799 | 647 | 6 | 2 |

몫 (　　　　　　　)
나머지 (　　　　　　　)

28
| 832 | 7 | 893 | 9 |

몫 (　　　　　　　)
나머지 (　　　　　　　)

29
| 365 | 3 | 305 | 7 |

몫 (　　　　　　　)
나머지 (　　　　　　　)

30
| 710 | 8 | 705 | 6 |

몫 (　　　　　　　)
나머지 (　　　　　　　)

★ 완성　(세 자리 수)÷(한 자리 수) (2)

◆ 갈림길에서 나눗셈의 나머지가 더 큰 길을 따라가며 선을 그리고, 만나게 되는 동물에 ◯표 하세요.

31

$542 \div 4$

$393 \div 5$

$897 \div 8$

$341 \div 2$

$869 \div 3$

$610 \div 4$

$738 \div 7$

$526 \div 6$

$586 \div 9$

$362 \div 3$

2 단원
16회

＋문해력

32　호진이는 밤 425개를 3상자에 똑같이 나누어 담으려고 합니다. 한 상자에 몇 개까지 담을 수 있고, 남는 밤은 몇 개일까요?

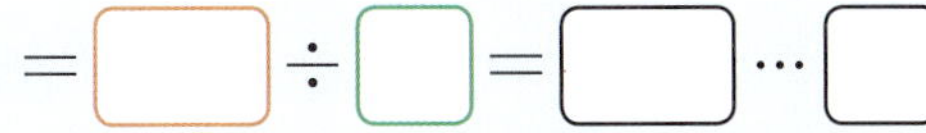

풀이　(전체 밤 수)÷(상자 수)

= ☐ ÷ ☐ = ☐ ⋯ ☐

답　한 상자에 ☐ 개까지 담을 수 있고, 남는 밤은 ☐ 개입니다.

◆ 나눗셈을 해 보세요.

1 ① 5) 6 0 ② 6) 6 0

2 ① 2) 7 8 ② 3) 7 8

3 ① 2) 8 8 ② 8) 8 8

4 ① 2) 9 6 ② 4) 9 6

5 ① 2) 3 5 0 ② 7) 3 5 0

6 ① 4) 6 8 4 ② 6) 6 8 4

7 ① 3) 7 6 8 ② 8) 7 6 8

◆ 나눗셈을 해 보세요.

8 ① 2) 2 3 ② 4) 2 3

9 ① 5) 5 2 ② 7) 5 2

10 ① 3) 7 1 ② 6) 7 1

11 ① 5) 9 3 ② 8) 9 3

12 ① 3) 4 5 1 ② 7) 4 5 1

13 ① 3) 6 1 7 ② 5) 6 1 7

14 ① 2) 9 7 5 ② 9) 9 7 5

◆ 나눗셈을 해 보세요.

15 ① $48 \div 4$

② $48 \div 3$

16 ① $52 \div 2$

② $52 \div 4$

17 ① $66 \div 3$

② $66 \div 6$

18 ① $72 \div 3$

② $72 \div 6$

19 ① $90 \div 2$

② $90 \div 3$

20 ① $492 \div 3$

② $492 \div 6$

21 ① $665 \div 5$

② $665 \div 7$

22 ① $828 \div 4$

② $828 \div 9$

◆ 나눗셈을 해 보세요.

23 ① $31 \div 3$

② $31 \div 5$

24 ① $45 \div 4$

② $45 \div 6$

25 ① $62 \div 4$

② $62 \div 5$

26 ① $74 \div 3$

② $74 \div 8$

27 ① $97 \div 2$

② $97 \div 7$

28 ① $649 \div 5$

② $649 \div 8$

29 ① $723 \div 4$

② $723 \div 9$

30 ① $989 \div 3$

② $989 \div 7$

2단원 17회

◆ 빈칸에 알맞은 수를 써넣으세요.

1 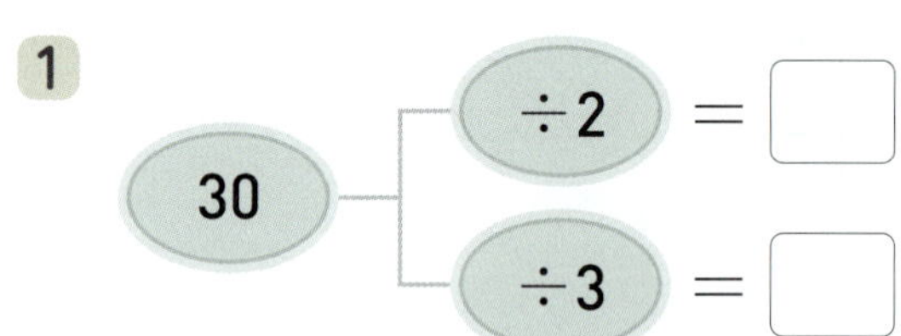

2 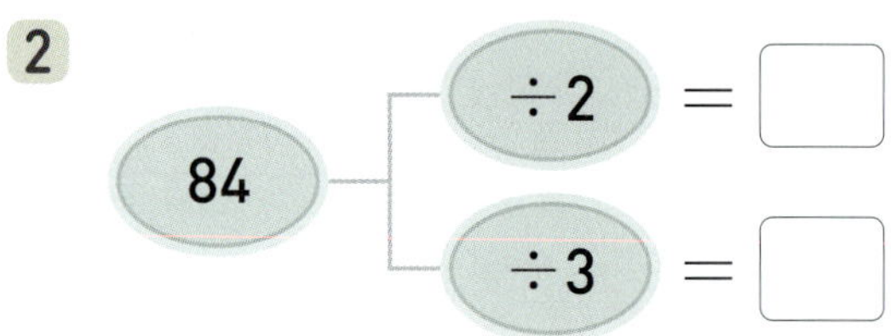

3 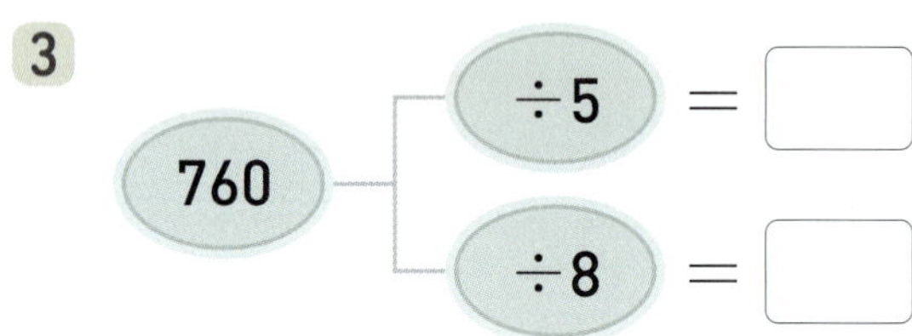

◆ ☐ 안에 몫을 쓰고, ◯ 안에 나머지를 써넣으세요.

4 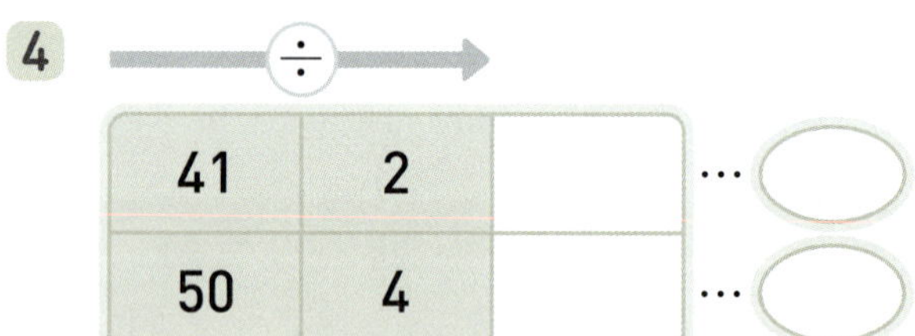

5 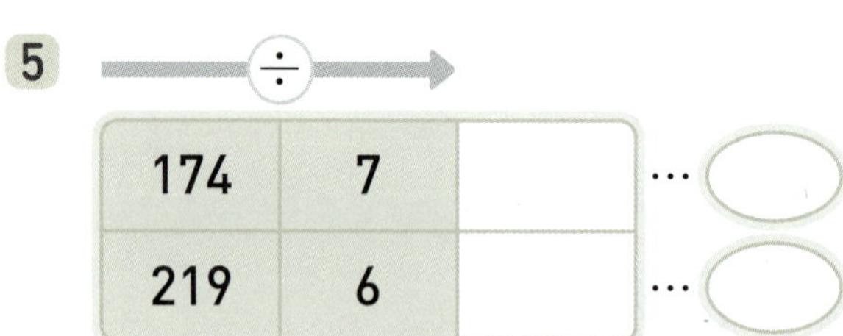

6

◆ 몫의 크기를 비교하여 ◯ 안에 >, =, <를 알맞게 써넣으세요.

7 $40 \div 2$ ◯ $60 \div 4$

8 $77 \div 7$ ◯ $48 \div 4$

9 $51 \div 3$ ◯ $85 \div 5$

10 $63 \div 6$ ◯ $89 \div 8$

11 $61 \div 5$ ◯ $31 \div 2$

12 $360 \div 3$ ◯ $480 \div 4$

13 $808 \div 7$ ◯ $683 \div 6$

14 $384 \div 5$ ◯ $570 \div 8$

◆ 나눗셈의 몫을 찾아 이어 보세요.

15

$22 \div 2$ •

$63 \div 3$ •

• 11

• 12

• 21

16

$78 \div 2$ •

$48 \div 3$ •

• 16

• 39

• 49

17

$87 \div 5$ •

$91 \div 8$ •

• 11

• 13

• 17

18

$161 \div 7$ •

$102 \div 2$ •

• 21

• 23

• 51

19

$129 \div 5$ •

$190 \div 6$ •

• 25

• 31

• 35

◆ 나눗셈의 나머지가 더 큰 것에 ◯표 하세요.

20

$95 \div 3$ $47 \div 4$

(   )   (   )

21

$87 \div 4$ $92 \div 5$

(   )   (   )

22

$95 \div 7$ $73 \div 6$

(   )   (   )

23

$82 \div 3$ $59 \div 4$

(   )   (   )

24

$388 \div 8$ $291 \div 9$

(   )   (   )

25

$782 \div 5$ $831 \div 7$

(   )   (   )

26

$862 \div 6$ $439 \div 8$

(   )   (   )

3 원

이전에 배운 내용

[2-1] 여러 가지 도형
원 알아보기
원 모양 본떠 그리기
원을 이용하여 모양 꾸미기

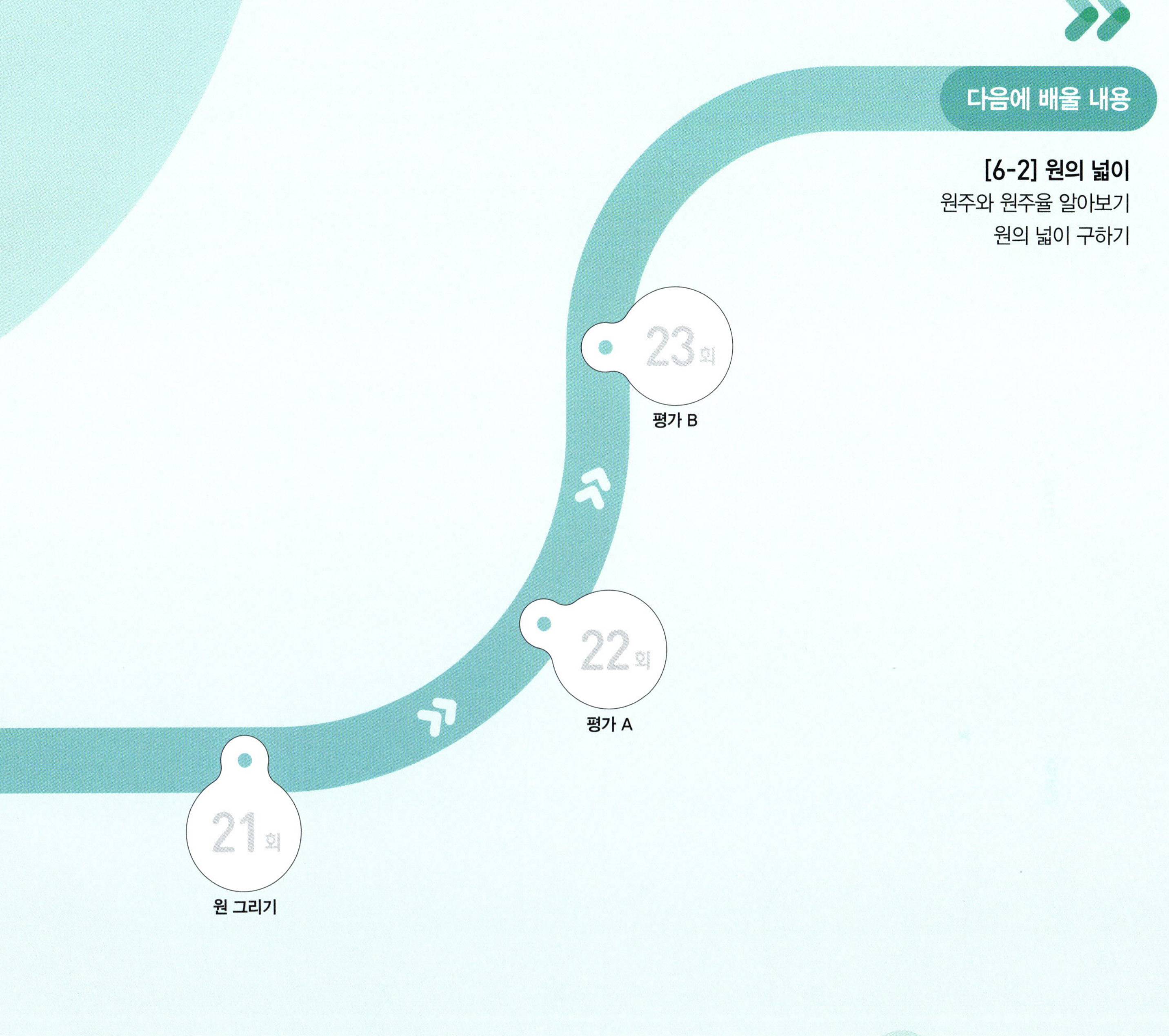

다음에 배울 내용

[6-2] 원의 넓이
원주와 원주율 알아보기
원의 넓이 구하기

23회
평가 B

22회
평가 A

21회
원 그리기

개념 원의 중심, 반지름, 지름

누름 못과 띠 종이를 이용하여 원을 그리고 원의 중심, 반지름, 지름을 알아봅니다.

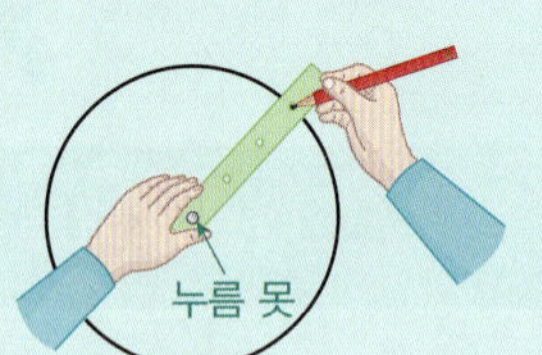

원의 중심	원의 반지름	원의 지름
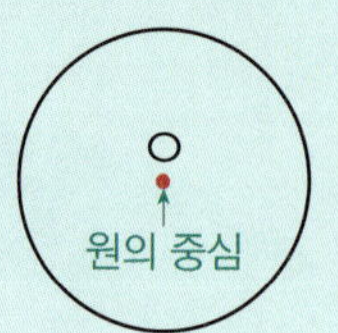	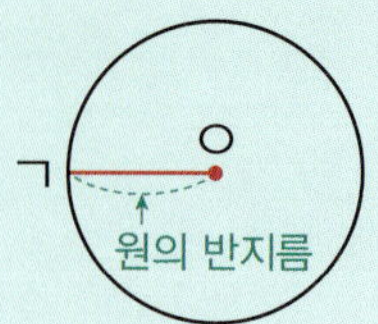	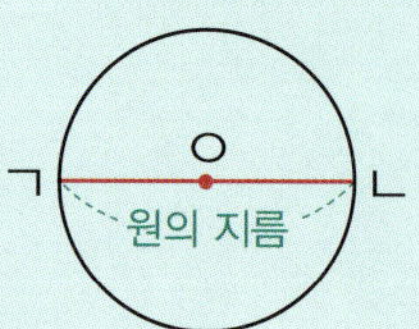
누름 못이 꽂혔던 점 → 점 ㅇ	원의 중심과 원 위의 한 점을 이은 선분 → 선분 ㅇㄱ	원의 중심을 지나도록 원 위의 두 점을 이은 선분 → 선분 ㄱㄴ

◆ 바르게 나타낸 것에 ◯표 하세요.

1 원의 중심

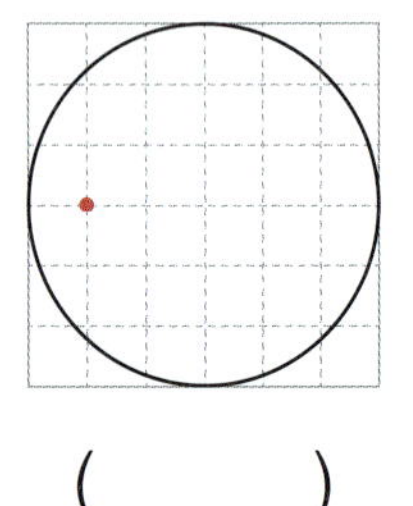 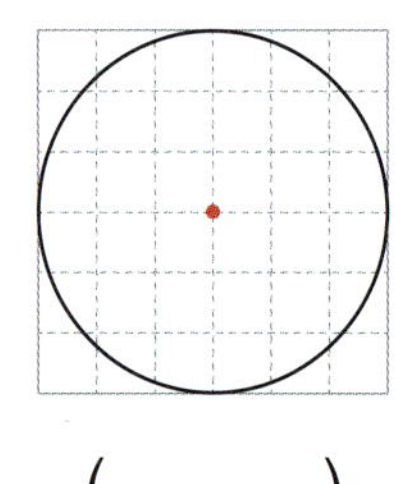

(   )   (   )

2 원의 반지름

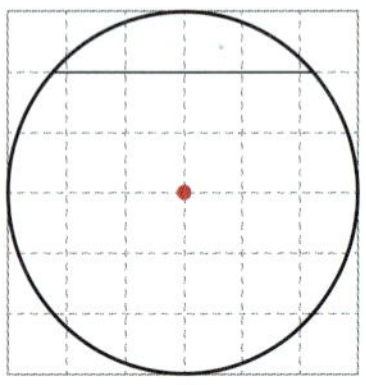

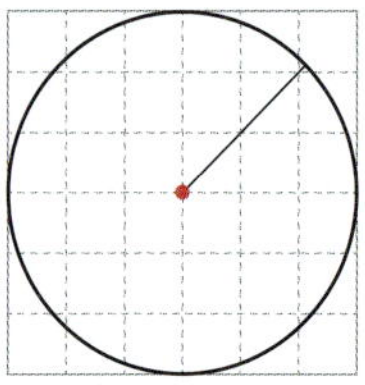

(   )   (   )

3 원의 지름

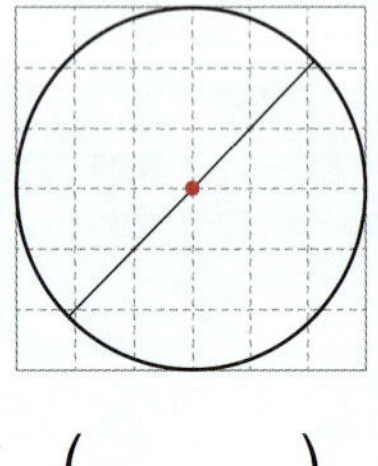 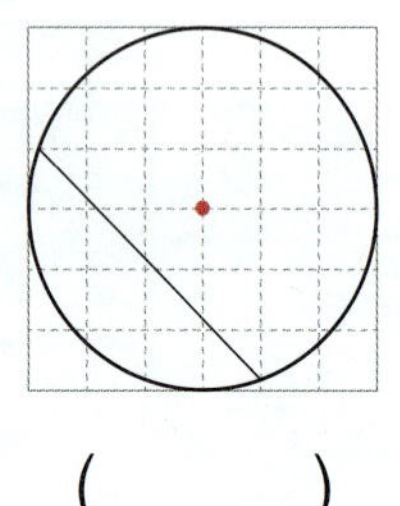

(   )   (   )

◆ ☐ 안에 알맞게 써넣으세요.

4 

원의 반지름: 선분 ☐

5

원의 반지름: 선분 ☐

6 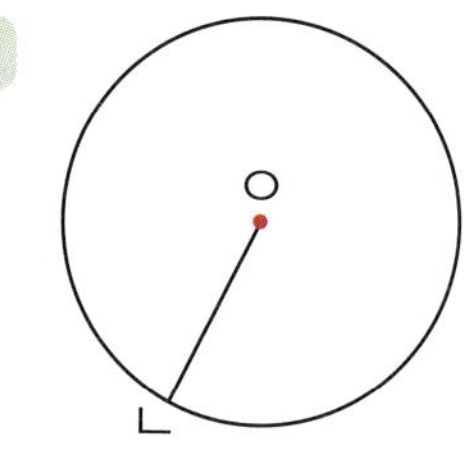

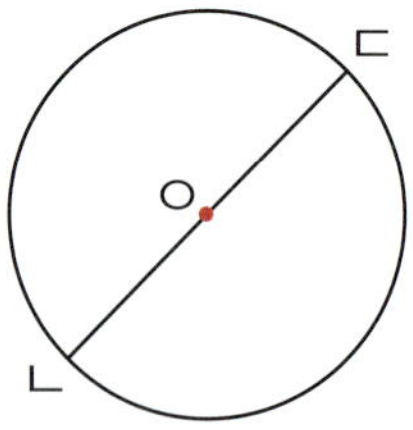

원의 지름: 선분 ☐

7 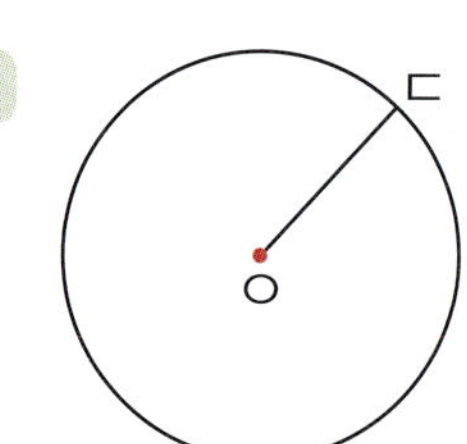

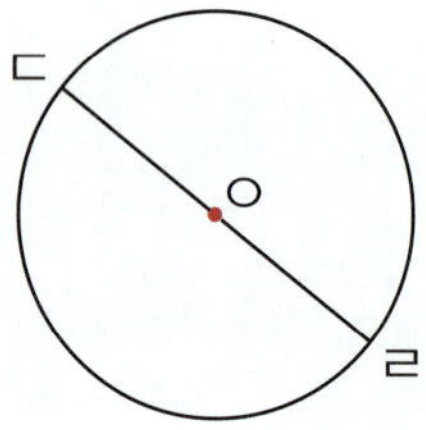

원의 지름: 선분 ☐

연습 원의 중심, 반지름, 지름

◆ 원의 중심을 찾아 쓰세요.

8
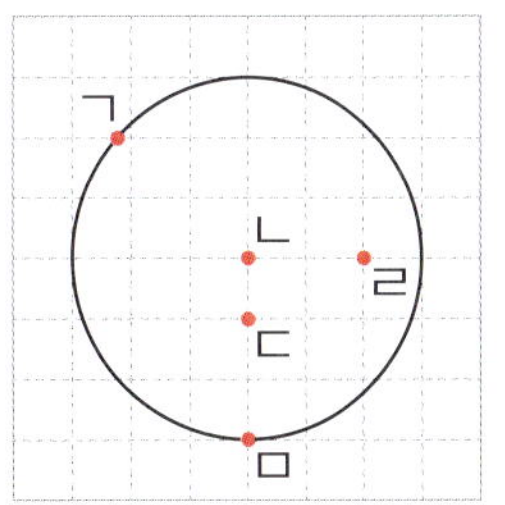
( )

9
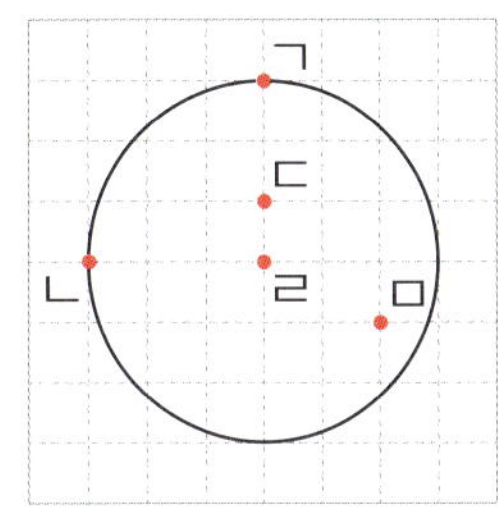
( )

10
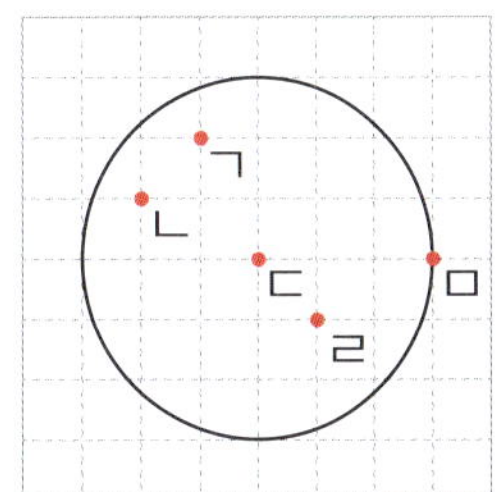
( )

◆ 원의 반지름을 나타내는 선분을 찾아 쓰세요.

11
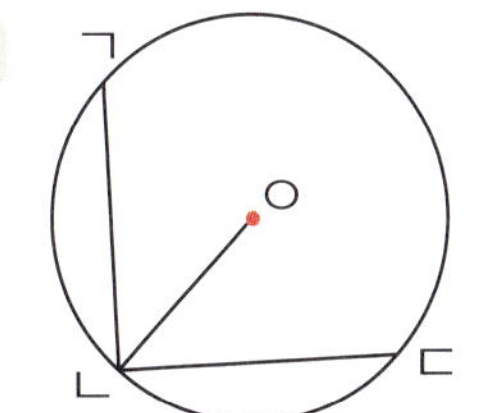
( )

12
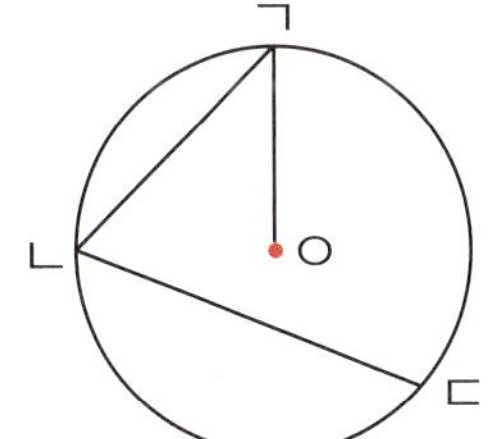
( )

13
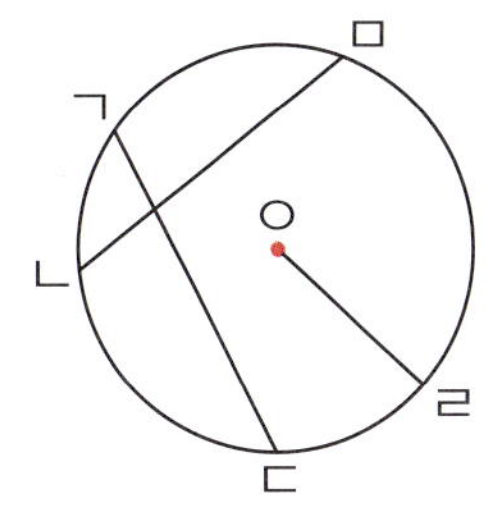
( )

◆ 원의 지름을 나타내는 선분을 찾아 쓰세요.

14
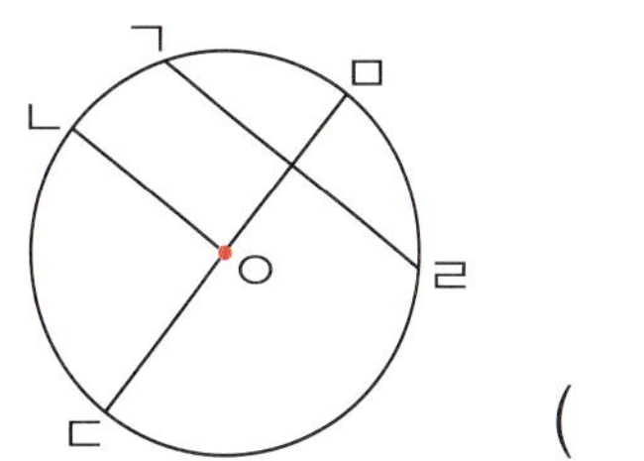
( )

15
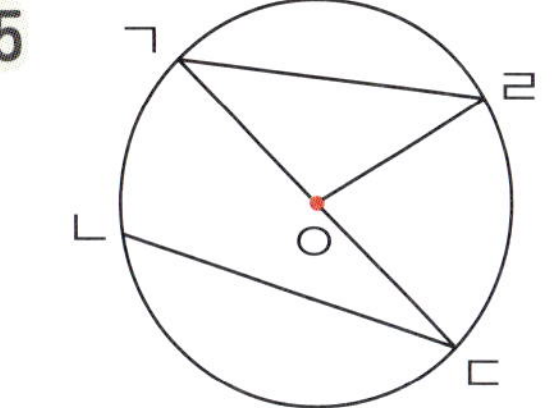
( )

16
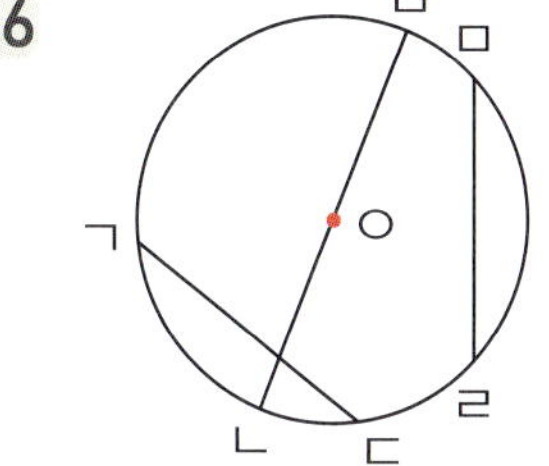
( )

17
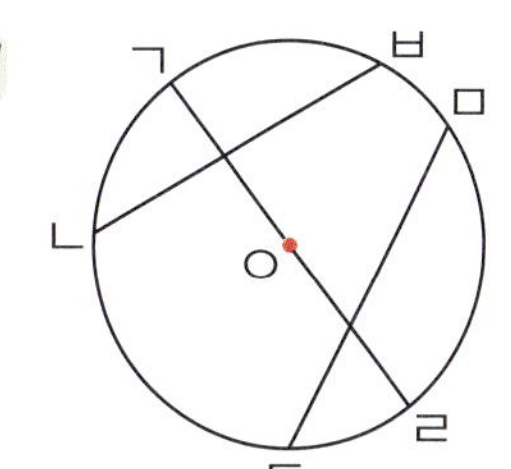
( )

18
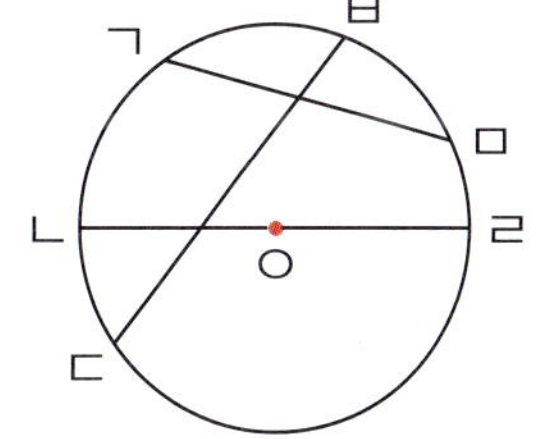
( )

19
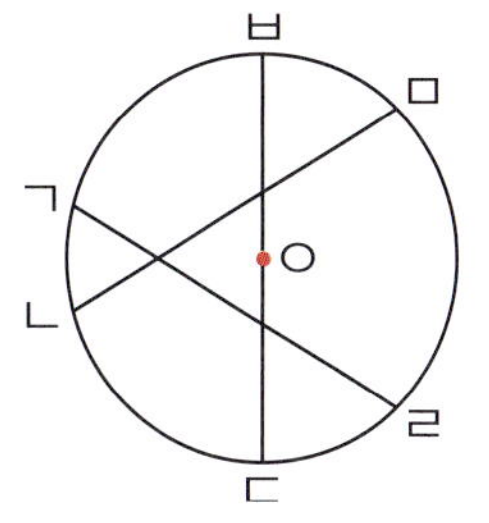
( )

◆ ☐ 안에 알맞은 수를 써넣으세요.

20 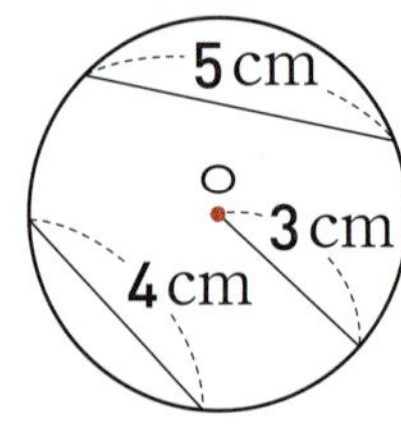

원의 반지름: ☐ cm

21 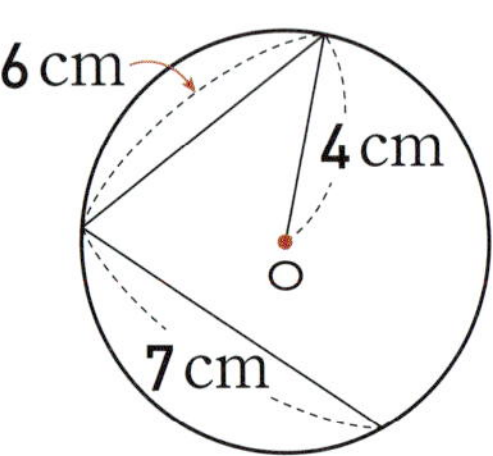

원의 반지름: ☐ cm

22 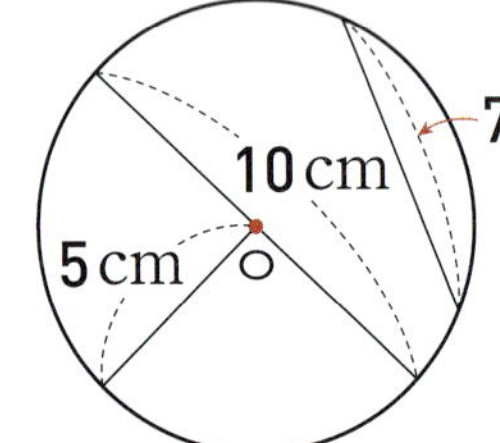

원의 반지름: ☐ cm

23 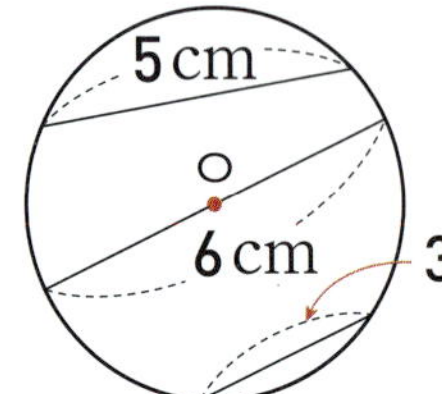

원의 지름: ☐ cm

24 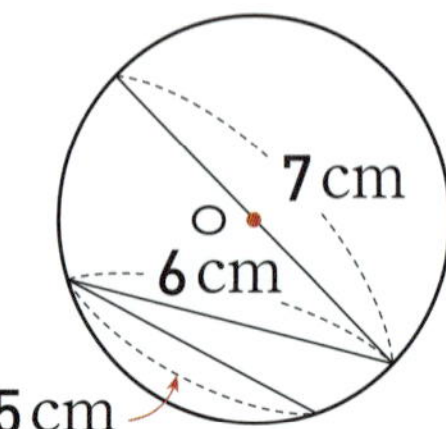

원의 지름: ☐ cm

25 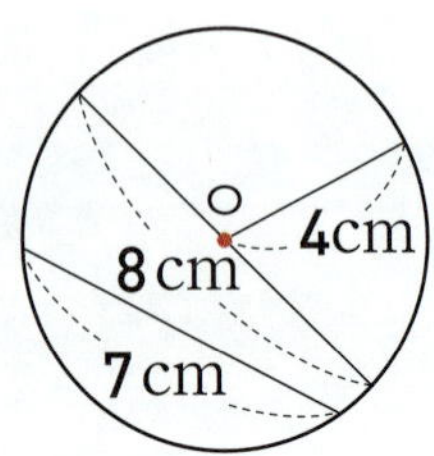

원의 지름: ☐ cm

◆ ☐ 안에 알맞은 수를 써넣으세요.

26 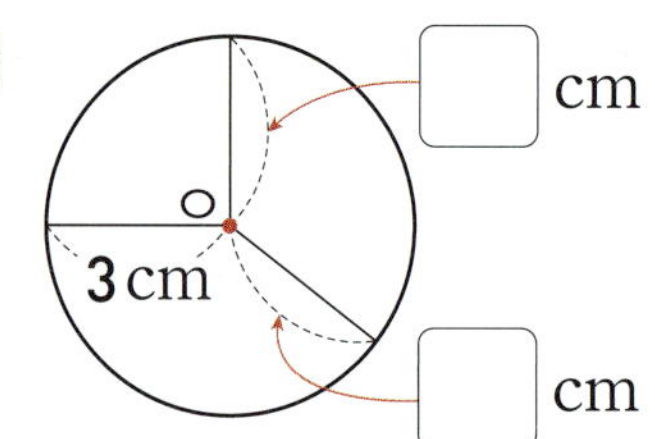

27 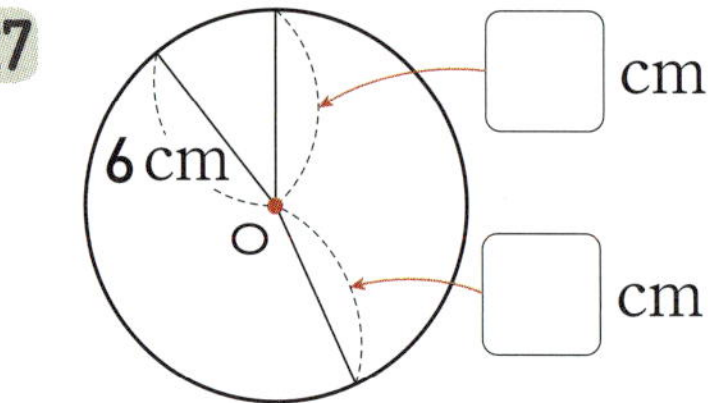

28 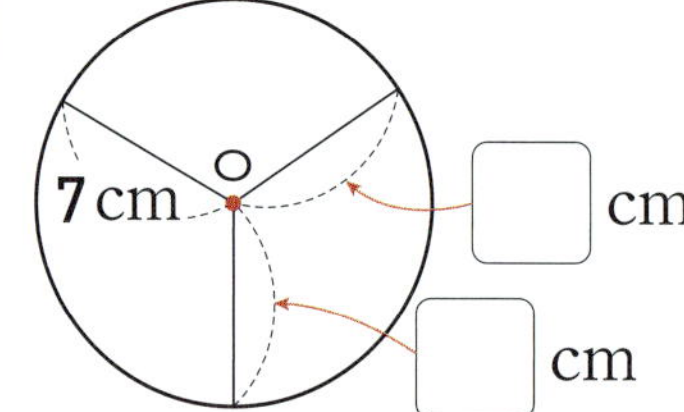

29 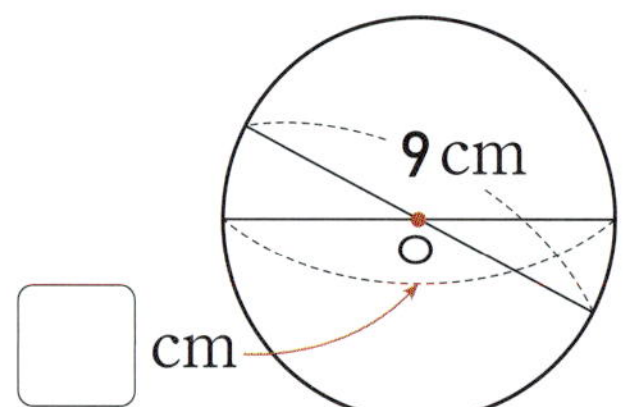

30 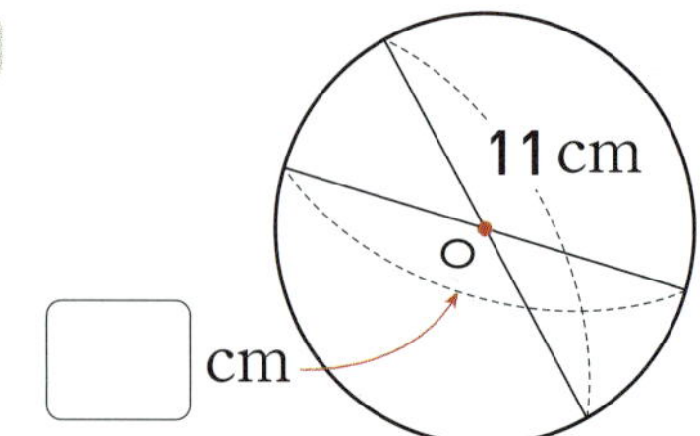

31 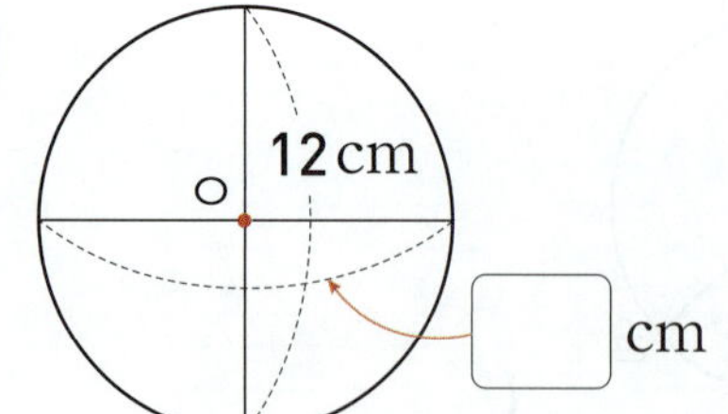

★ 완성 원의 중심, 반지름, 지름

◆ 원 모양인 여러 가지 물건을 보고 ◻ 안에 알맞은 수를 써넣으세요.

32
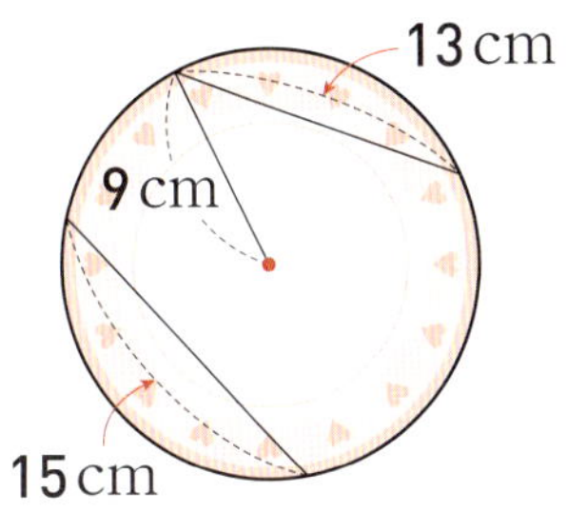

원의 반지름: ◻ cm

33
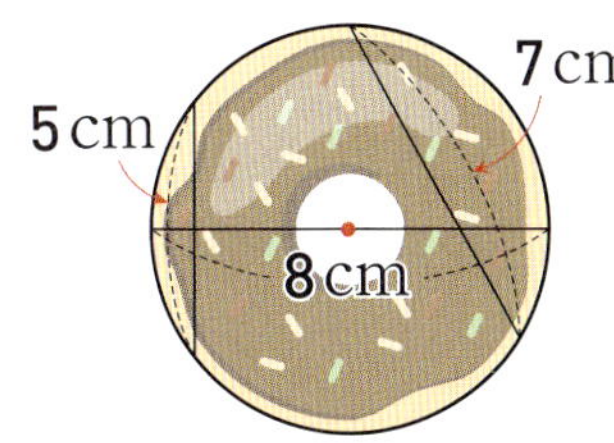

원의 지름: ◻ cm

34
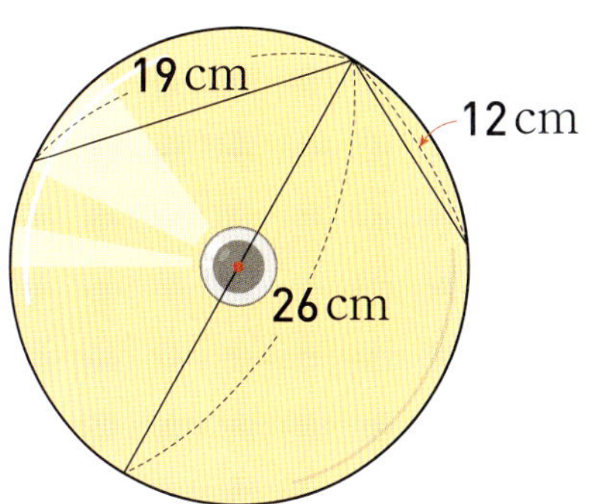

원의 지름: ◻ cm

35
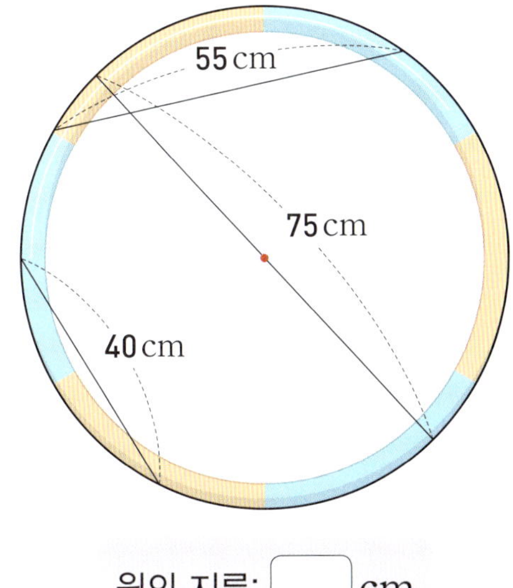

원의 지름: ◻ cm

36
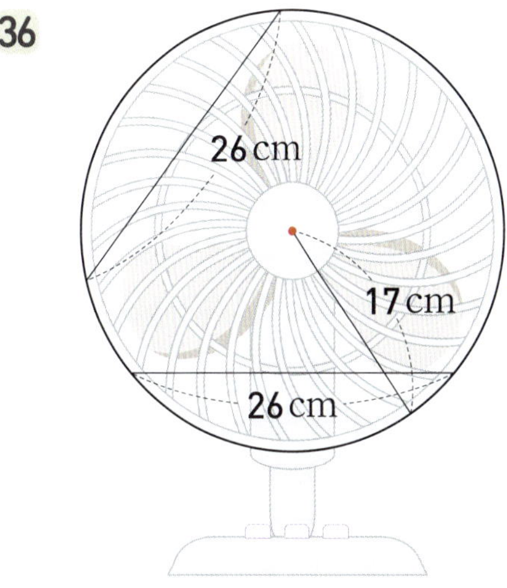

원의 반지름: ◻ cm

＋문해력

37 두 사람 중 원의 지름에 대해 바르게 말한 사람은 누구일까요?

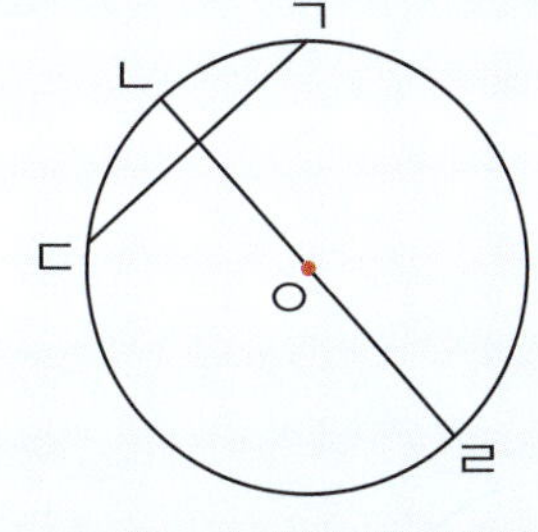

> 지수: 원의 지름은 선분 ㄴㄹ이고 **3 cm**야.
> 연우: 원의 지름은 선분 ㄱㄷ이고 **2 cm**야.

풀이 원의 지름은 선분 ◻ 이고, 자로 길이를 재어 보면 ◻ cm입니다.

답 바르게 말한 사람은 ◻ 입니다.

한 원에서 지름은 반지름의 2배입니다.

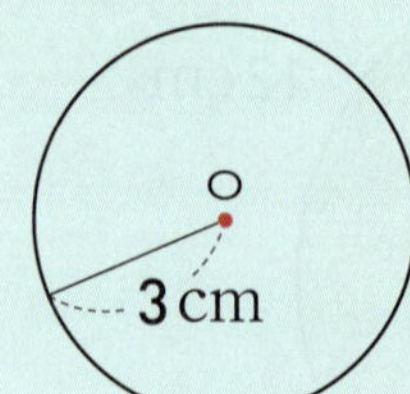

$(지름) = (반지름) \times 2$

원의 반지름: 3 cm
→ $(지름) = 3 \times 2 = 6 \ (cm)$

한 원에서 반지름은 지름의 반입니다.

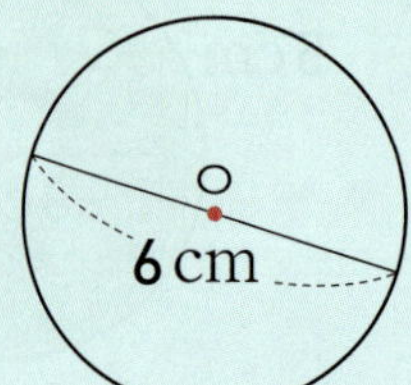

$(반지름) = (지름) \div 2$

원의 지름: 6 cm
→ $(반지름) = 6 \div 2 = 3 \ (cm)$

◆ ☐ 안에 알맞은 수를 써넣으세요.

1
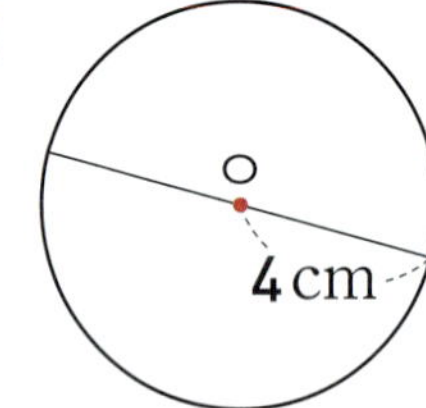

$(지름) = \boxed{} \times 2$

$= \boxed{} \ (cm)$

2
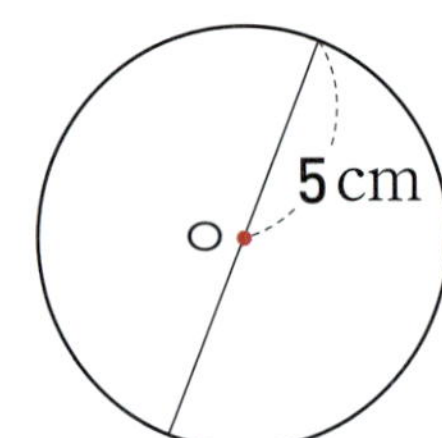

$(지름) = \boxed{} \times \boxed{}$

$= \boxed{} \ (cm)$

3
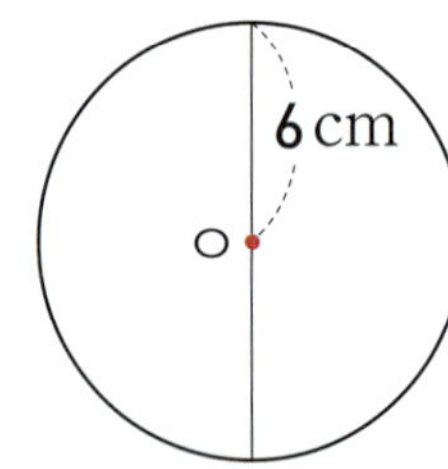

$(지름) = \boxed{} \times \boxed{}$

$= \boxed{} \ (cm)$

4
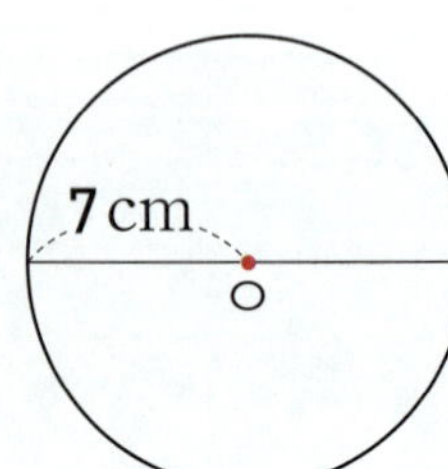

$(지름) = \boxed{} \times \boxed{}$

$= \boxed{} \ (cm)$

◆ ☐ 안에 알맞은 수를 써넣으세요.

5
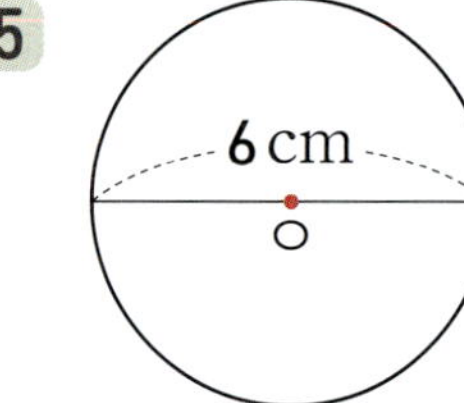

$(반지름) = \boxed{} \div 2$

$= \boxed{} \ (cm)$

6
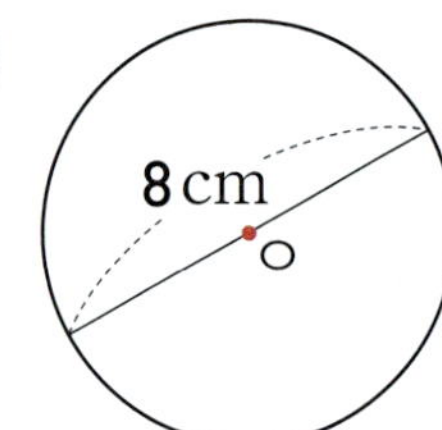

$(반지름) = \boxed{} \div \boxed{}$

$= \boxed{} \ (cm)$

7
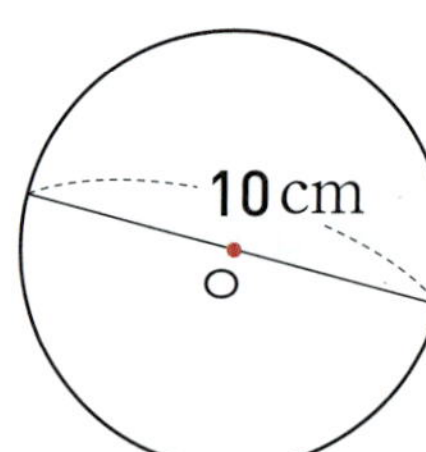

$(반지름) = \boxed{} \div \boxed{}$

$= \boxed{} \ (cm)$

8
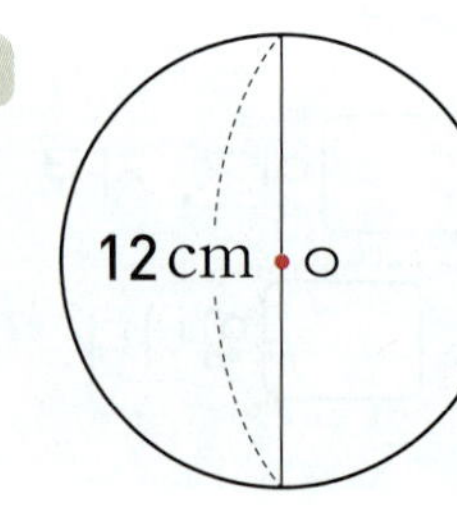

$(반지름) = \boxed{} \div \boxed{}$

$= \boxed{} \ (cm)$

연습   원의 성질

◆ ☐ 안에 알맞은 수를 써넣으세요.

9
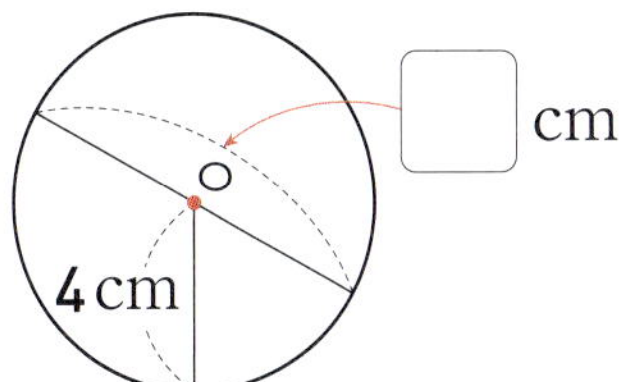

10
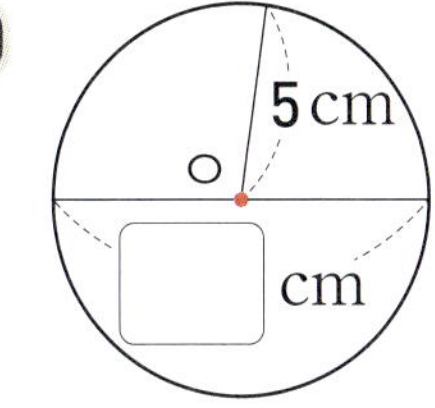

11
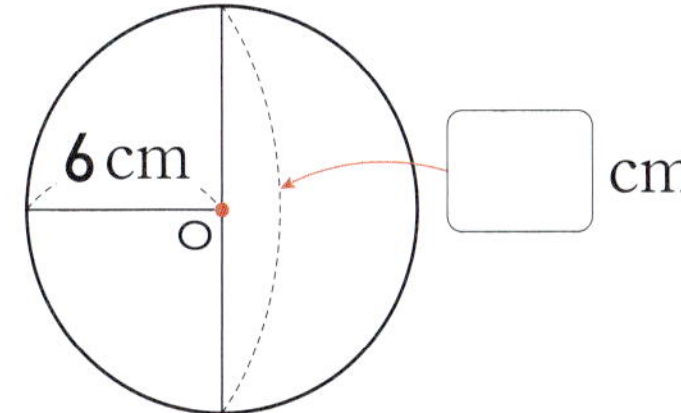

12
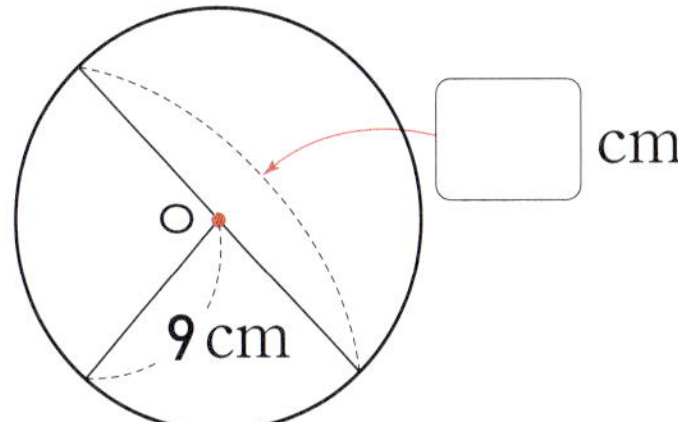

13
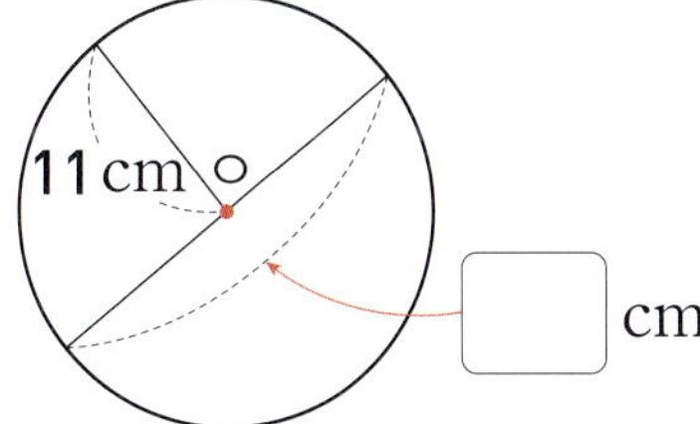

14
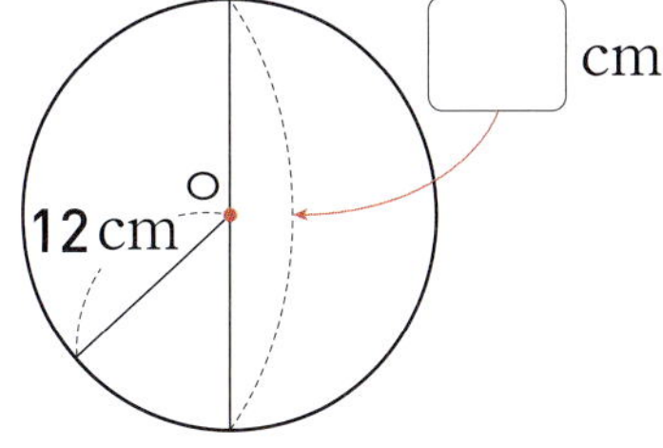

◆ ☐ 안에 알맞은 수를 써넣으세요.

15
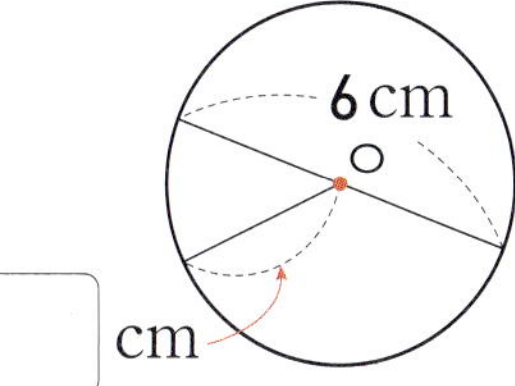

16
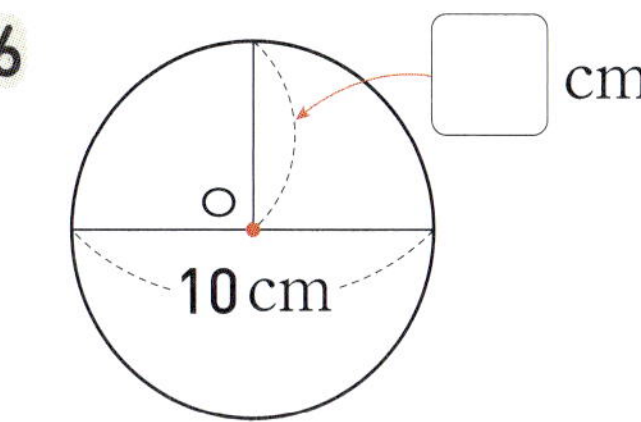

17
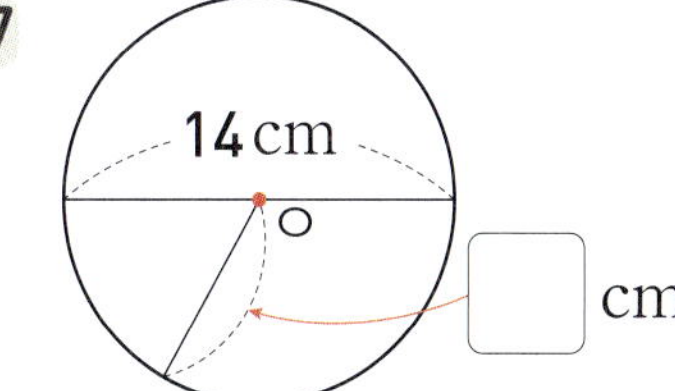

18
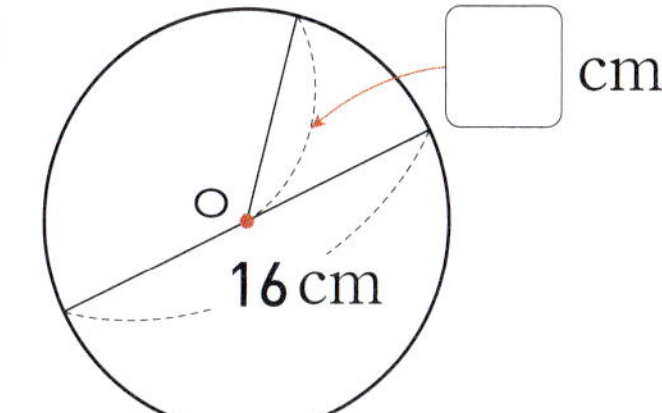

19
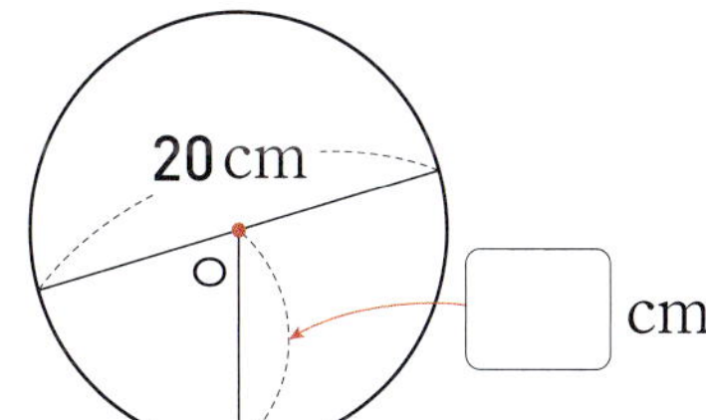

20
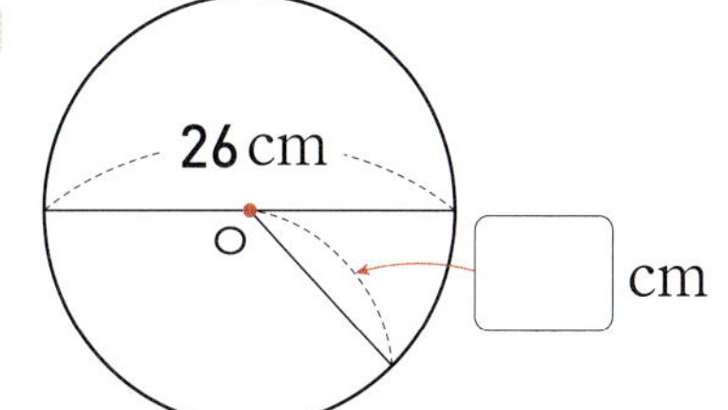

3단원 20회

◆ 원의 지름과 반지름이 각각 몇 cm인지 구하세요.

21

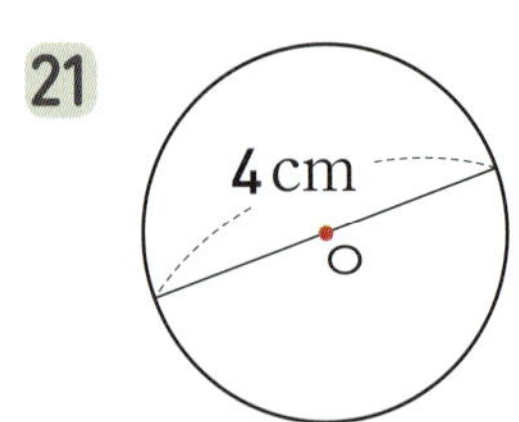

지름	반지름

22

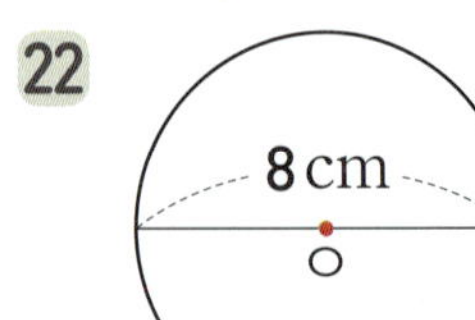

지름	반지름

23

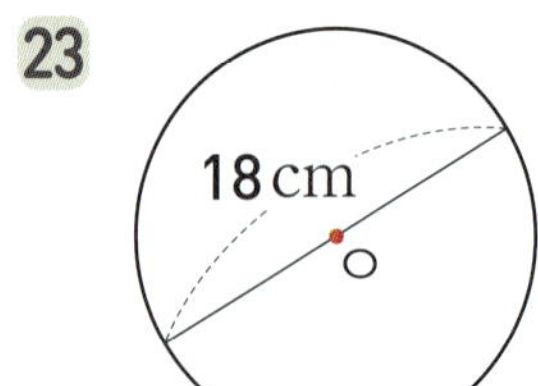

지름	반지름

24

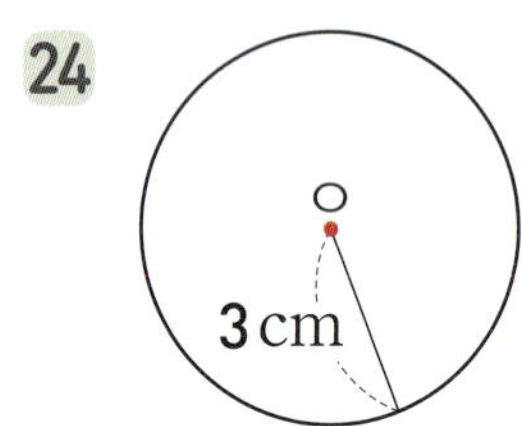

지름	반지름

25

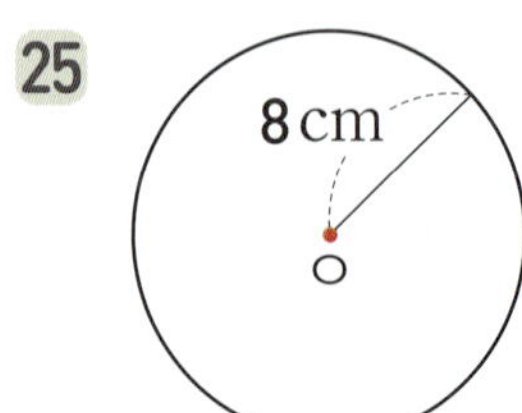

지름	반지름

26

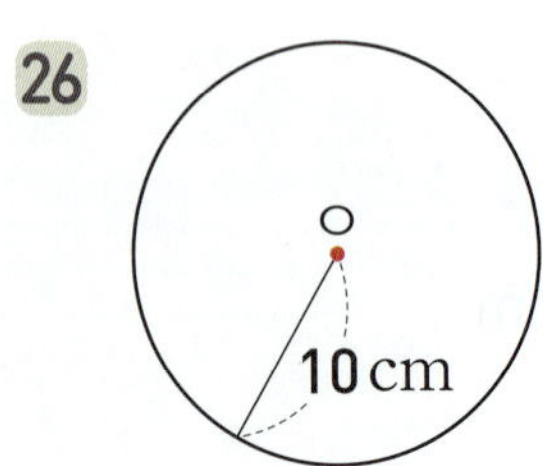

지름	반지름

◆ 정사각형 안에 원이 꼭 맞게 들어 있습니다. ◻ 안에 알맞은 수를 써넣으세요.

27

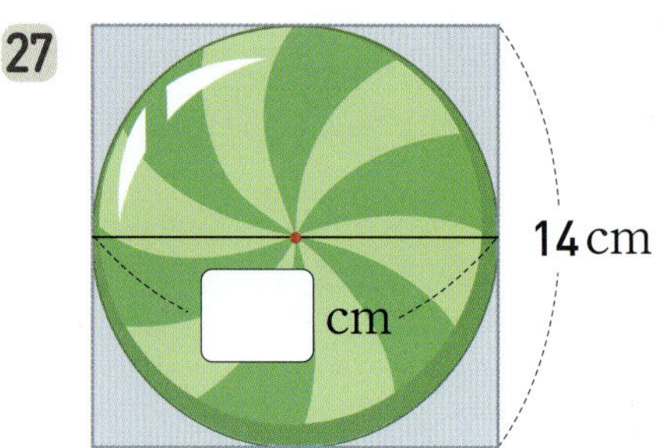

28

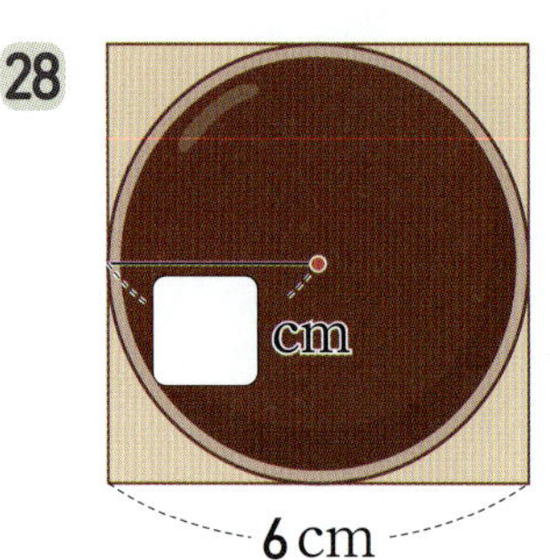

29

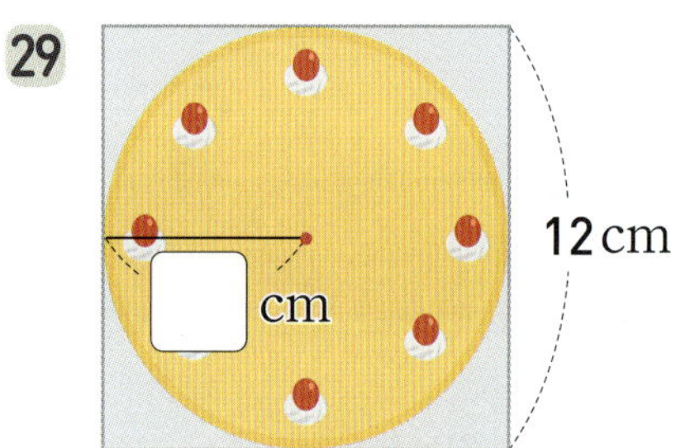

30

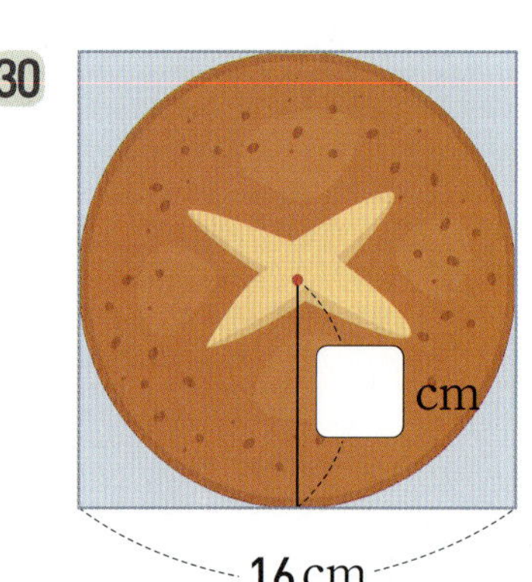

31

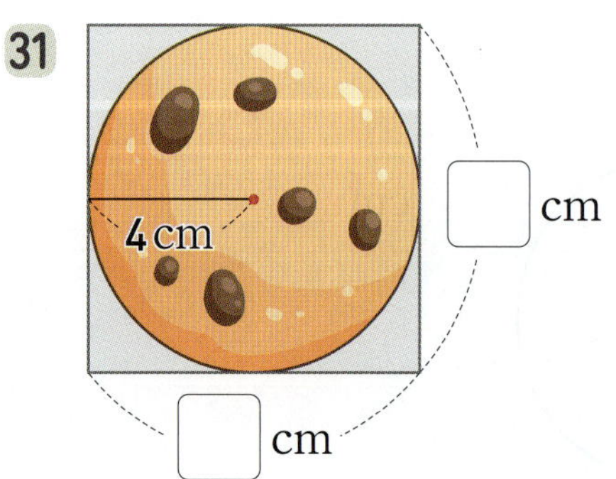

★ 완성 원의 성질

◆ 선우가 놀이기구를 타려고 합니다. ☐ 안에 알맞은 수가 쓰여 있는 길을 따라가며 선을 그리고, 도착한 곳의 놀이기구에 ◯표 하세요.

32

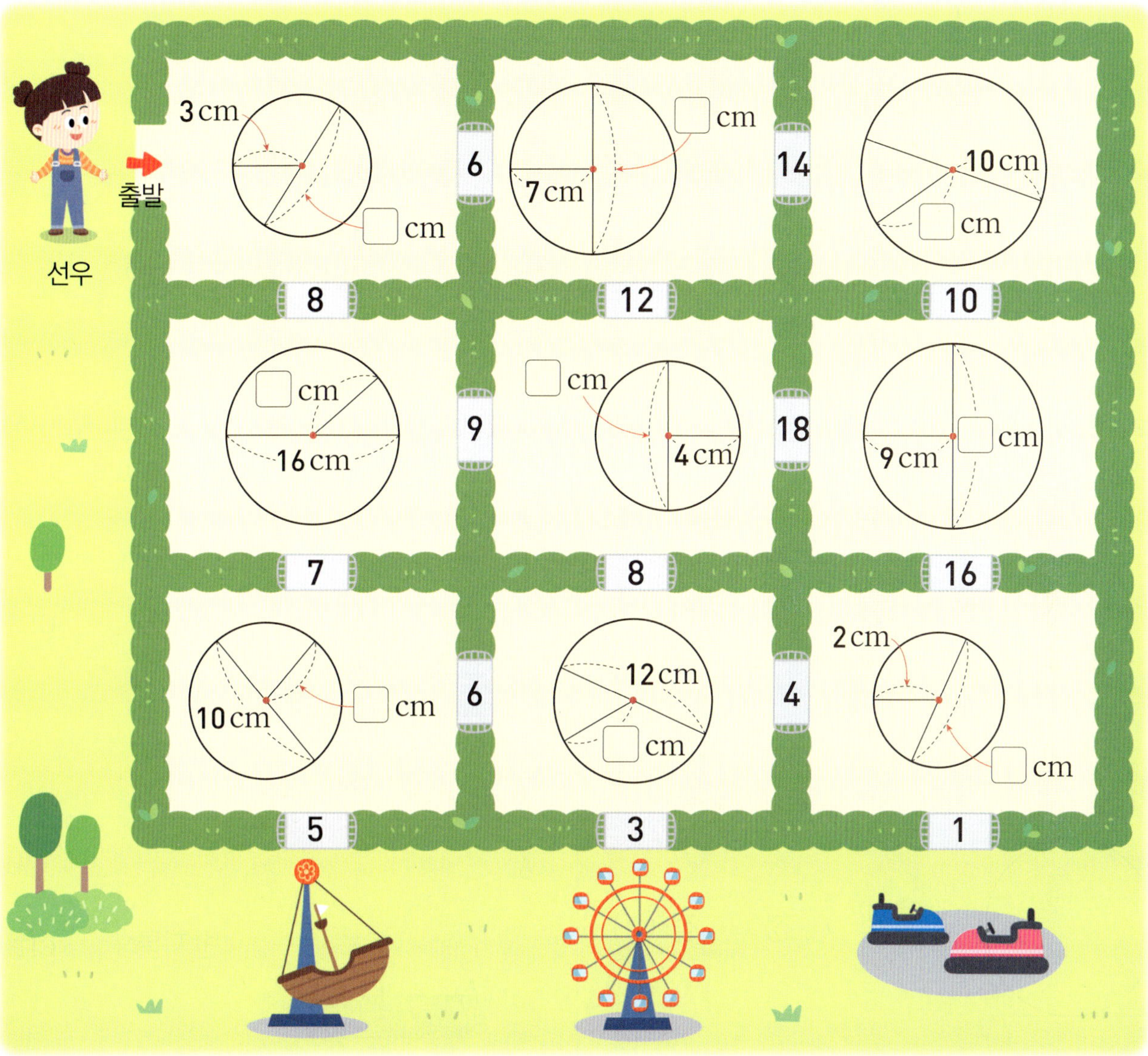

+ 문해력

33 크기가 더 큰 원을 그린 친구의 이름을 쓰세요.

풀이 하준이가 그린 원의 지름: ☐ cm ◯ 다은이가 그린 원의 지름: ☐ cm

답 크기가 더 큰 원을 그린 친구는 ☐ 입니다.

원 그리기

컴퍼스를 이용하여 반지름이 2 cm인 원을 그릴 수 있습니다.

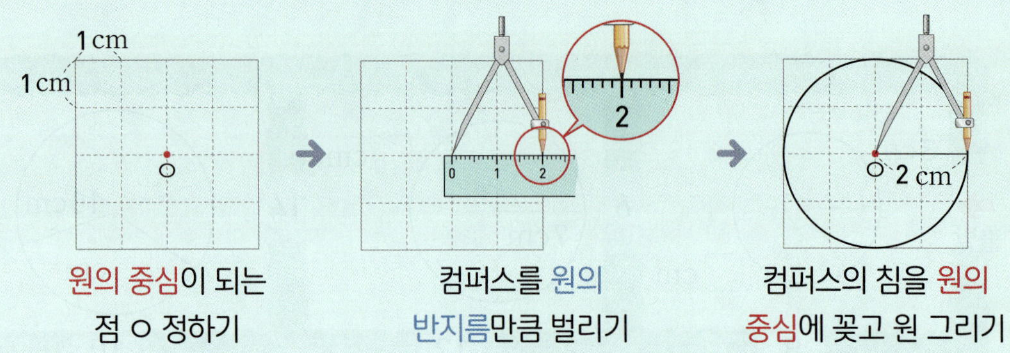

◆ 컴퍼스를 이용하여 원을 그릴 때 컴퍼스의 침을 꽂아야 하는 점에 ◯표 하세요.

1 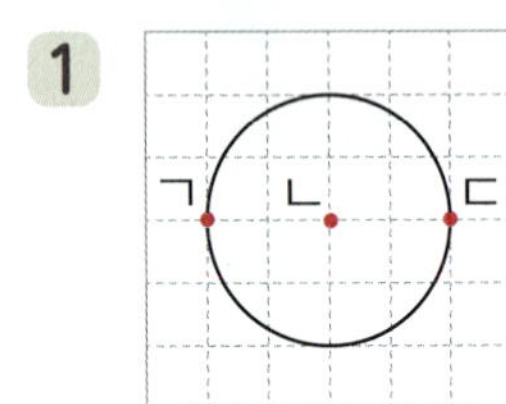 (점 ㄱ , 점 ㄴ , 점 ㄷ)

2 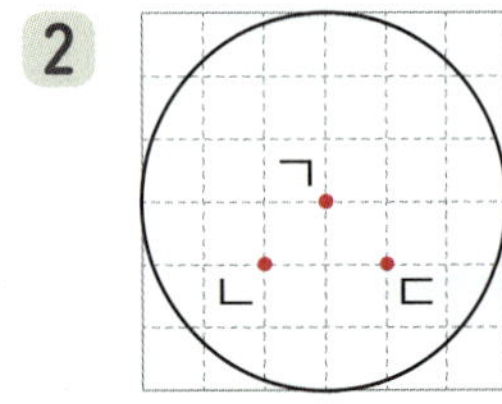 (점 ㄱ , 점 ㄴ , 점 ㄷ)

3 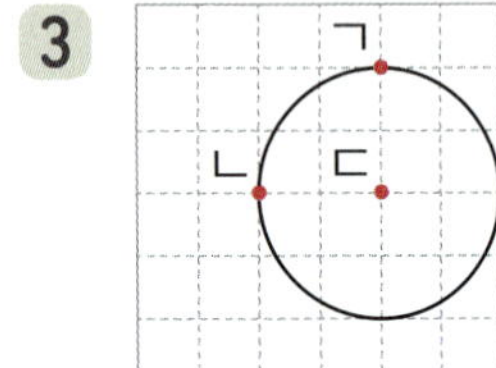 (점 ㄱ , 점 ㄴ , 점 ㄷ)

4 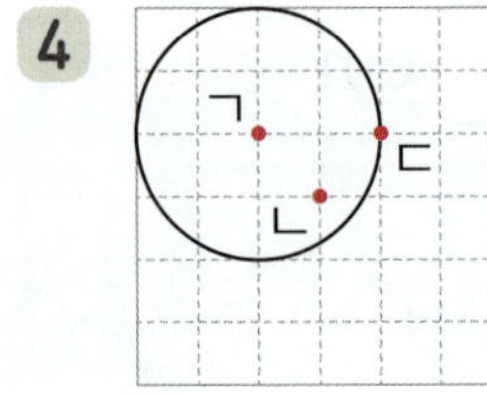 (점 ㄱ , 점 ㄴ , 점 ㄷ)

◆ 그림과 같이 컴퍼스를 벌려서 그린 원의 반지름은 몇 cm인지 ◻ 안에 알맞은 수를 써넣으세요.

5 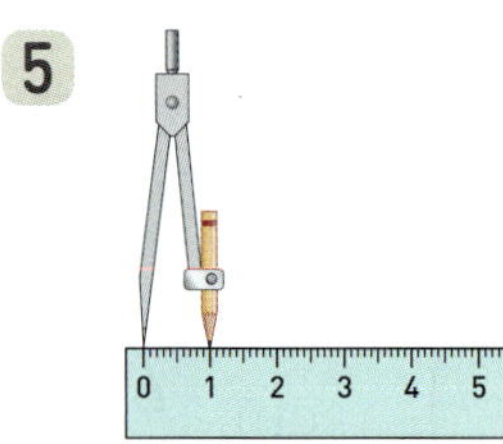 반지름: ◻ cm

6 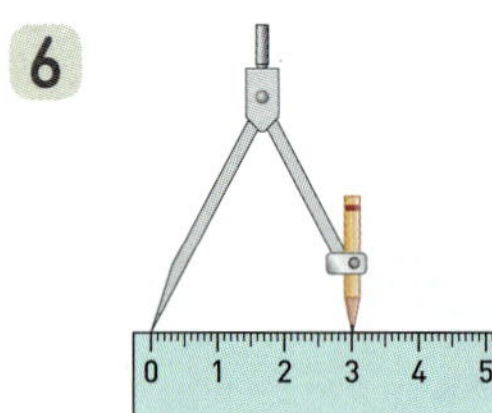 반지름: ◻ cm

7 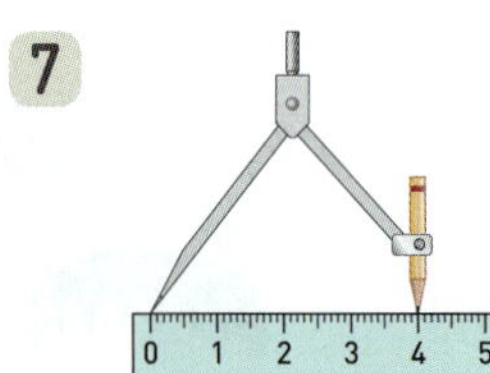 반지름: ◻ cm

8 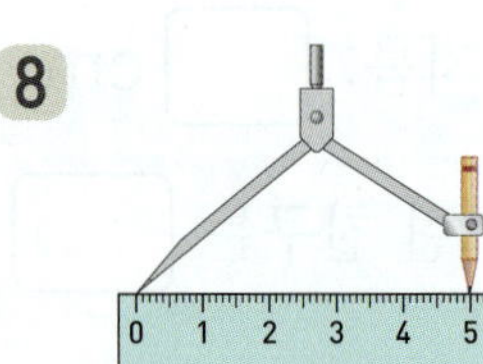 반지름: ◻ cm

연습 원 그리기

◆ 주어진 점을 원의 중심으로 하고 반지름이 다음과 같은 원을 그리려고 합니다. 컴퍼스를 이용하여 그려 보세요.

9 반지름이 **1** cm인 원

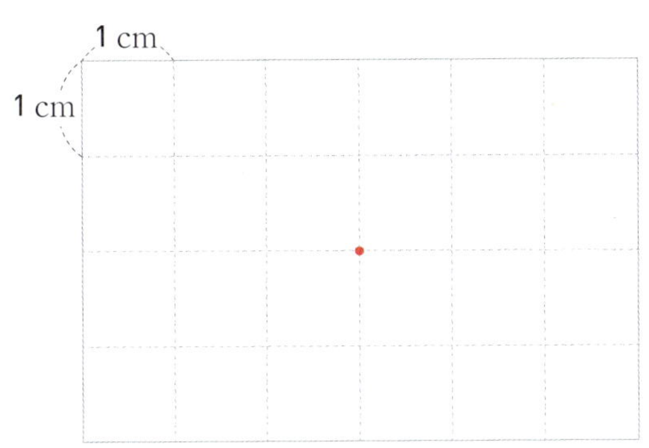

10 반지름이 **2** cm인 원

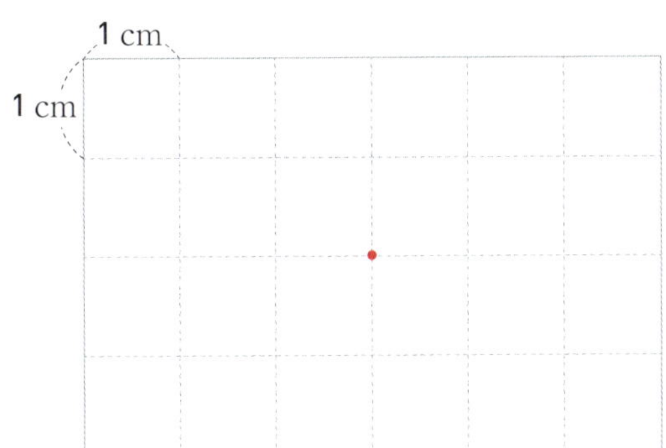

11 반지름이 **3** cm인 원

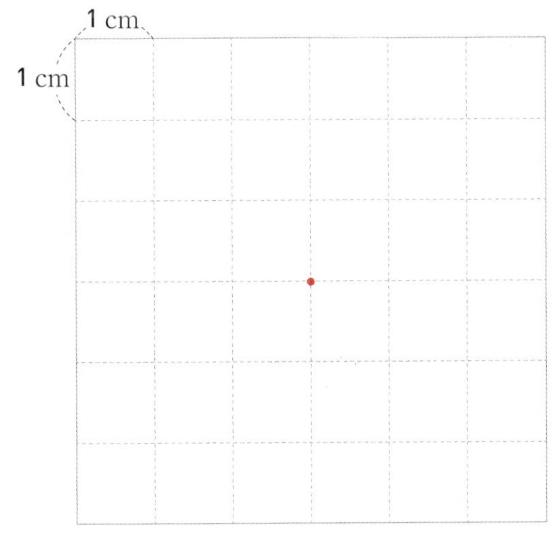

◆ 컴퍼스를 이용하여 주어진 원과 크기가 같은 원을 그려 보세요.

12

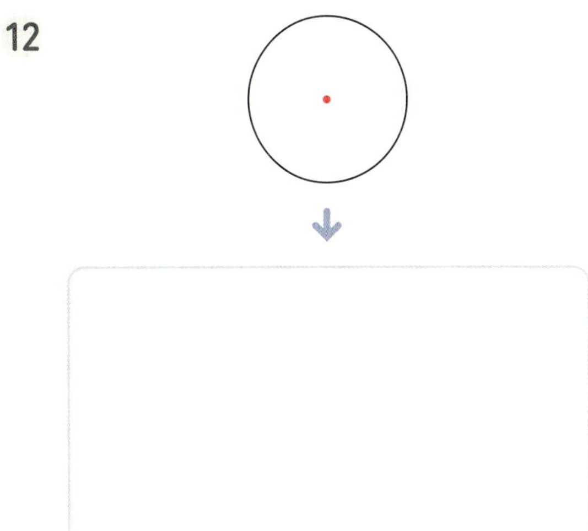

13

14

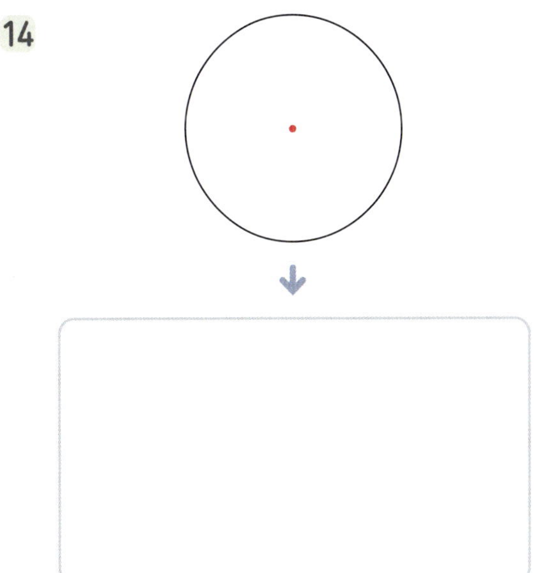

◆ 다음과 같은 원을 그리려면 컴퍼스를 몇 cm만큼 벌려야 하는지 ◻ 안에 알맞은 수를 써넣으세요.

15

지름이
10 cm인 원

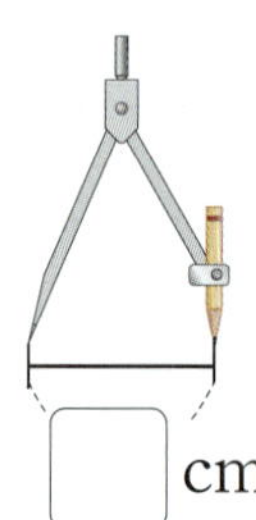

◻ cm

16

지름이
12 cm인 원

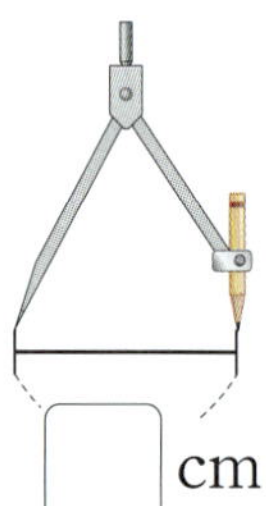

◻ cm

17

지름이
14 cm인 원

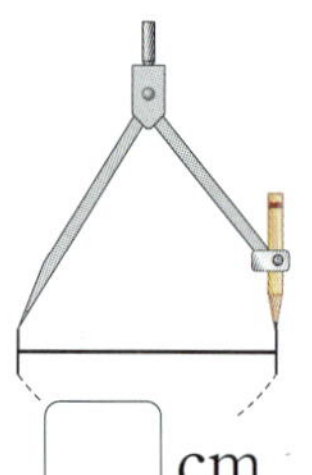

◻ cm

18

지름이
16 cm인 원

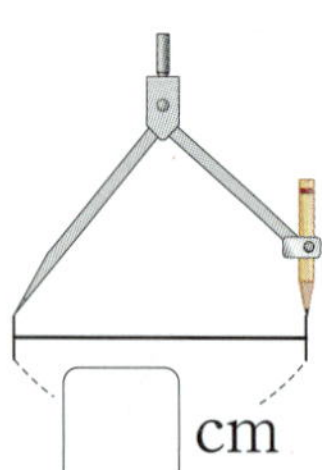

◻ cm

19

지름이
18 cm인 원

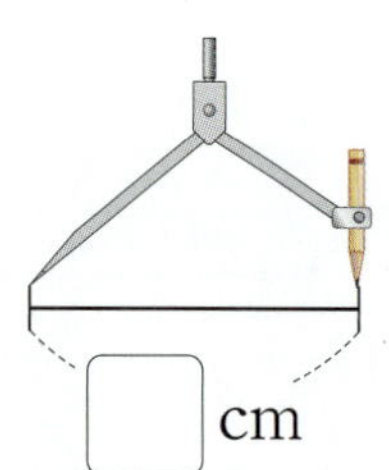

◻ cm

◆ 주어진 모양과 똑같은 모양을 그려 보세요.

20

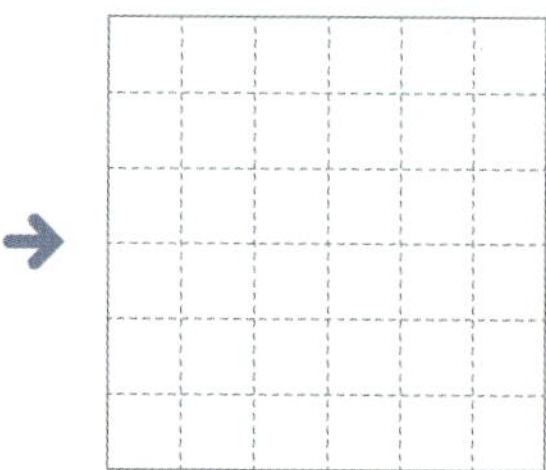

21

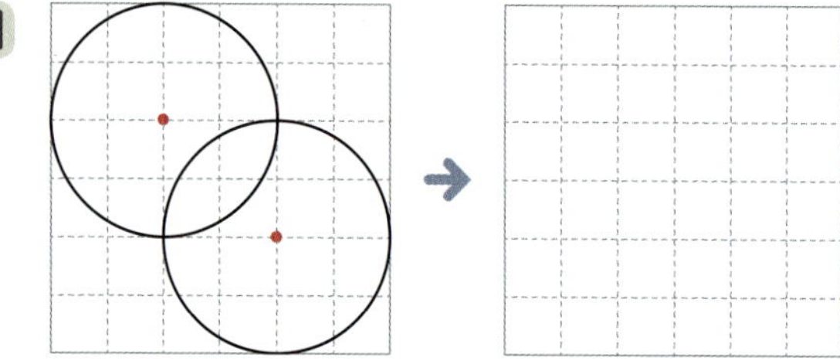

22

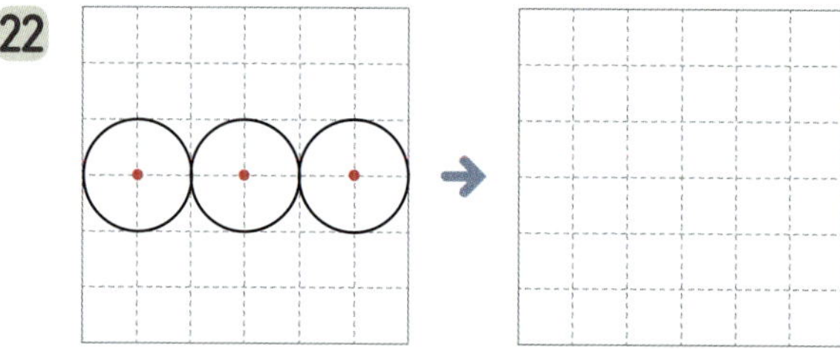

23

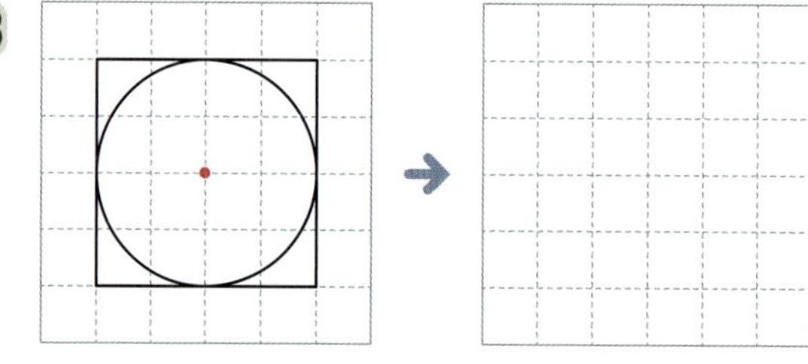

24

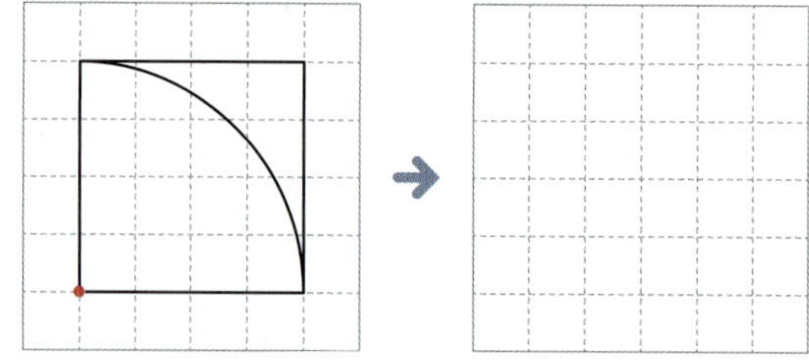

25

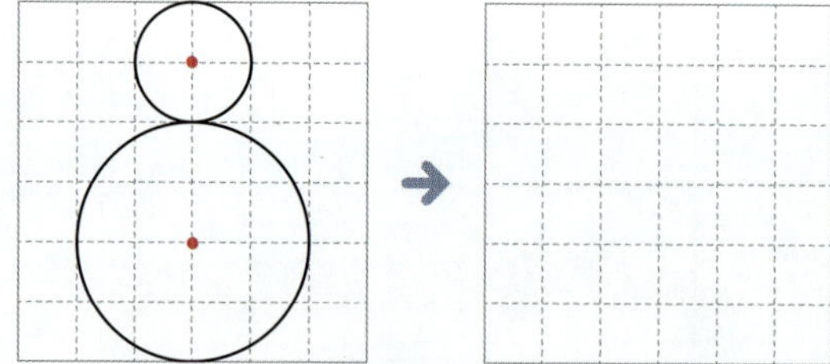

★ 완성 원 그리기

◆ 친구들이 그리려고 하는 조건에 알맞게 컴퍼스를 이용하여 원 모양 바퀴를 그려 보세요.

26

27

28

＋ 문해력

29 그림과 같이 컴퍼스를 벌려서 원을 그렸습니다. 그린 원의 지름은 몇 cm일까요?

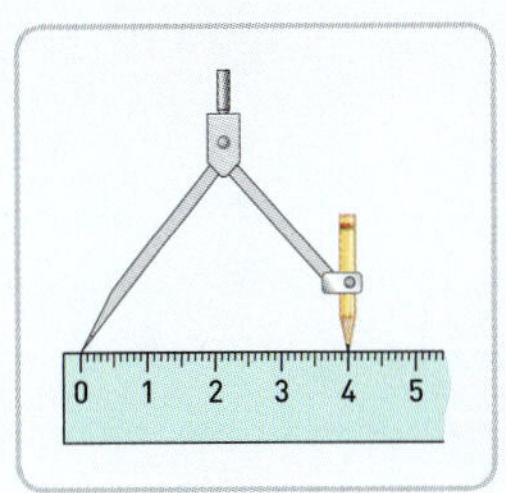

풀이 (원의 지름)＝(컴퍼스를 벌린 길이)×**2**

$$=\boxed{}×2=\boxed{}$$

답 그린 원의 지름은 $\boxed{}$ cm입니다.

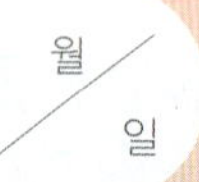

◆ 원의 중심을 찾아 쓰세요.

1
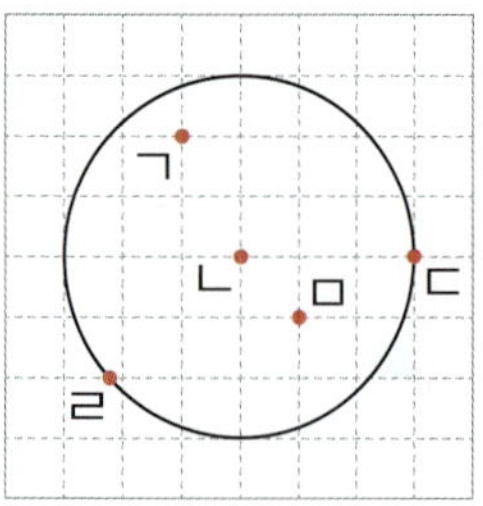

(   )

2
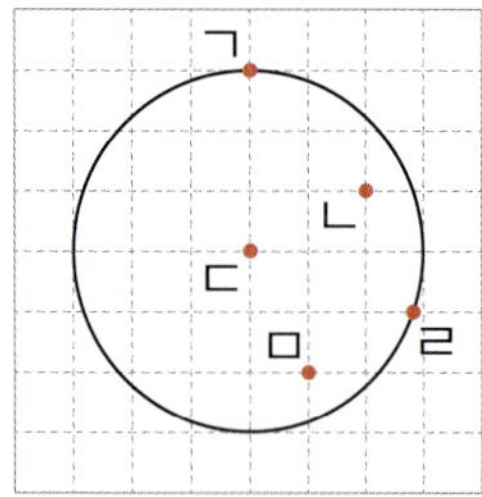

(   )

◆ 원의 반지름을 나타내는 선분을 찾아 쓰세요.

3
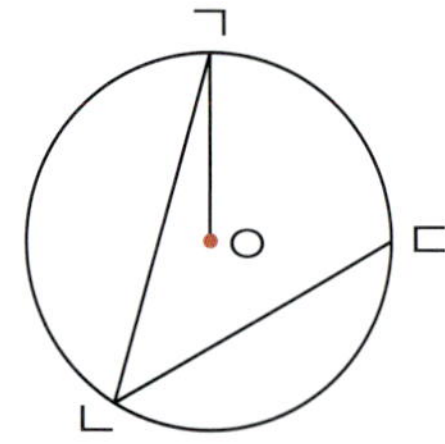

(   )

4
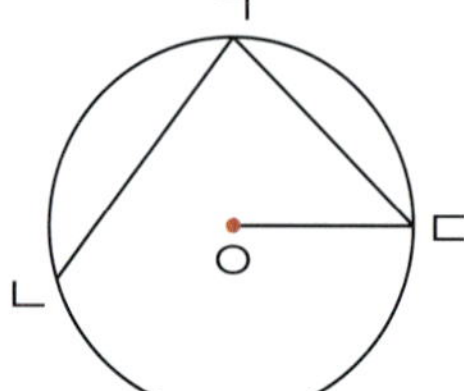

(   )

◆ 원의 지름을 나타내는 선분을 찾아 쓰세요.

5
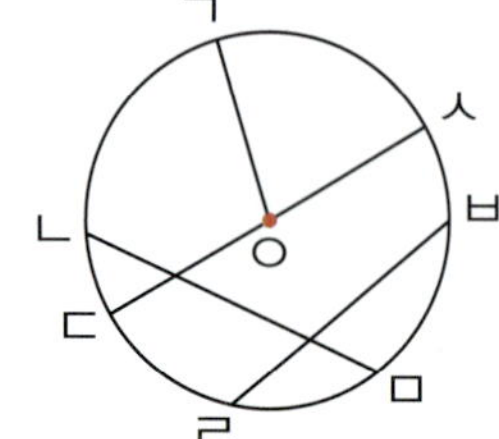

(   )

6
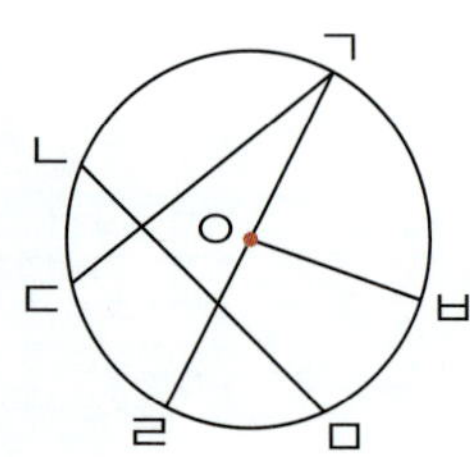

(   )

◆ ☐ 안에 알맞은 수를 써넣으세요.

7
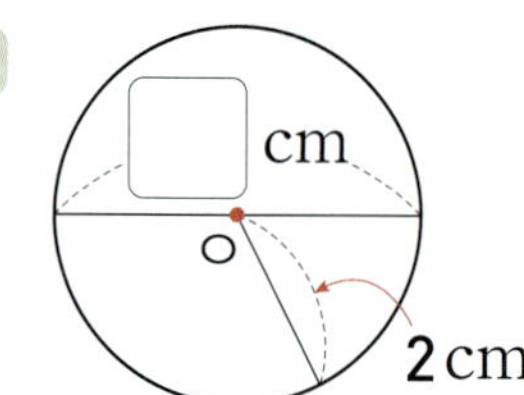

8
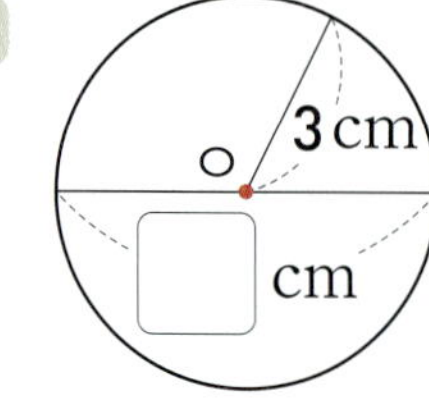

9
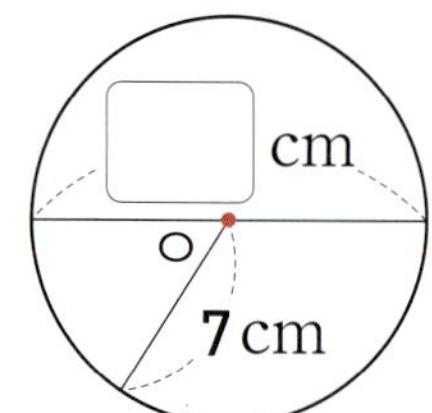

10
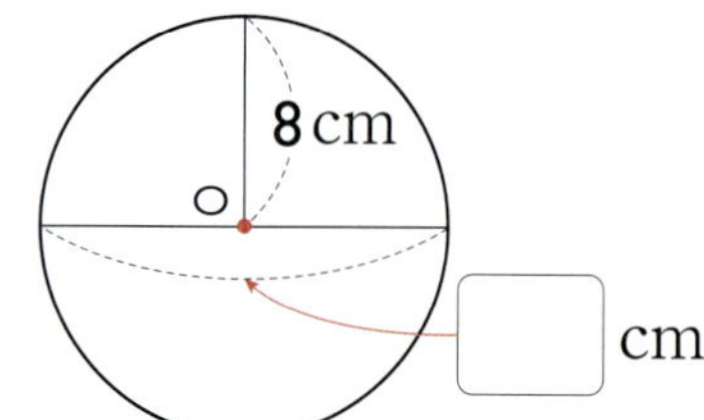

11
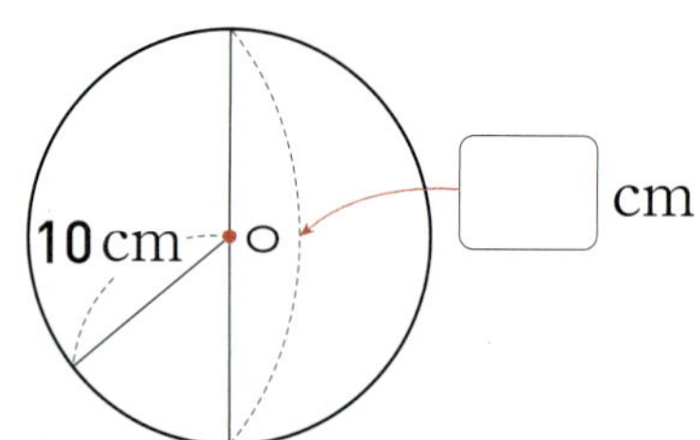

12
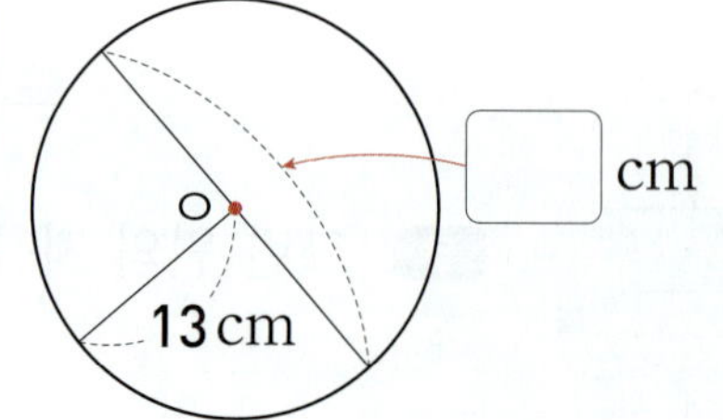

◆ ☐ 안에 알맞은 수를 써넣으세요.

13

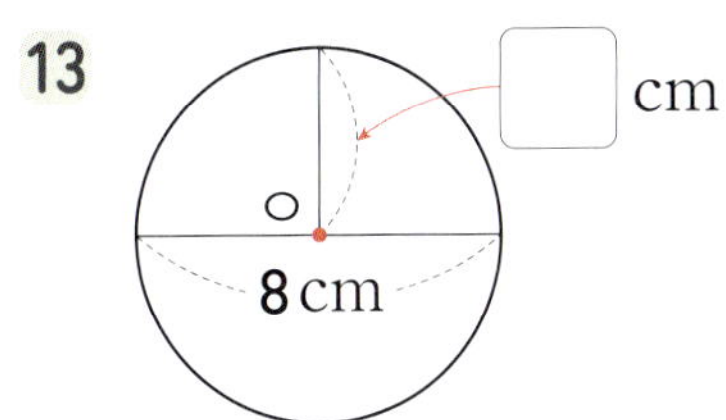

14

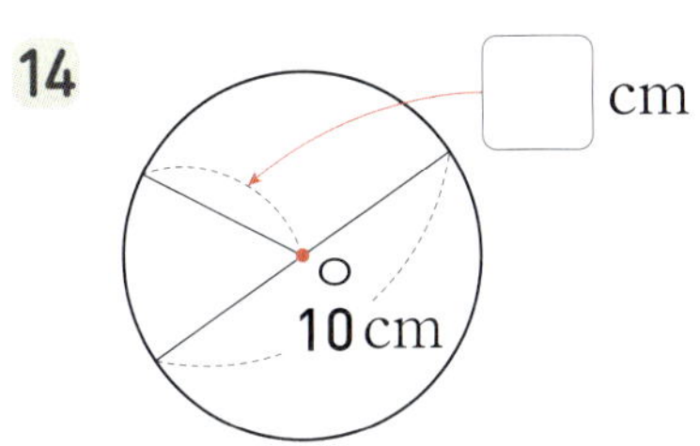

15

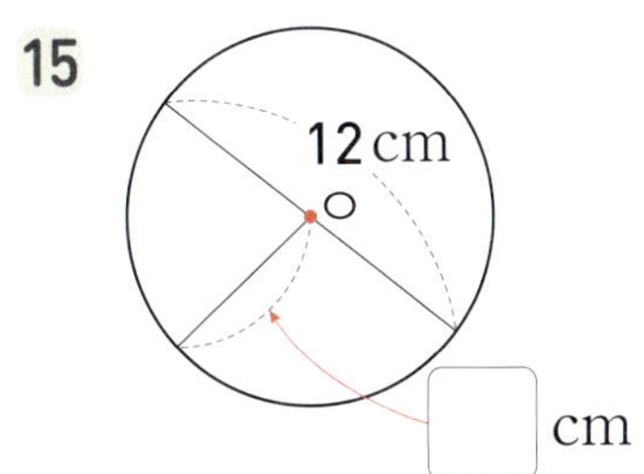

16

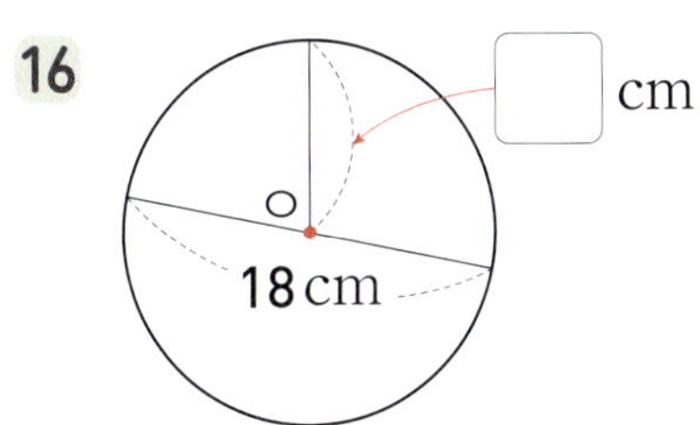

17

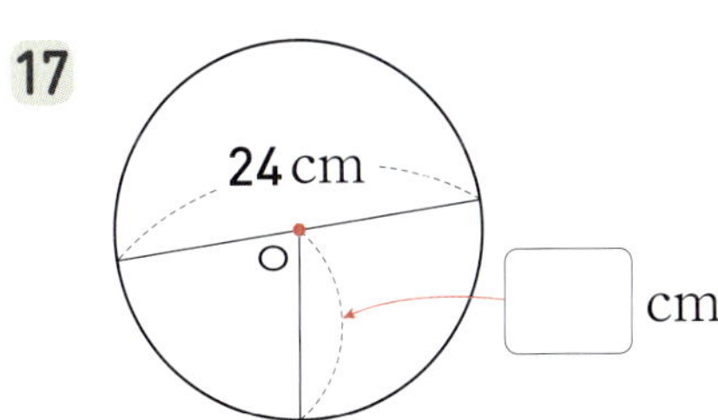

18

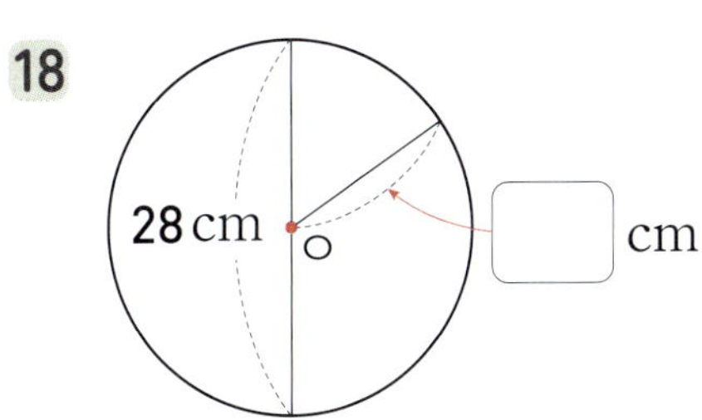

◆ 주어진 점을 원의 중심으로 하고 반지름이 다음과 같은 원을 그리려고 합니다. 컴퍼스를 이용하여 그려 보세요.

19

반지름이 **2** cm인 원

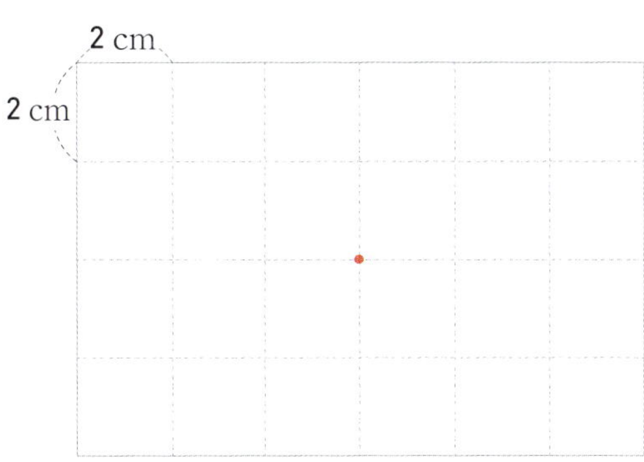

20

반지름이 **4** cm인 원

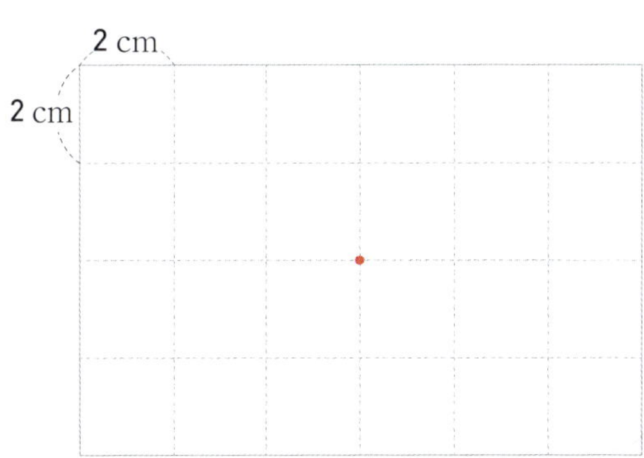

21

반지름이 **6** cm인 원

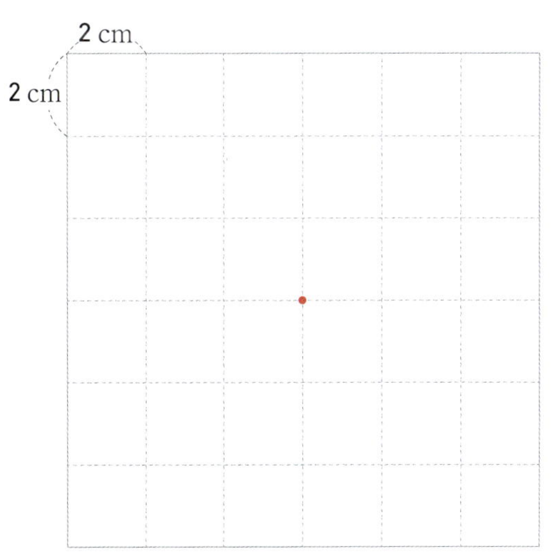

◆ ☐ 안에 알맞은 수를 써넣으세요.

1
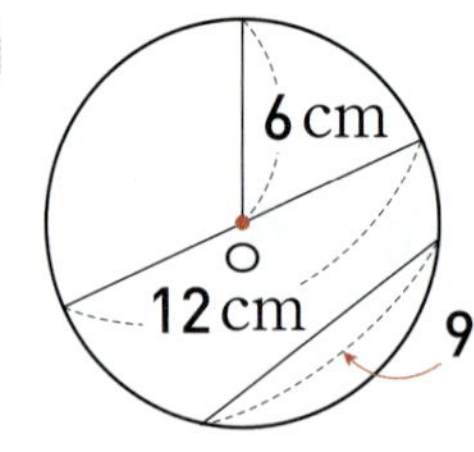
6 cm
12 cm
9 cm
원의 반지름: ☐ cm

2
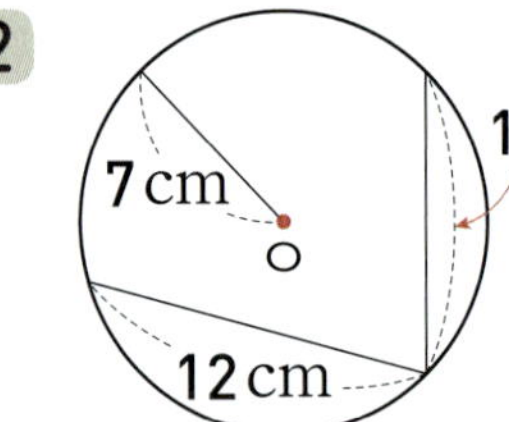
10 cm
7 cm
12 cm
원의 반지름: ☐ cm

3
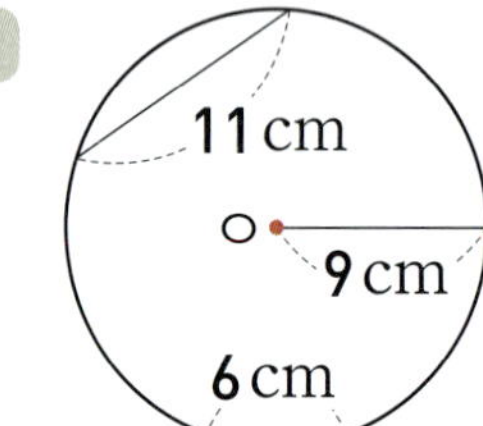
11 cm
9 cm
6 cm
원의 반지름: ☐ cm

4
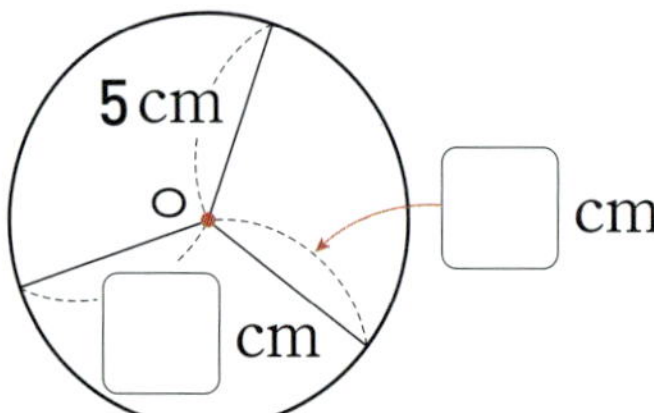
5 cm
☐ cm
☐ cm

5
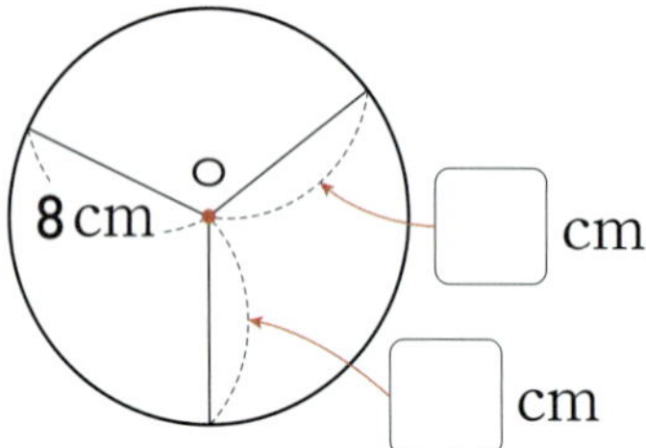
8 cm
☐ cm
☐ cm

6
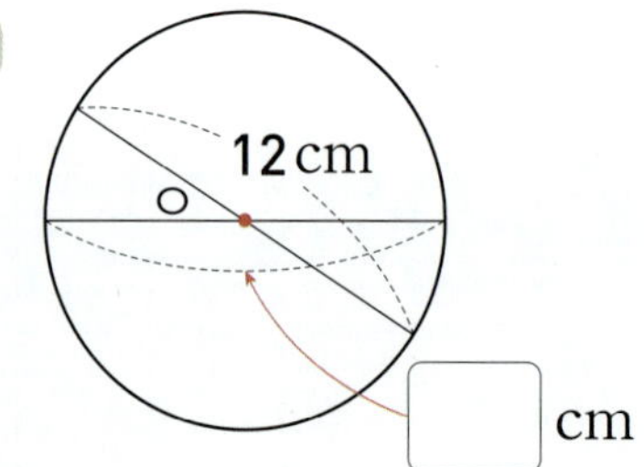
12 cm
☐ cm

◆ 원의 지름과 반지름이 각각 몇 cm인지 구하세요.

7
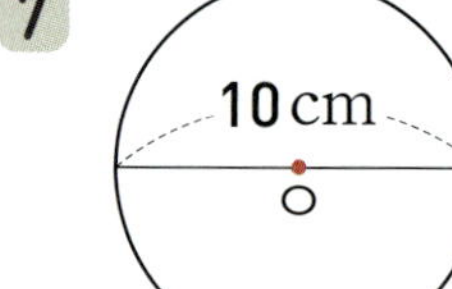
10 cm

지름	반지름

8
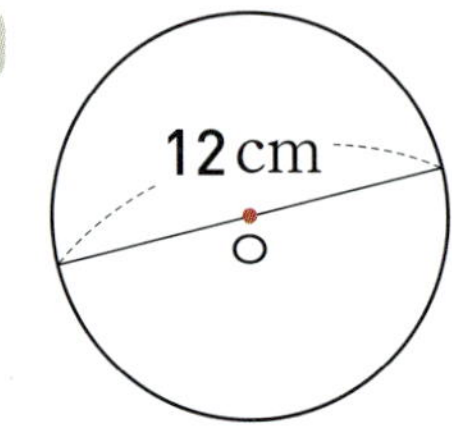
12 cm

지름	반지름

9
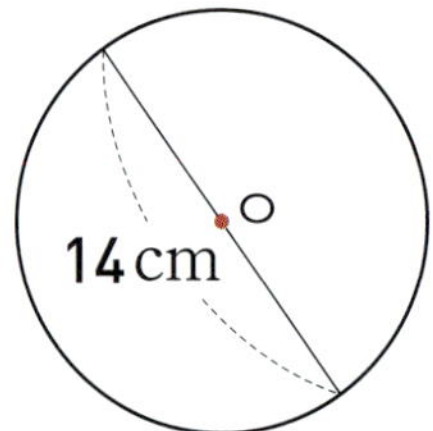
14 cm

지름	반지름

10
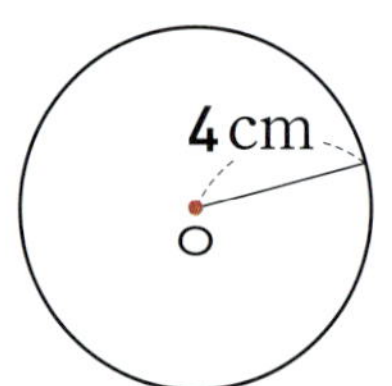
4 cm

지름	반지름

11
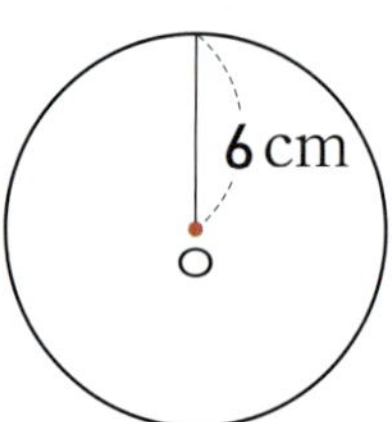
6 cm

지름	반지름

12
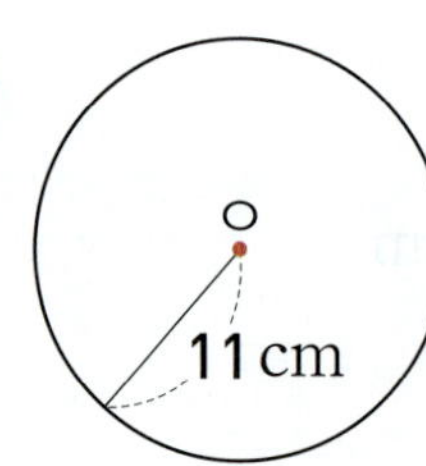
11 cm

지름	반지름

◆ 다음과 같은 원을 그리려면 컴퍼스를 몇 cm만큼 벌려야 하는지 ▢ 안에 알맞은 수를 써넣으세요.

13

지름이
2 cm인 원

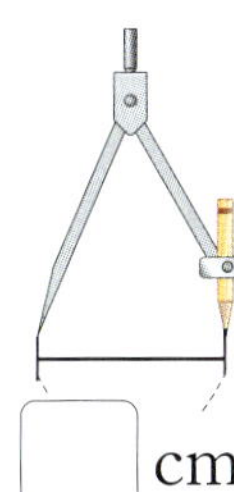

▢ cm

14

지름이
4 cm인 원

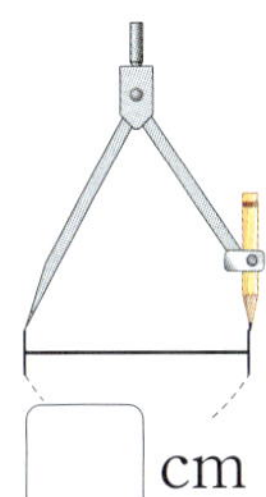

▢ cm

15

지름이
6 cm인 원

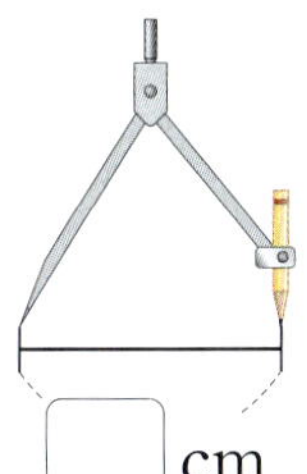

▢ cm

16

지름이
20 cm인 원

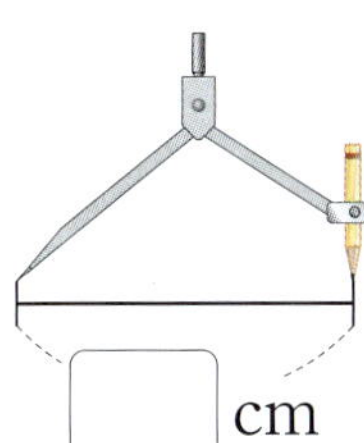

▢ cm

17

지름이
22 cm인 원

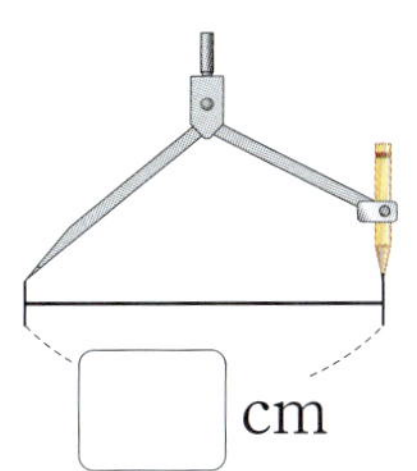

▢ cm

◆ 주어진 모양과 똑같은 모양을 그려 보세요.

18

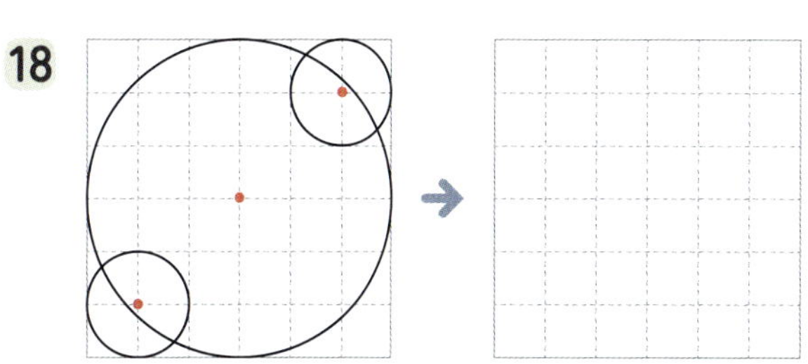

19

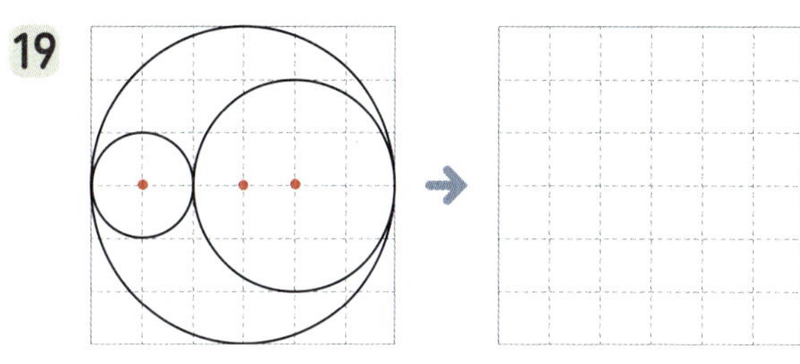

20

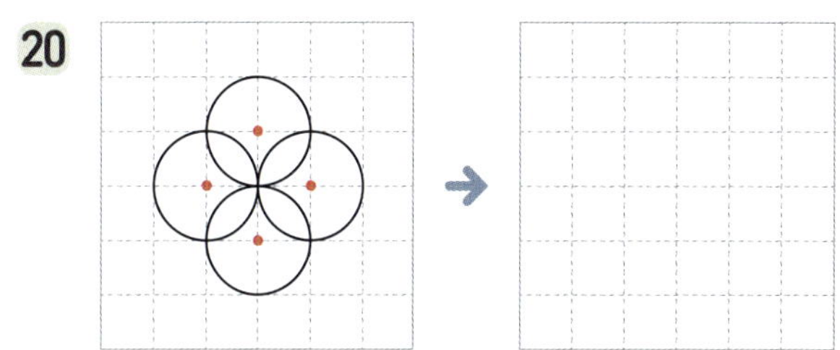

21

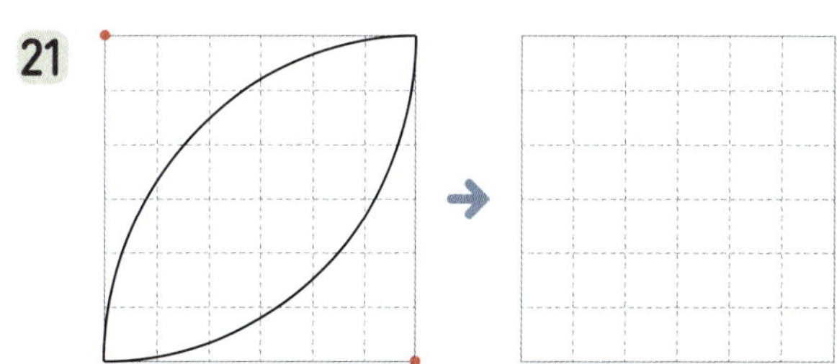

22

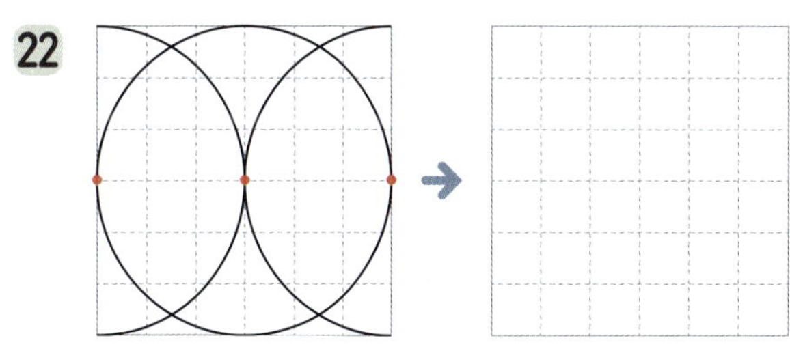

23

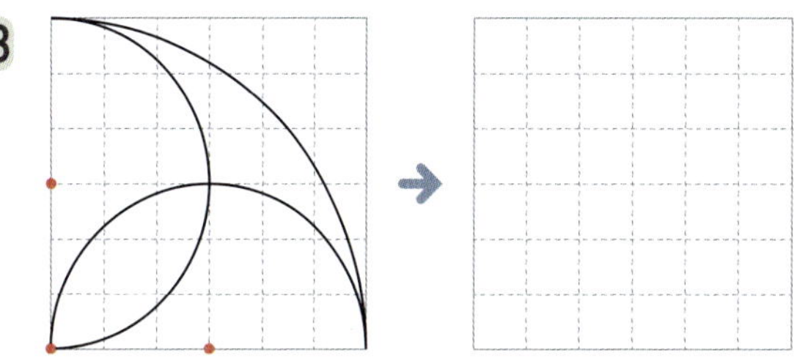

4 분수

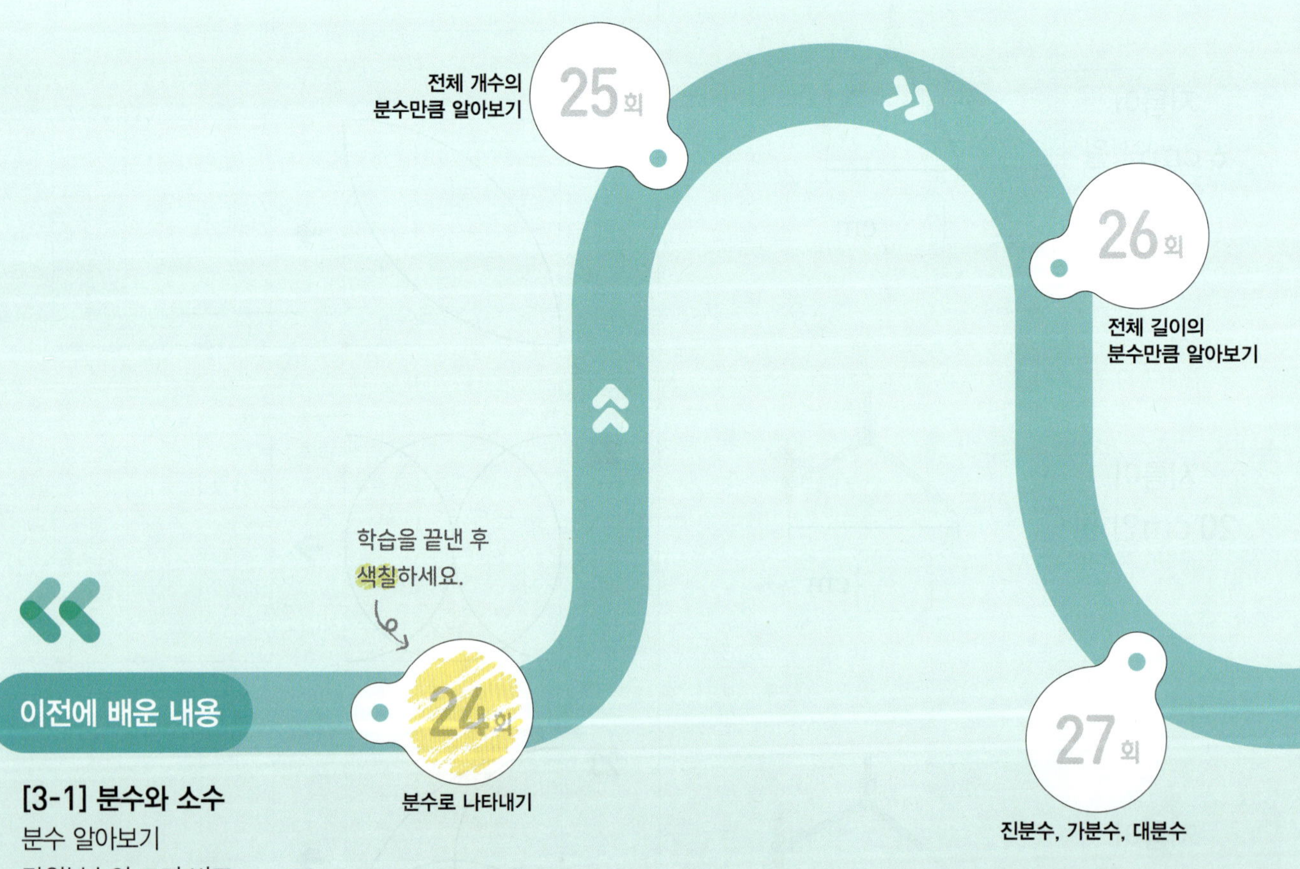

이전에 배운 내용

[3-1] 분수와 소수
분수 알아보기
단위분수의 크기 비교
분모가 같은 분수의 크기 비교

다음에 배울 내용

[4-2] 분수의 덧셈과 뺄셈
분수의 덧셈과 뺄셈
(자연수)-(분수)

33회
평가 B

32회
평가 A

31회
분모가 같은 분수의
크기 비교 (2)

30회
분모가 같은 분수의
크기 비교 (1)

29회
가분수를 대분수로
나타내기

28회
대분수를 가분수로
나타내기

부분은 전체의 얼마인지 분수로 나타냅니다.

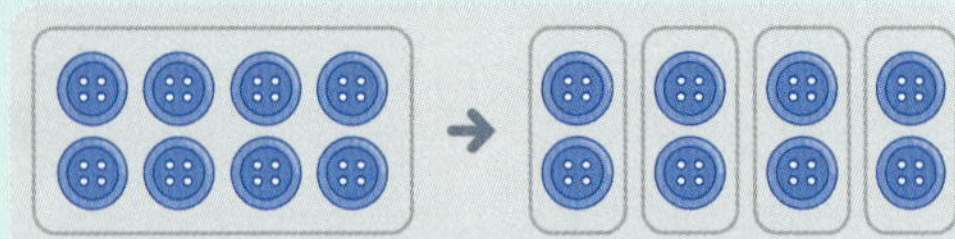

부분 은 전체 를 똑같이 **4**로 나눈 것 중의 **1**입니다.

→ 단추 **2**개는 전체의 $\dfrac{1}{4}$입니다.

●는 ■의 얼마인지 분수로 나타냅니다.

16을 **4**씩 묶으면 **4**묶음이 됩니다.
8은 **4**묶음 중에서 **2**묶음입니다.

→ **8**은 **16**의 $\dfrac{2}{4}$입니다.

◆ 그림을 보고 ☐ 안에 알맞은 수를 써넣으세요.

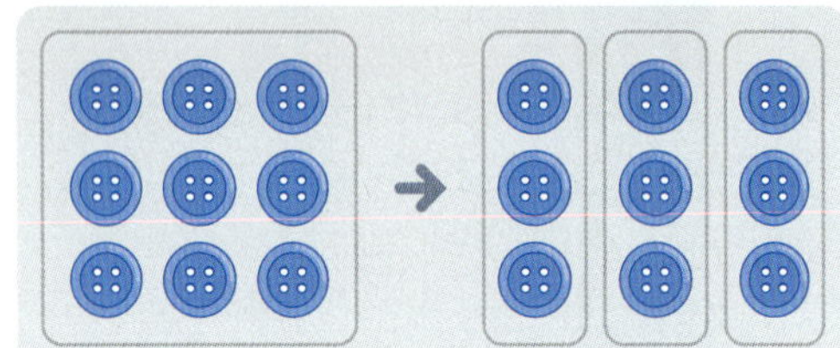

1 부분 은 전체 를 똑같이 ☐으로 나눈 것 중의 ☐입니다.

→ 단추 **3**개는 전체의 $\dfrac{☐}{☐}$입니다.

2 부분 은 전체 를 똑같이 ☐으로 나눈 것 중의 ☐입니다.

→ 단추 **6**개는 전체의 $\dfrac{☐}{☐}$입니다.

◆ 그림을 보고 ☐ 안에 알맞은 수를 써넣으세요.

3 3은 ☐묶음 중에서 ☐묶음입니다.

→ 3은 15의 $\dfrac{☐}{☐}$입니다.

4 9는 ☐묶음 중에서 ☐묶음입니다.

→ 9는 15의 $\dfrac{☐}{☐}$입니다.

5 12는 ☐묶음 중에서 ☐묶음입니다.

→ 12는 15의 $\dfrac{☐}{☐}$입니다.

 **연습** 분수로 나타내기

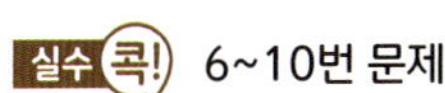 6~10번 문제

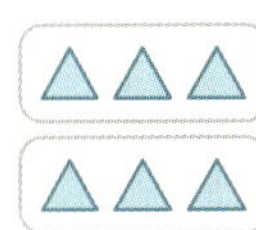

[색칠한 부분]
색칠한 부분 묶음 수 → 2
전체 묶음 수 → 3

$\dfrac{4}{9}$

색칠한 부분은 전체 ■묶음 중에서 ▲묶음인지 구해.

◆ 색칠한 부분은 전체의 얼마인지 분수로 나타내세요.

6

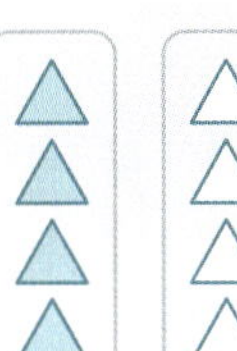
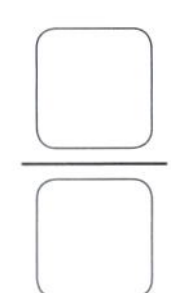

$\dfrac{\ }{\ }$

7

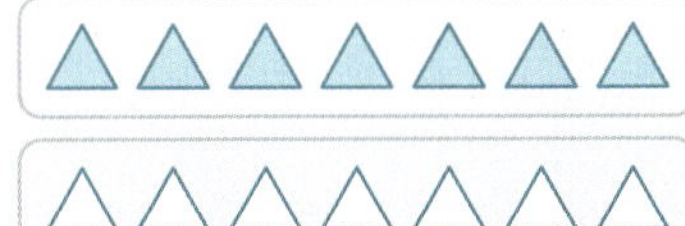
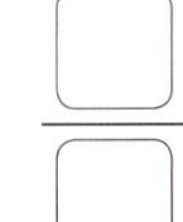

$\dfrac{\ }{\ }$

8

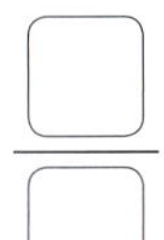

$\dfrac{\ }{\ }$

9

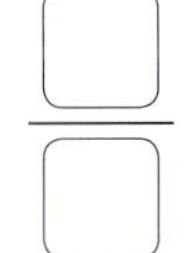

$\dfrac{\ }{\ }$

10

$\dfrac{\ }{\ }$

◆ 그림을 보고 ☐ 안에 알맞은 수를 써넣으세요.

11

① 2는 12의 $\dfrac{\ }{\ }$ 입니다.

② 4는 12의 $\dfrac{\ }{\ }$ 입니다.

12

① 4는 20의 $\dfrac{\ }{\ }$ 입니다.

② 12는 20의 $\dfrac{\ }{\ }$ 입니다.

13
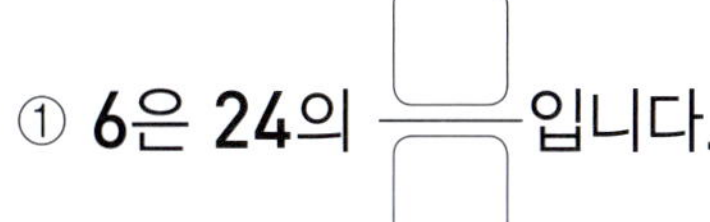

① 6은 24의 $\dfrac{\ }{\ }$ 입니다.

② 18은 24의 $\dfrac{\ }{\ }$ 입니다.

4단원 24회

◆ 흰색 바둑돌은 전체 바둑돌의 얼마인지 알맞은 분수를 찾아 이어 보세요.

14 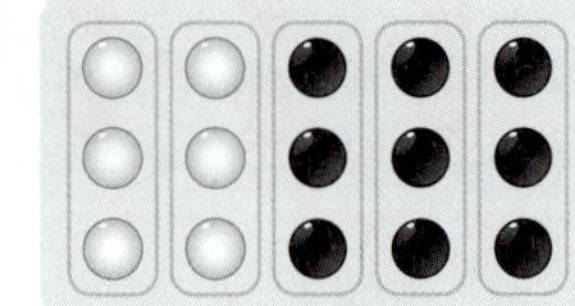 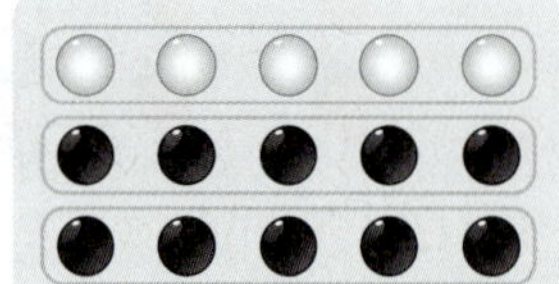

$\dfrac{1}{3}$ $\dfrac{1}{5}$ $\dfrac{2}{5}$

15 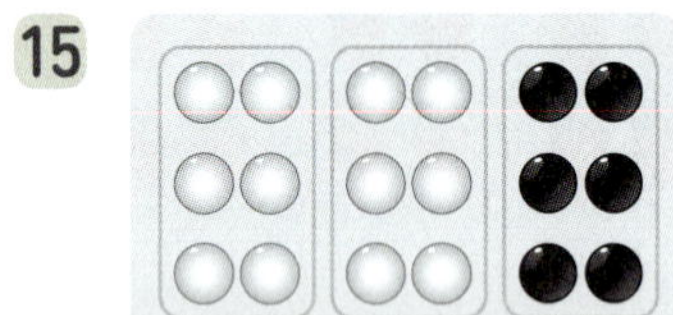 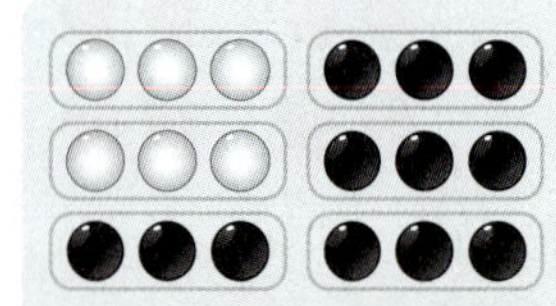

$\dfrac{2}{4}$ $\dfrac{2}{3}$ $\dfrac{2}{6}$

16 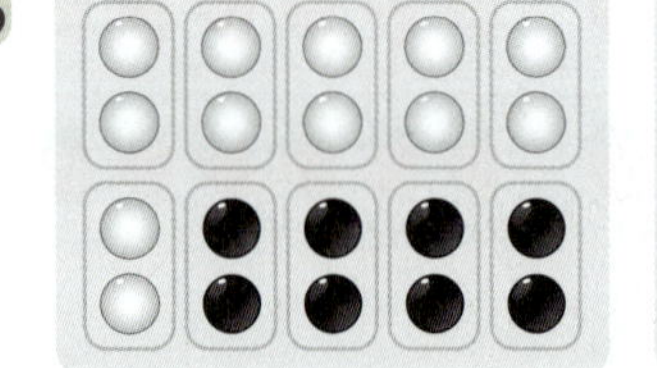 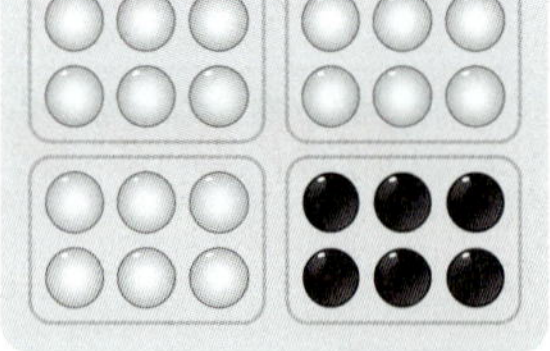

$\dfrac{3}{4}$ $\dfrac{4}{5}$ $\dfrac{6}{10}$

◆ 그림을 보고 ☐ 안에 알맞은 수를 써넣으세요.

17 

12를 2씩 묶으면 ☐묶음입니다.

→ 6은 12의 $\dfrac{\square}{\square}$입니다.

18 

12를 4씩 묶으면 ☐묶음입니다.

→ 8은 12의 $\dfrac{\square}{\square}$입니다.

19 

24를 3씩 묶으면 ☐묶음입니다.

→ 15는 24의 $\dfrac{\square}{\square}$입니다.

20

24를 6씩 묶으면 ☐묶음입니다.

→ 18은 24의 $\dfrac{\square}{\square}$입니다.

★ 완성　분수로 나타내기

◆ 과자를 주어진 개수씩 묶어 보고, ☐ 안에 알맞은 수를 써넣으세요.

21

→ 6은 8의 ☐/☐ 입니다.

23

→ 12는 15의 ☐/☐ 입니다.

22

→ 5는 10의 ☐/☐ 입니다.

24

→ 10은 14의 ☐/☐ 입니다.

＋문해력

25 민정이는 구슬 16개를 [4개씩] 주머니에 담은 후 그중 주머니 [3개]를 친구에게 주었습니다.
민정이가 친구에게 준 구슬은 전체의 몇 분의 몇일까요?

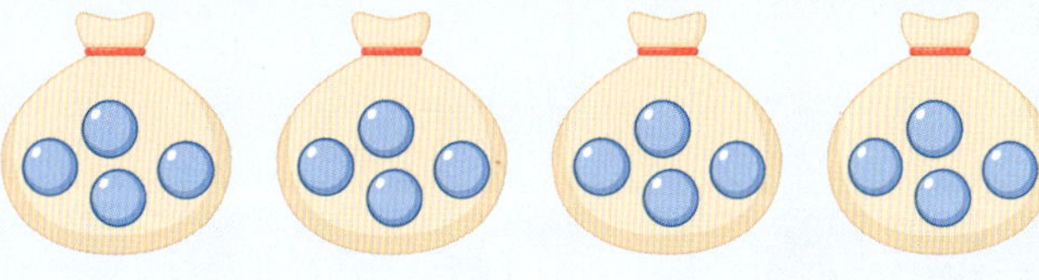

풀이 친구에게 준 구슬은 전체를 똑같이 ☐ 묶음으로 나눈 것 중의 ☐ 묶음입니다.

이를 분수로 나타내면 ☐/☐ 입니다.

답 친구에게 준 구슬은 전체의 ☐/☐ 입니다.

전체 개수의 분수만큼 알아보기

전체의 $\frac{1}{4}$ 은 얼마인지 알아봅니다.

8개를 똑같이 4묶음으로 나눈 것 중의 1묶음은 2개입니다. $8 \div 4 = 2$

→ 8의 $\frac{1}{4}$ 은 2입니다.

전체의 $\frac{3}{4}$ 은 얼마인지 알아봅니다.

8개를 똑같이 4묶음으로 나눈 것 중의 3묶음은 6개입니다.

→ 8의 $\frac{3}{4}$ 은 6입니다. → $\frac{1}{4}$ 이 3개인 수: $2 \times 3 = 6$

◆ 그림을 보고 ◻ 안에 알맞은 수를 써넣으세요.

1

12개를 똑같이 3묶음으로 나눈 것 중의

1묶음은 ◻ 개입니다.

→ 12의 $\frac{1}{3}$ 은 ◻ 입니다.

◆ 그림을 보고 ◻ 안에 알맞은 수를 써넣으세요.

3

12개를 똑같이 3묶음으로 나눈 것 중의

2묶음은 ◻ 개입니다.

→ 12의 $\frac{2}{3}$ 는 ◻ 입니다.

2

15개를 똑같이 5묶음으로 나눈 것 중의

1묶음은 ◻ 개입니다.

→ 15의 $\frac{1}{5}$ 은 ◻ 입니다.

4

15개를 똑같이 5묶음으로 나눈 것 중의

3묶음은 ◻ 개입니다.

→ 15의 $\frac{3}{5}$ 은 ◻ 입니다.

연습 전체 개수의 분수만큼 알아보기

◆ 그림을 보고 ☐ 안에 알맞은 수를 써넣으세요.

5

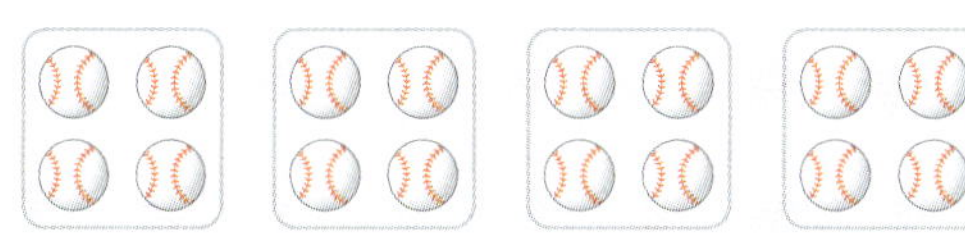

① 16의 $\dfrac{1}{4}$은 ☐ 입니다.

② 16의 $\dfrac{3}{4}$은 ☐ 입니다.

6

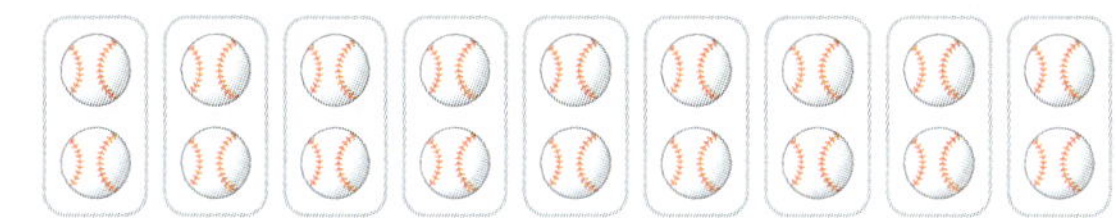

① 18의 $\dfrac{1}{9}$은 ☐ 입니다.

② 18의 $\dfrac{5}{9}$는 ☐ 입니다.

7

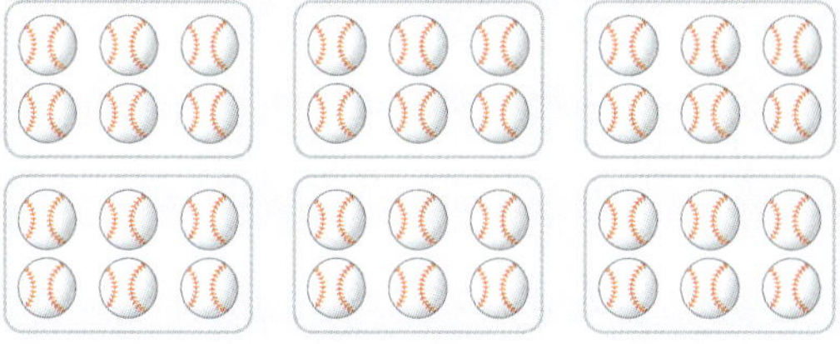

① 36의 $\dfrac{1}{6}$은 ☐ 입니다.

② 36의 $\dfrac{5}{6}$는 ☐ 입니다.

8

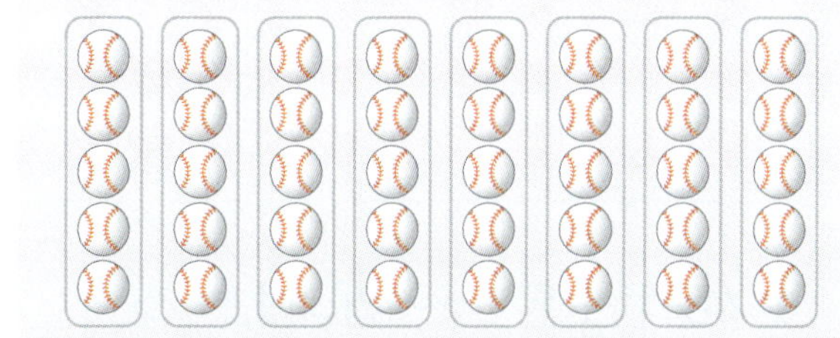

① 40의 $\dfrac{1}{8}$은 ☐ 입니다.

② 40의 $\dfrac{5}{8}$는 ☐ 입니다.

◆ 그림을 보고 ☐ 안에 알맞은 수를 써넣으세요.

9

① 16의 $\dfrac{1}{8}$은 ☐ 입니다.

② 16의 $\dfrac{4}{8}$는 ☐ 입니다.

10

① 18의 $\dfrac{1}{3}$은 ☐ 입니다.

② 18의 $\dfrac{2}{3}$는 ☐ 입니다.

11

① 36의 $\dfrac{1}{4}$은 ☐ 입니다.

② 36의 $\dfrac{3}{4}$은 ☐ 입니다.

12

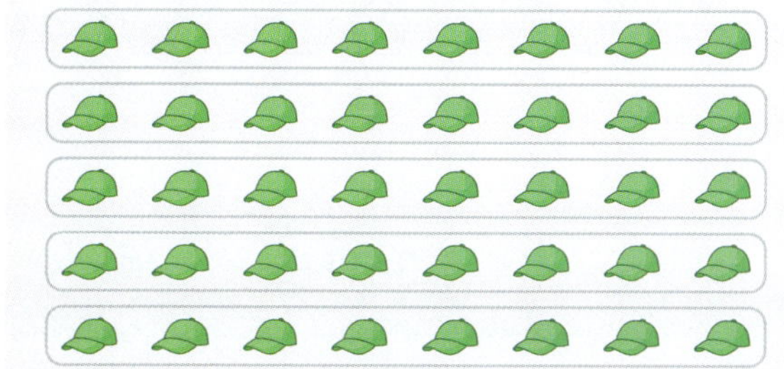

① 40의 $\dfrac{1}{5}$은 ☐ 입니다.

② 40의 $\dfrac{4}{5}$는 ☐ 입니다.

4단원 25회

◆ 주어진 수만큼 색칠해 보세요.

13

$20의 \dfrac{4}{5}$

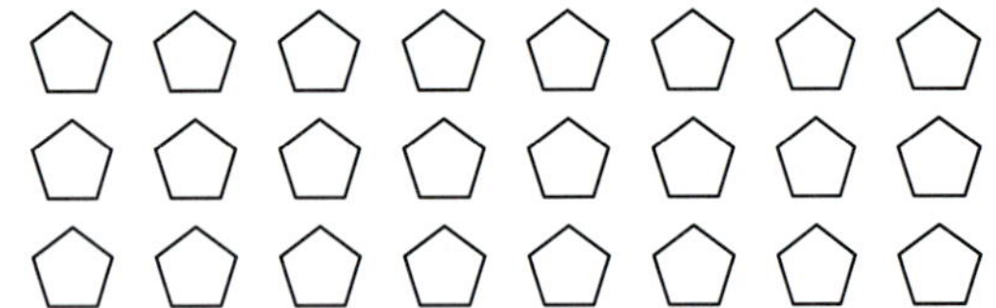

14

$24의 \dfrac{2}{8}$

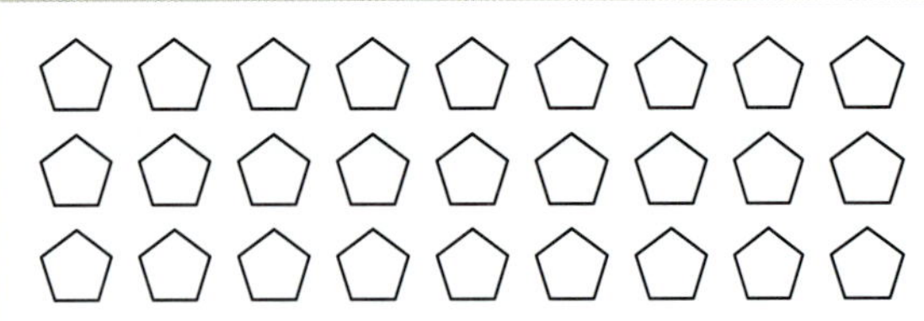

15

$27의 \dfrac{2}{3}$

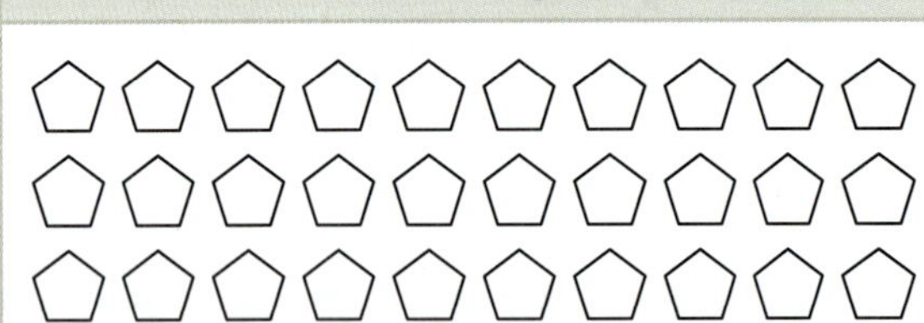

16

$30의 \dfrac{3}{6}$

17

$36의 \dfrac{6}{9}$

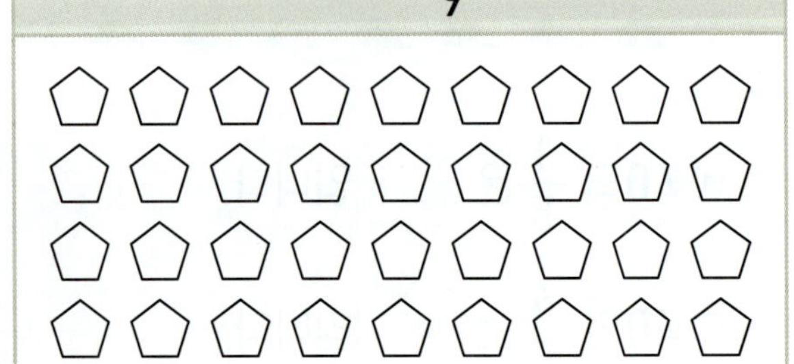

◆ 그림을 보고 ☐ 안에 알맞은 수를 써넣으세요.

18

① $24의 \dfrac{1}{4}$은 ☐ 입니다.

② $24의 \dfrac{2}{4}$는 ☐ 입니다.

③ $24의 \dfrac{3}{4}$은 ☐ 입니다.

19

① $25의 \dfrac{1}{5}$은 ☐ 입니다.

② $25의 \dfrac{3}{5}$은 ☐ 입니다.

③ $25의 \dfrac{4}{5}$는 ☐ 입니다.

20

① $48의 \dfrac{1}{8}$은 ☐ 입니다.

② $48의 \dfrac{4}{8}$는 ☐ 입니다.

③ $48의 \dfrac{7}{8}$은 ☐ 입니다.

★ 완성   전체 개수의 분수만큼 알아보기

◆ 꽃이 다음과 같이 심어져 있습니다. 푯말에 적힌 조건에 맞게 빨간색과 노란색을 색칠해 보세요.

21

23

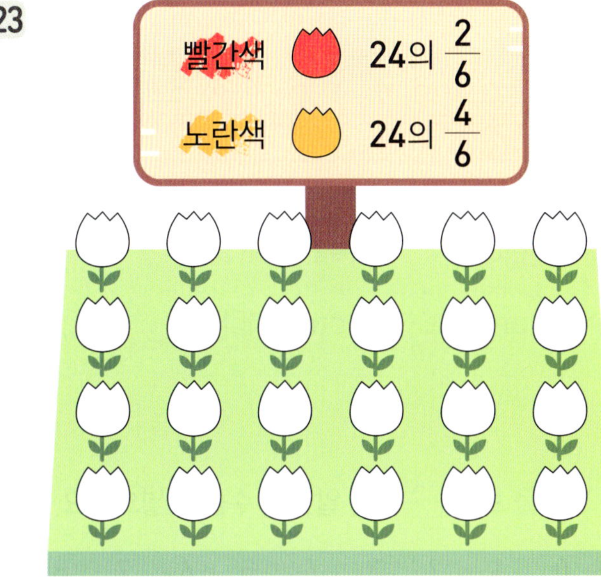

22

24

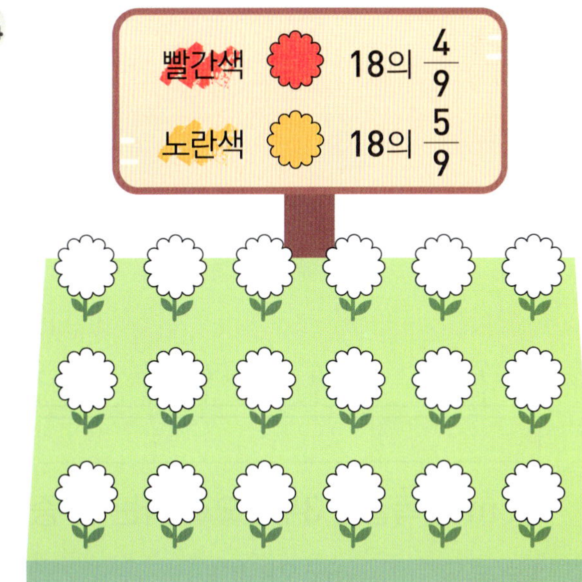

+ 문해력

25 현성이는 [자두 28개]의 $\frac{3}{7}$ 만큼을 먹었습니다. 현성이가 먹은 자두는 몇 개일까요?

풀이   ☐의 $\frac{3}{7}$은 ☐입니다.

답   현성이가 먹은 자두는 ☐개입니다.

전체 길이의 분수만큼 알아보기

전체의 $\frac{1}{5}$ 은 얼마인지 알아봅니다.

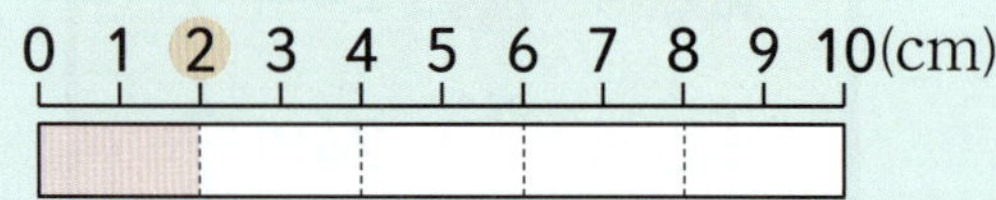

10 cm를 똑같이 **5**부분으로 나눈 것 중의 **1**부분은 2 cm입니다. $\boxed{10\,cm \div 5 = 2\,cm}$

→ 10 cm의 $\frac{1}{5}$ 은 2 cm입니다.

전체의 $\frac{3}{5}$ 은 얼마인지 알아봅니다.

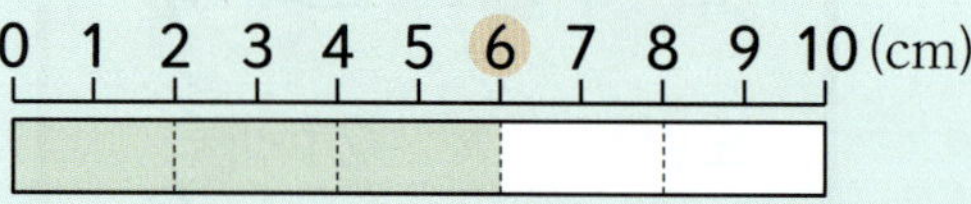

10 cm를 똑같이 **5**부분으로 나눈 것 중의 **3**부분은 6 cm입니다.

→ 10 cm의 $\frac{3}{5}$ 은 6 cm입니다.

◆ 그림을 보고 ☐ 안에 알맞은 수를 써넣으세요.

1

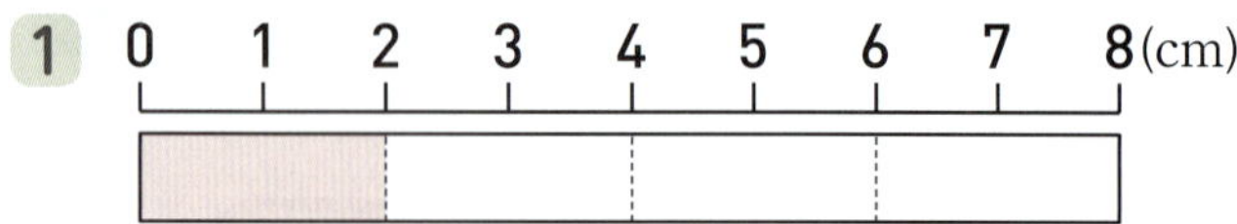

8 cm를 똑같이 **4**부분으로 나눈 것 중의 **1**부분은 ☐ cm입니다.

→ 8 cm의 $\frac{1}{4}$ 은 ☐ cm입니다.

2

0 1 2 3 4 5 6 7 8 9 (cm)

9 cm를 똑같이 **3**부분으로 나눈 것 중의 **1**부분은 ☐ cm입니다.

→ 9 cm의 $\frac{1}{3}$ 은 ☐ cm입니다.

3

0 1 2 3 4 5 6 7 8 9 10 11 12 13 14 (cm)

14 cm를 똑같이 **7**부분으로 나눈 것 중의 **1**부분은 ☐ cm입니다.

→ 14 cm의 $\frac{1}{7}$ 은 ☐ cm입니다.

◆ 그림을 보고 ☐ 안에 알맞은 수를 써넣으세요.

4

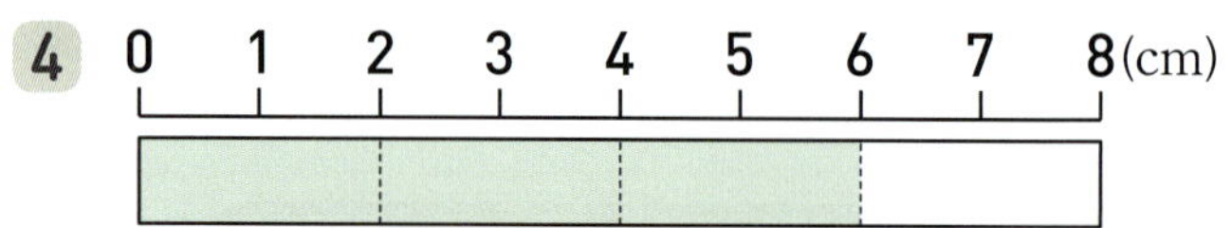

8 cm를 똑같이 **4**부분으로 나눈 것 중의 **3**부분은 ☐ cm입니다.

→ 8 cm의 $\frac{3}{4}$ 은 ☐ cm입니다.

5

0 1 2 3 4 5 6 7 8 9 (cm)

9 cm를 똑같이 **3**부분으로 나눈 것 중의 **2**부분은 ☐ cm입니다.

→ 9 cm의 $\frac{2}{3}$ 는 ☐ cm입니다.

6

0 1 2 3 4 5 6 7 8 9 10 11 12 13 14 (cm)

14 cm를 똑같이 **7**부분으로 나눈 것 중의 **4**부분은 ☐ cm입니다.

→ 14 cm의 $\frac{4}{7}$ 는 ☐ cm입니다.

연습 　전체 길이의 분수만큼 알아보기

◆ 그림을 보고 ▢ 안에 알맞은 수를 써넣으세요.

7
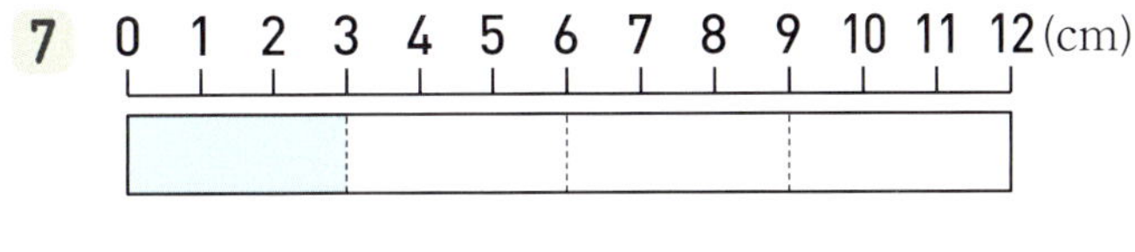

12 cm의 $\dfrac{1}{4}$은 ▢ cm입니다.

8

12 cm의 $\dfrac{1}{6}$은 ▢ cm입니다.

9
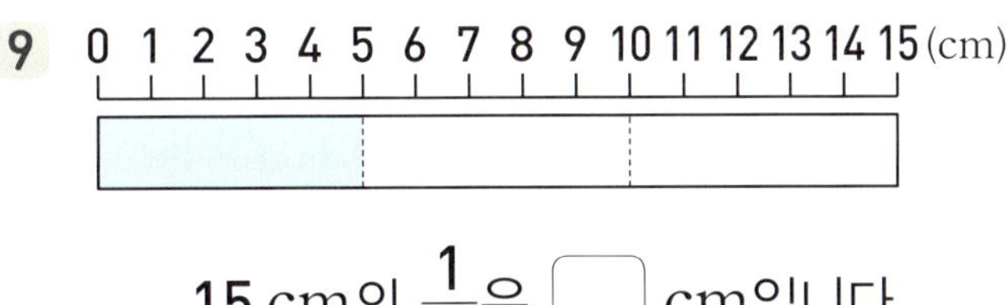

15 cm의 $\dfrac{1}{3}$은 ▢ cm입니다.

10
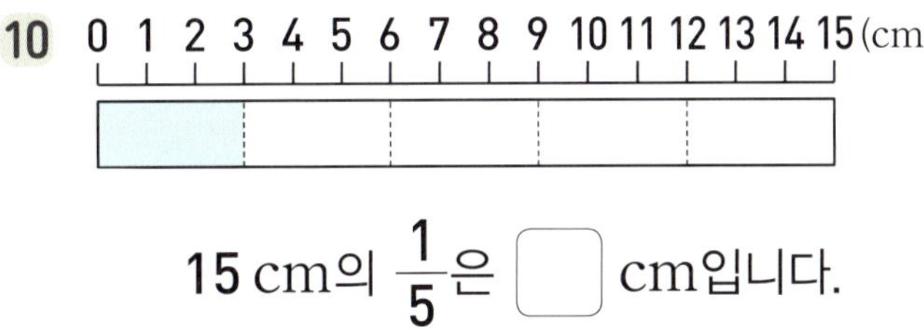

15 cm의 $\dfrac{1}{5}$은 ▢ cm입니다.

11
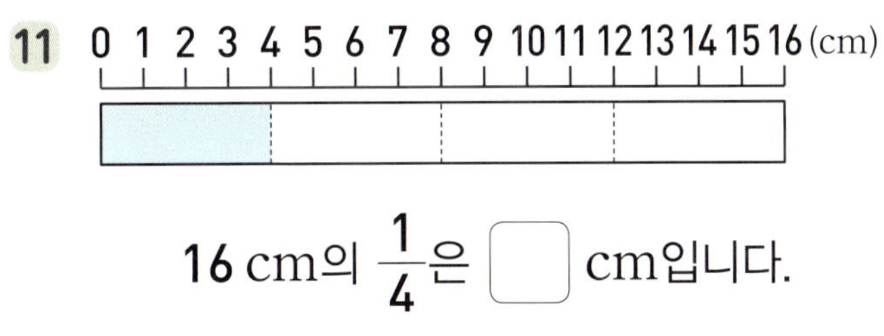

16 cm의 $\dfrac{1}{4}$은 ▢ cm입니다.

12
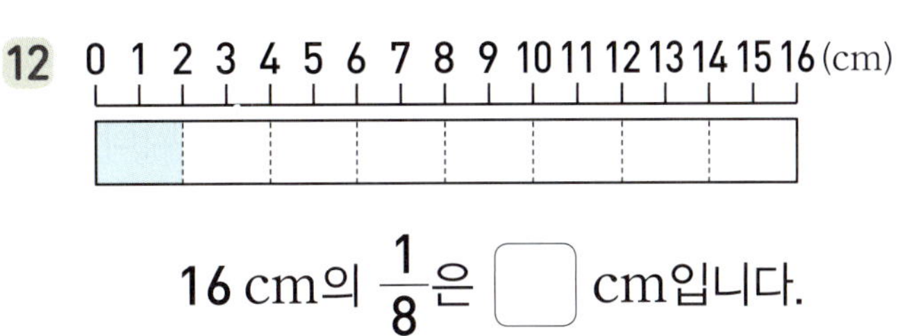

16 cm의 $\dfrac{1}{8}$은 ▢ cm입니다.

◆ 그림을 보고 ▢ 안에 알맞은 수를 써넣으세요.

13

25 cm의 $\dfrac{4}{5}$는 ▢ cm입니다.

14
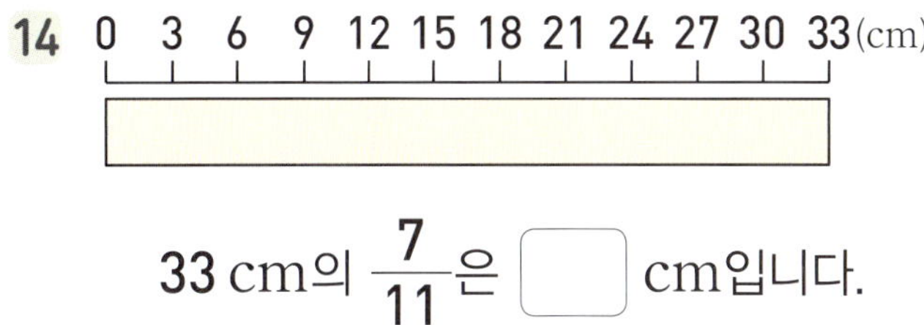

33 cm의 $\dfrac{7}{11}$은 ▢ cm입니다.

15
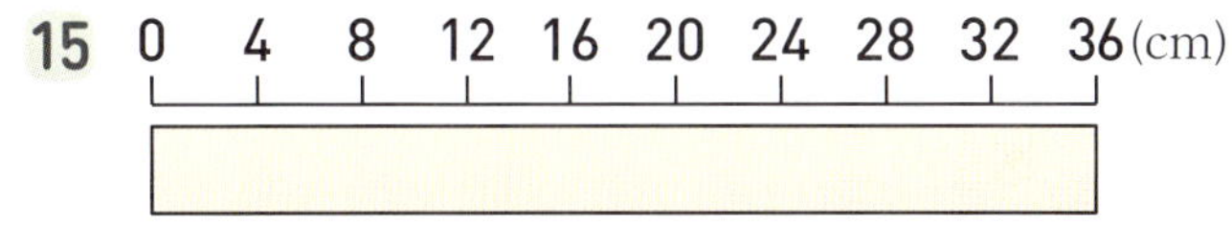

36 cm의 $\dfrac{8}{9}$은 ▢ cm입니다.

16
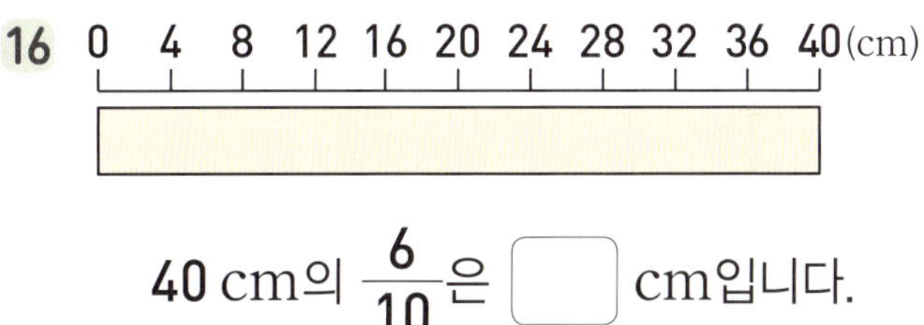

40 cm의 $\dfrac{6}{10}$은 ▢ cm입니다.

17
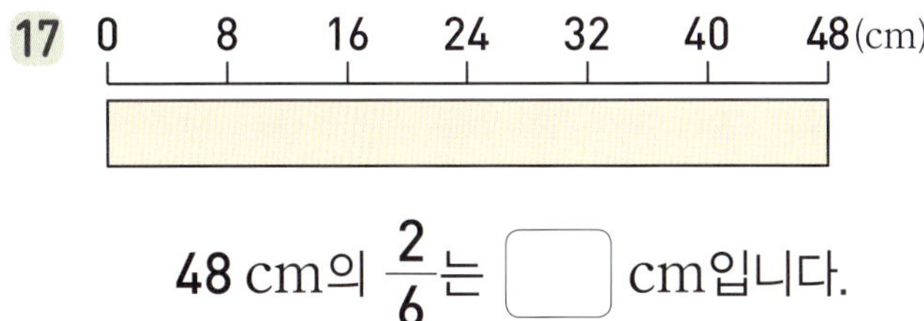

48 cm의 $\dfrac{2}{6}$는 ▢ cm입니다.

18

49 cm의 $\dfrac{5}{7}$는 ▢ cm입니다.

◆ 그림을 보고 알맞은 것에 ◯표 하세요.

19 0 ——————————— 24(m)

- 24 m의 $\dfrac{3}{8}$은 9 m입니다. ( )
- 24 m의 $\dfrac{5}{8}$는 20 m입니다. ( )

20 0 ——————————— 18(m)

- 18 m의 $\dfrac{2}{9}$는 4 m입니다. ( )
- 18 m의 $\dfrac{4}{9}$는 12 m입니다. ( )

21 0 ——————————— 35(m)

- 35 m의 $\dfrac{1}{5}$은 6 m입니다. ( )
- 35 m의 $\dfrac{4}{5}$는 28 m입니다. ( )

22 0 ——————————— 42(m)

- 42 m의 $\dfrac{2}{7}$는 14 m입니다. ( )
- 42 m의 $\dfrac{6}{7}$은 36 m입니다. ( )

23 0 ——————————— 60(m)

- 60 m의 $\dfrac{4}{10}$는 24 m입니다. ( )
- 60 m의 $\dfrac{9}{10}$는 50 m입니다. ( )

◆ 그림을 보고 ☐ 안에 알맞은 수를 써넣으세요.

24 0 ——————————— 20(cm)

① 20 cm의 $\dfrac{1}{4}$은 ☐ cm입니다.

② 20 cm의 $\dfrac{2}{4}$는 ☐ cm입니다.

③ 20 cm의 $\dfrac{3}{4}$은 ☐ cm입니다.

25 0 ——————————— 28(cm)

① 28 cm의 $\dfrac{1}{7}$은 ☐ cm입니다.

② 28 cm의 $\dfrac{4}{7}$는 ☐ cm입니다.

③ 28 cm의 $\dfrac{6}{7}$은 ☐ cm입니다.

26 0 ——————————— 32(cm)

① 32 cm의 $\dfrac{1}{8}$은 ☐ cm입니다.

② 32 cm의 $\dfrac{3}{8}$은 ☐ cm입니다.

③ 32 cm의 $\dfrac{7}{8}$은 ☐ cm입니다.

27 0 ——————————— 40(cm)

① 40 cm의 $\dfrac{1}{20}$은 ☐ cm입니다.

② 40 cm의 $\dfrac{7}{20}$은 ☐ cm입니다.

③ 40 cm의 $\dfrac{11}{20}$은 ☐ cm입니다.

★ 완성   전체 길이의 분수만큼 알아보기

◆ 동물들이 달린 거리를 보고, 가장 먼 거리를 달린 동물부터 차례로 이름을 쓰세요.

28

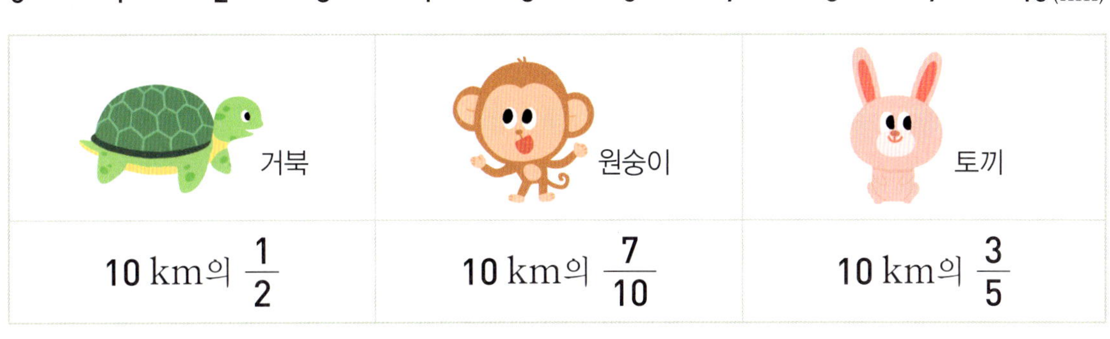

→ ☐ , ☐ , ☐

29

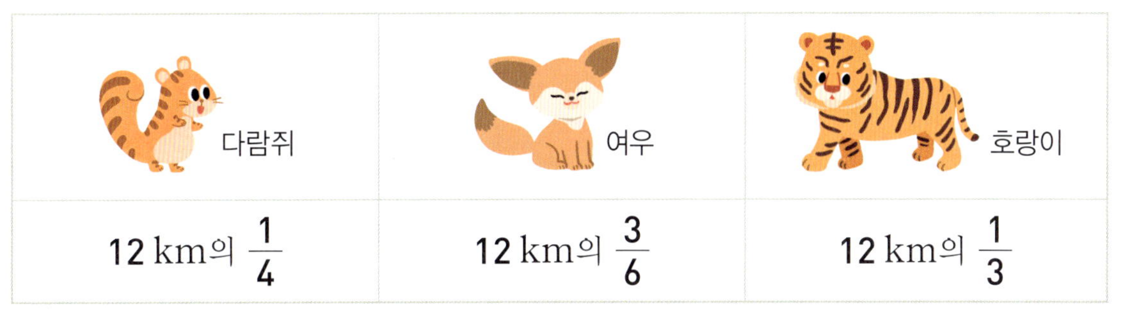

→ ☐ , ☐ , ☐

＋ 문해력

30 소방서에서 경찰서까지의 거리는 **36** km입니다. 우체국은 소방서에서 경찰서로 가는 길의

$\frac{5}{9}$ 만큼의 거리에 있습니다. 소방서에서 우체국까지의 거리는 몇 km일까요?

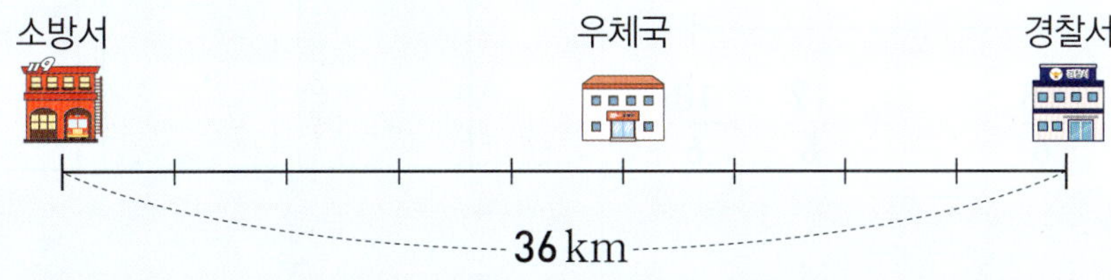

풀이 36 km의 $\frac{5}{9}$는 ☐ km입니다.

답 소방서에서 우체국의 거리는 ☐ km입니다.

진분수: 분자가 분모보다 작은 분수
가분수: 분자가 분모와 같거나 분모보다 큰 분수

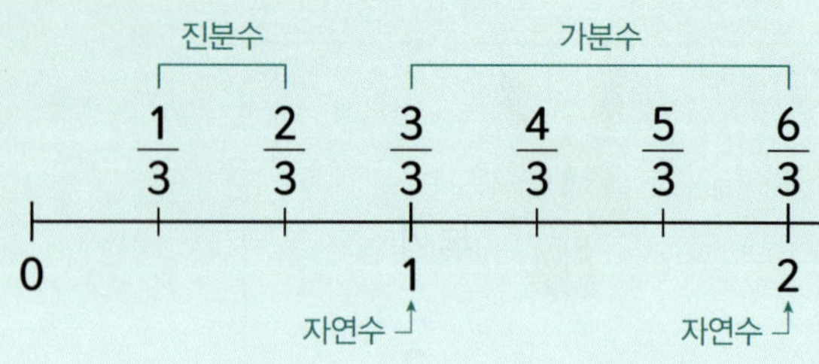

대분수: 자연수와 진분수로 이루어진 분수

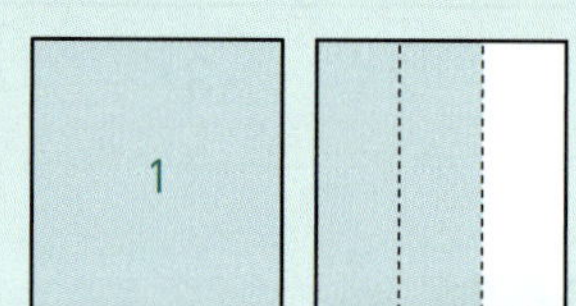

1과 $\frac{2}{3}$ → 쓰기 $1\frac{2}{3}$ 읽기 1과 3분의 2

◆ ☐ 안에 알맞은 진분수 또는 가분수를 써넣으세요.

1
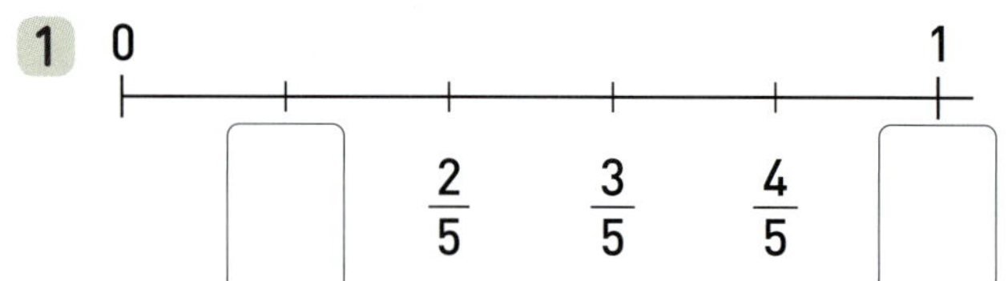
☐ $\frac{2}{5}$ $\frac{3}{5}$ $\frac{4}{5}$ ☐

2
0 ———————————————— 1
$\frac{1}{8}$ $\frac{2}{8}$ $\frac{3}{8}$ $\frac{4}{8}$ ☐ $\frac{6}{8}$ $\frac{7}{8}$ ☐

3
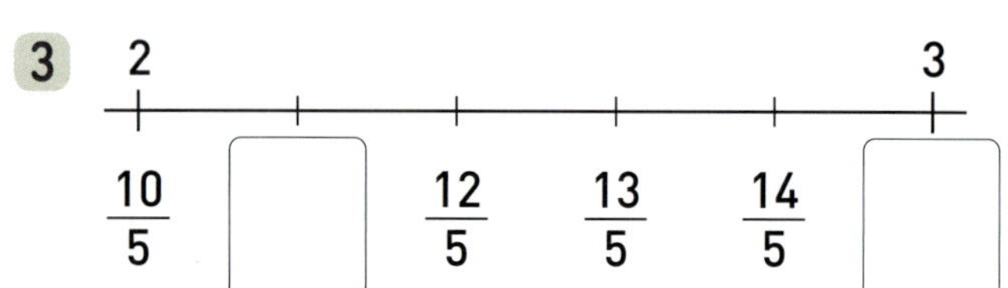
$\frac{10}{5}$ ☐ $\frac{12}{5}$ $\frac{13}{5}$ $\frac{14}{5}$ ☐

4
2 ———————————————— 3
☐ $\frac{13}{6}$ $\frac{14}{6}$ $\frac{15}{6}$ ☐ $\frac{17}{6}$ $\frac{18}{6}$

5
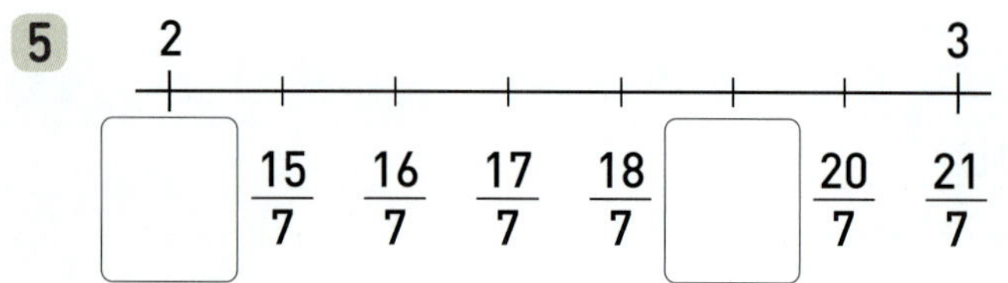
☐ $\frac{15}{7}$ $\frac{16}{7}$ $\frac{17}{7}$ $\frac{18}{7}$ ☐ $\frac{20}{7}$ $\frac{21}{7}$

◆ 색칠한 부분을 대분수로 나타내세요.

6
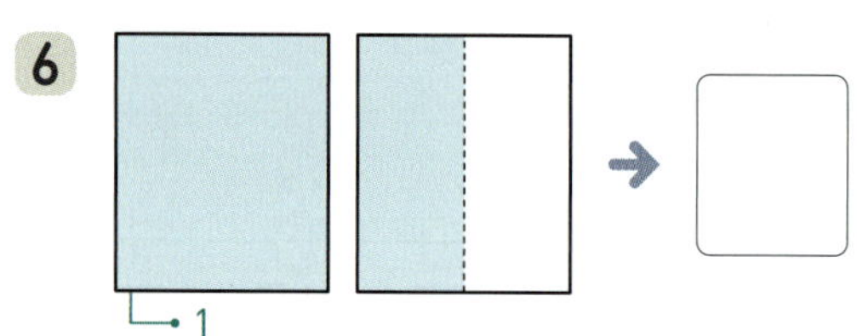
→ ☐

7
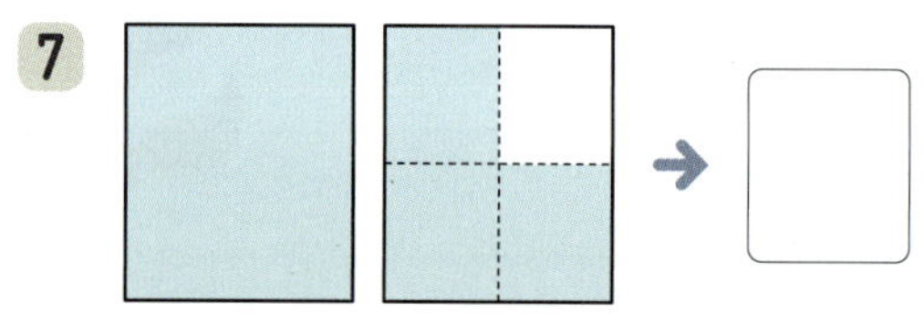
→ ☐

8
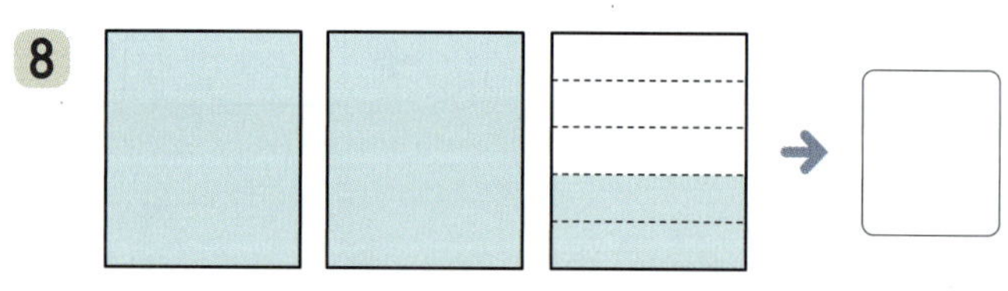
→ ☐

9
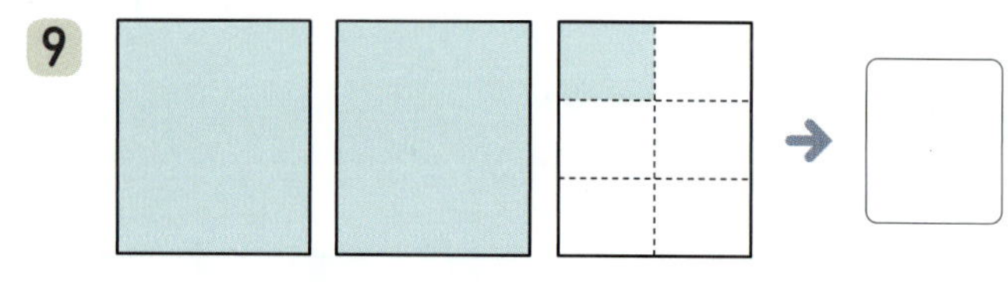
→ ☐

10
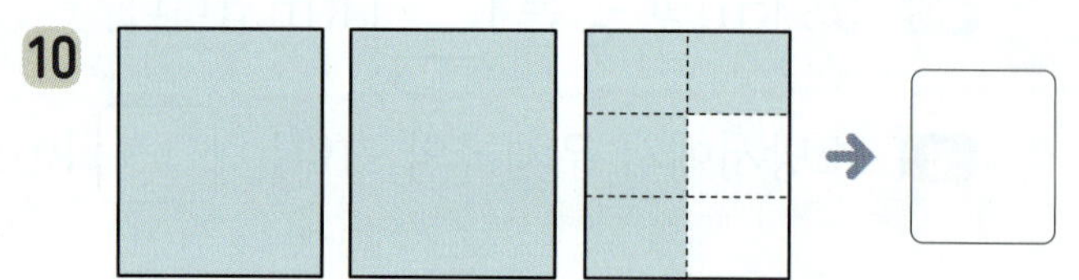
→ ☐

연습 진분수, 가분수, 대분수

◆ 진분수를 모두 찾아 ◯표 하세요.

11

$\dfrac{9}{5}$ $\dfrac{2}{15}$ $\dfrac{4}{7}$ $\dfrac{12}{8}$ $3\dfrac{1}{5}$

12

$\dfrac{11}{6}$ $\dfrac{13}{14}$ $4\dfrac{1}{9}$ $\dfrac{3}{6}$ $\dfrac{6}{3}$

13

$\dfrac{9}{10}$ $\dfrac{2}{8}$ $\dfrac{28}{21}$ $6\dfrac{1}{2}$ $\dfrac{7}{5}$

◆ 가분수를 모두 찾아 ◯표 하세요.

14

2 $\dfrac{9}{9}$ $\dfrac{11}{15}$ $\dfrac{6}{2}$ $\dfrac{2}{3}$

15

$\dfrac{21}{12}$ $\dfrac{10}{15}$ $3\dfrac{2}{4}$ $\dfrac{3}{10}$ $\dfrac{8}{8}$

16

$\dfrac{9}{17}$ $\dfrac{3}{4}$ $\dfrac{15}{6}$ $6\dfrac{2}{3}$ $\dfrac{29}{20}$

17

$\dfrac{15}{14}$ $8\dfrac{1}{8}$ $\dfrac{10}{13}$ $\dfrac{7}{18}$ $\dfrac{19}{11}$

◆ 대분수를 모두 찾아 ◯표 하세요.

18

$\dfrac{4}{11}$ $1\dfrac{1}{2}$ $\dfrac{5}{4}$ $\dfrac{2}{9}$ $3\dfrac{4}{7}$

19

$5\dfrac{3}{8}$ $\dfrac{11}{6}$ $1\dfrac{1}{7}$ $\dfrac{3}{5}$ $2\dfrac{4}{13}$

20

$\dfrac{9}{7}$ $\dfrac{2}{5}$ $3\dfrac{1}{6}$ $4\dfrac{3}{8}$ $\dfrac{7}{10}$

21

$1\dfrac{5}{8}$ $\dfrac{12}{7}$ $6\dfrac{6}{11}$ $5\dfrac{9}{14}$ $\dfrac{5}{12}$

22

$2\dfrac{1}{4}$ $\dfrac{4}{4}$ $\dfrac{7}{8}$ $7\dfrac{6}{7}$ $3\dfrac{2}{3}$

23

$\dfrac{4}{5}$ $\dfrac{7}{6}$ $3\dfrac{5}{13}$ $\dfrac{10}{12}$ $1\dfrac{4}{7}$

24

$4\dfrac{2}{9}$ $\dfrac{4}{11}$ $\dfrac{3}{3}$ $5\dfrac{9}{10}$ $\dfrac{12}{5}$

◆ 해당하는 분수를 모두 찾아 색칠해 보세요.

◆ 진분수, 가분수, 대분수로 분류해 보세요.

25

진분수				
$\frac{6}{2}$	$1\frac{2}{3}$	$\frac{3}{4}$	$\frac{6}{5}$	$\frac{9}{6}$
$\frac{10}{7}$	$\frac{8}{8}$	$\frac{21}{9}$	$2\frac{3}{10}$	$\frac{7}{11}$
$\frac{6}{12}$	$\frac{21}{13}$	$\frac{15}{14}$	$\frac{48}{15}$	$\frac{16}{16}$
$4\frac{15}{17}$	$5\frac{7}{18}$	$\frac{8}{19}$	$\frac{20}{20}$	$\frac{21}{22}$

26

가분수				
$\frac{23}{3}$	$\frac{1}{4}$	$5\frac{2}{5}$	$\frac{6}{6}$	$8\frac{3}{7}$
$\frac{4}{8}$	$8\frac{7}{9}$	$\frac{1}{10}$	$\frac{3}{11}$	$\frac{16}{12}$
$4\frac{8}{13}$	$\frac{9}{14}$	$\frac{10}{15}$	$6\frac{5}{16}$	$\frac{16}{17}$
$\frac{16}{18}$	$\frac{19}{19}$	$\frac{18}{20}$	$7\frac{11}{21}$	$\frac{25}{22}$

27

대분수				
$\frac{2}{5}$	$7\frac{3}{6}$	$\frac{4}{7}$	$\frac{5}{8}$	$\frac{9}{9}$
$3\frac{6}{10}$	$\frac{13}{11}$	$\frac{1}{12}$	$\frac{7}{13}$	$1\frac{8}{14}$
$\frac{19}{15}$	$\frac{14}{16}$	$\frac{17}{17}$	$12\frac{1}{18}$	$\frac{6}{19}$
$5\frac{6}{20}$	$\frac{19}{21}$	$\frac{12}{22}$	$\frac{25}{23}$	$\frac{24}{24}$

28

$$\frac{2}{4} \qquad \frac{4}{4} \qquad \frac{10}{4} \qquad 3\frac{1}{4} \qquad \frac{3}{4}$$

진분수	가분수	대분수

29

$$\frac{6}{5} \qquad \frac{5}{5} \qquad 7\frac{4}{5} \qquad \frac{2}{5} \qquad 3\frac{3}{5}$$

진분수	가분수	대분수

30

$$\frac{11}{7} \qquad \frac{2}{7} \qquad \frac{9}{7} \qquad 9\frac{1}{7} \qquad \frac{4}{7}$$

진분수	가분수	대분수

31

$$\frac{1}{10} \qquad \frac{7}{10} \qquad 4\frac{9}{10} \qquad 1\frac{4}{10} \qquad \frac{12}{10}$$

진분수	가분수	대분수

32

$$\frac{20}{15} \qquad 3\frac{13}{15} \qquad \frac{3}{15} \qquad \frac{15}{15} \qquad \frac{8}{15}$$

진분수	가분수	대분수

★ 완성 진분수, 가분수, 대분수

◆ 친구들이 말하는 분수를 각각 찾아 낚싯줄을 연결해 보세요.

33 

35 

34 

36 

✚ 문해력

37 세 사람이 마신 주스의 양입니다. 마신 주스의 양이 가분수인 사람은 누구일까요?

윤하	정수	예서
$\dfrac{5}{8}$컵	$\dfrac{3}{4}$컵	$\dfrac{3}{2}$컵

풀이 $\dfrac{5}{8}$, $\dfrac{3}{4}$, $\dfrac{3}{2}$ 중에서 가분수는 ☐ 입니다.

답 마신 주스의 양이 가분수인 사람은 ☐ 입니다.

개념 대분수를 가분수로 나타내기

1만큼 색칠된 사각형을 똑같이 4부분으로 나누어 분모가 4인 분수로 나타냅니다.

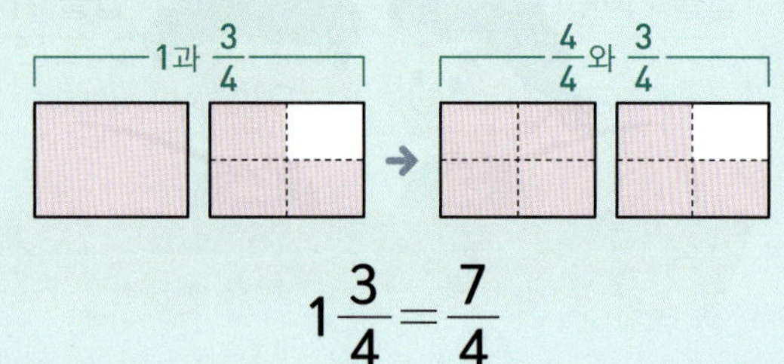

$$1\frac{3}{4}=\frac{7}{4}$$

대분수의 자연수 부분을 가분수로 나타낸 다음 단위분수의 개수를 세어 봅니다.

자연수 1을 분모가 4인 가분수로 나타내.

$$1\frac{3}{4} \rightarrow \frac{4}{4}\text{와}\frac{3}{4}$$

$$\rightarrow \frac{1}{4}\text{이 }7\text{개인 수} \rightarrow \frac{7}{4}$$
$$4+3=7$$

◆ 그림을 보고 대분수를 가분수로 나타내세요.

1
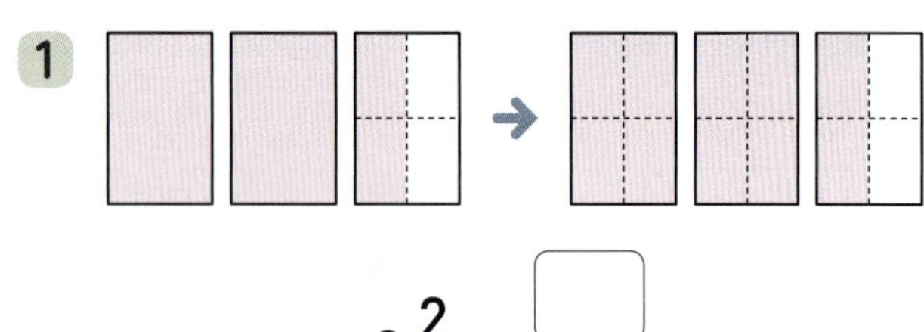

$$2\frac{2}{4}=\frac{\square}{\square}$$

2

$$1\frac{3}{5}=\frac{\square}{\square}$$

3

$$1\frac{5}{6}=\frac{\square}{\square}$$

4
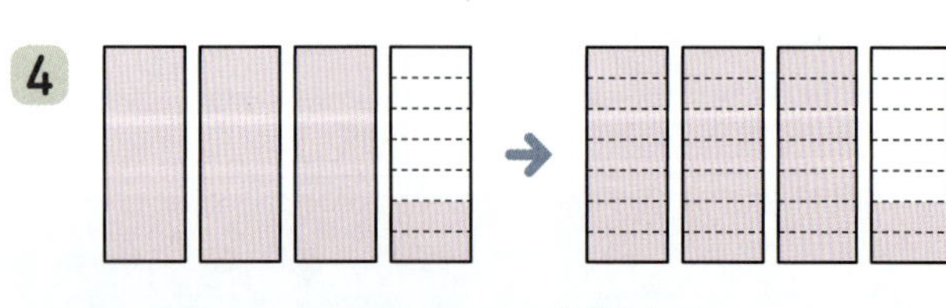

$$3\frac{2}{7}=\frac{\square}{\square}$$

◆ 대분수를 가분수로 나타내려고 합니다. ⬜ 안에 알맞은 수를 써넣으세요.

5 $\quad 1\frac{1}{2} \rightarrow \frac{\square}{2}\text{와}\frac{1}{2} \rightarrow \frac{\square}{\square}$

6 $\quad 2\frac{3}{4} \rightarrow \frac{\square}{4}\text{과}\frac{3}{4} \rightarrow \frac{\square}{\square}$

7 $\quad 3\frac{4}{7} \rightarrow \frac{\square}{7}\text{과}\frac{4}{7} \rightarrow \frac{\square}{\square}$

8 $\quad 2\frac{5}{8} \rightarrow \frac{\square}{8}\text{과}\frac{5}{8} \rightarrow \frac{\square}{\square}$

9 $\quad 5\frac{2}{9} \rightarrow \frac{\square}{9}\text{와}\frac{2}{9} \rightarrow \frac{\square}{\square}$

⬥ 연습 대분수를 가분수로 나타내기

실수 콕! 10~24번 문제

$2\dfrac{1}{3}$ → 2와 $\dfrac{1}{3}$ → ✗ $\dfrac{6}{3}$ 대분수의 자연수 부분만 분수로 나타내면 안 돼!

$2\dfrac{1}{3}$ → 2와 $\dfrac{1}{3}$ → $\dfrac{6}{3}$ 과 $\dfrac{1}{3}$ → $\dfrac{7}{3}$

◆ 대분수를 가분수로 나타내세요.

10 $3\dfrac{1}{2}$ → (   )

11 $4\dfrac{2}{4}$ → (   )

12 $6\dfrac{4}{5}$ → (   )

13 $7\dfrac{2}{6}$ → (   )

14 $5\dfrac{4}{7}$ → (   )

15 $6\dfrac{3}{8}$ → (   )

16 $4\dfrac{2}{9}$ → (   )

◆ 대분수를 가분수로 나타내세요.

17 $3\dfrac{3}{10}$ → (   )

18 $2\dfrac{6}{11}$ → (   )

19 $4\dfrac{2}{12}$ → (   )

20 $2\dfrac{1}{13}$ → (   )

21 $1\dfrac{5}{14}$ → (   )

22 $2\dfrac{4}{15}$ → (   )

23 $3\dfrac{2}{16}$ → (   )

24 $1\dfrac{3}{17}$ → (   )

4단원 28회

◆ 대분수를 가분수로 바르게 나타낸 것을 찾아 색칠해 보세요.

◆ 알맞은 것에 ◯표 하세요.

25 

26 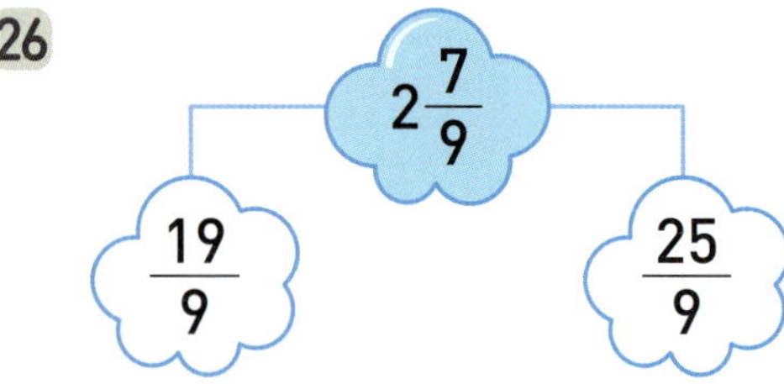

27 

28 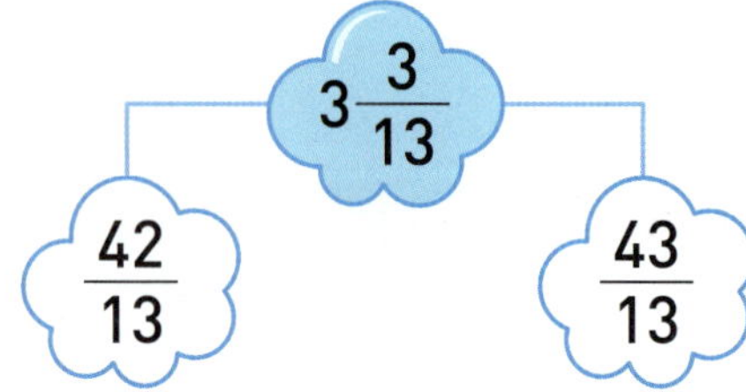

29 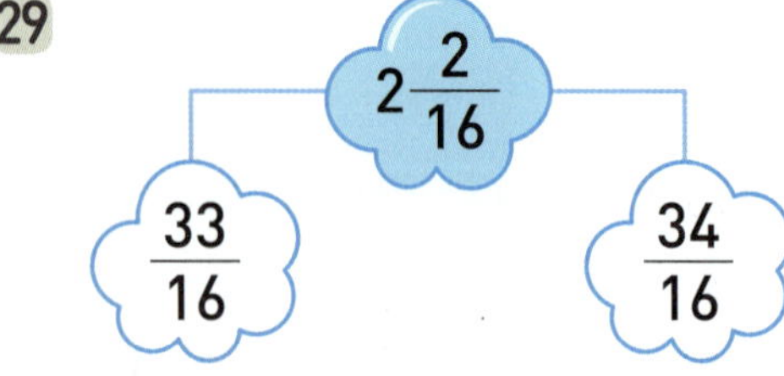

30 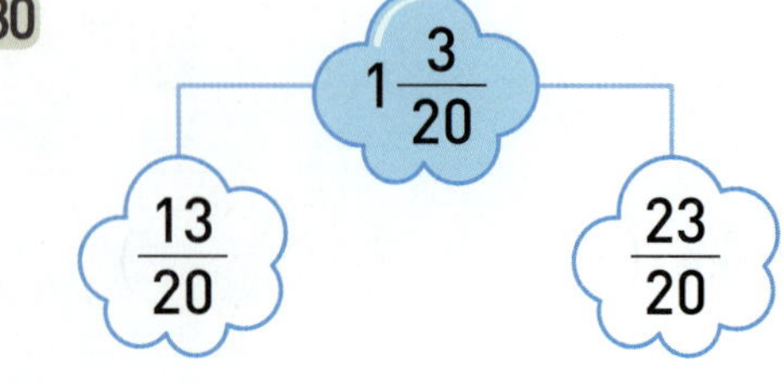

31

$5\frac{2}{5} = \frac{22}{5}$	$5\frac{2}{5} = \frac{27}{5}$

32

$4\frac{1}{7} = \frac{26}{7}$	$4\frac{1}{7} = \frac{29}{7}$

33

$1\frac{8}{9} = \frac{17}{9}$	$1\frac{8}{9} = \frac{18}{9}$

34

$5\frac{2}{11} = \frac{57}{11}$	$5\frac{2}{11} = \frac{54}{11}$

35

$2\frac{4}{13} = \frac{30}{13}$	$2\frac{4}{13} = \frac{32}{13}$

36

$3\frac{5}{15} = \frac{48}{15}$	$3\frac{5}{15} = \frac{50}{15}$

37

$1\frac{6}{17} = \frac{23}{17}$	$1\frac{6}{17} = \frac{24}{17}$

★ 완성 대분수를 가분수로 나타내기

◆ 대분수를 가분수로 나타내려고 합니다. 사다리를 타고 내려가 도착한 곳에 알맞은 가분수를 써넣으세요.

38

39

＋문해력

40 혜지는 미술 시간에 철사를 $1\frac{7}{8}$ m 사용했습니다. 혜지가 미술 시간에 사용한 철 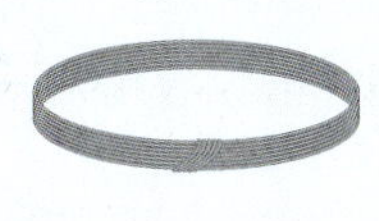

사는 몇 m인지 가분수로 나타내세요.

풀이 $1\frac{7}{8}$을 가분수로 나타내면 ☐ 입니다.

답 사용한 철사의 길이를 가분수로 나타내면 ☐ m입니다.

가분수를 대분수로 나타내기

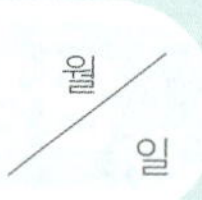

모든 칸이 색칠된 사각형을 자연수 부분으로, 일부만 색칠된 나머지 사각형을 진분수로 나타냅니다.

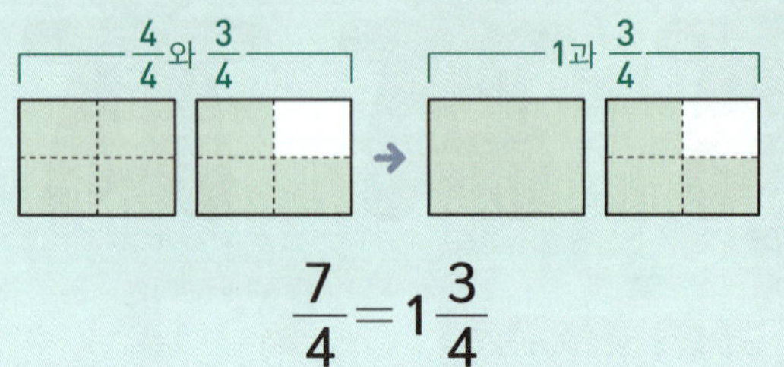

$$\frac{7}{4} = 1\frac{3}{4}$$

가분수에서 자연수로 나타낼 수 있는 부분은 자연수로 나타내고 나머지는 진분수로 나타냅니다.

$$\frac{7}{4} \rightarrow \frac{4}{4}\text{와} \frac{3}{4}$$

$7 \div 4 = 1 \cdots 3$이므로 자연수 부분은 1이야.

$$\rightarrow 1\text{과} \frac{3}{4} \rightarrow 1\frac{3}{4}$$

◆ 그림을 보고 가분수를 대분수로 나타내세요.

1 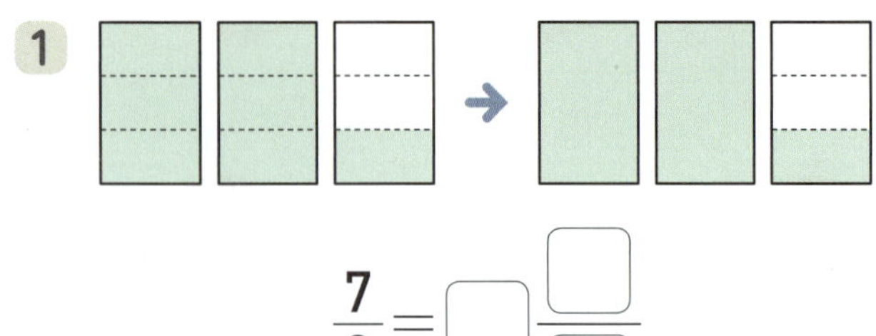

$$\frac{7}{3} = \boxed{}\frac{\boxed{}}{\boxed{}}$$

2 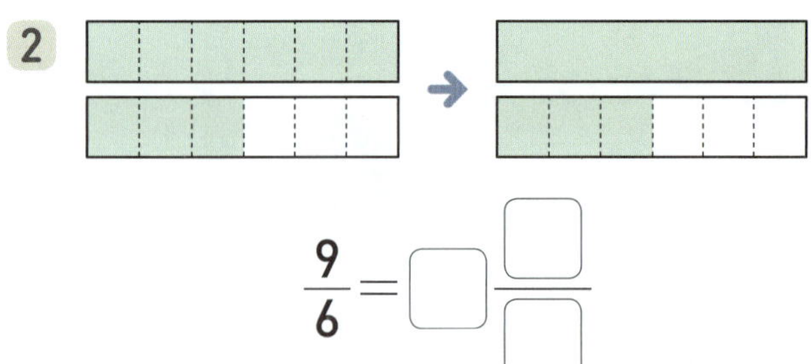

$$\frac{9}{6} = \boxed{}\frac{\boxed{}}{\boxed{}}$$

3 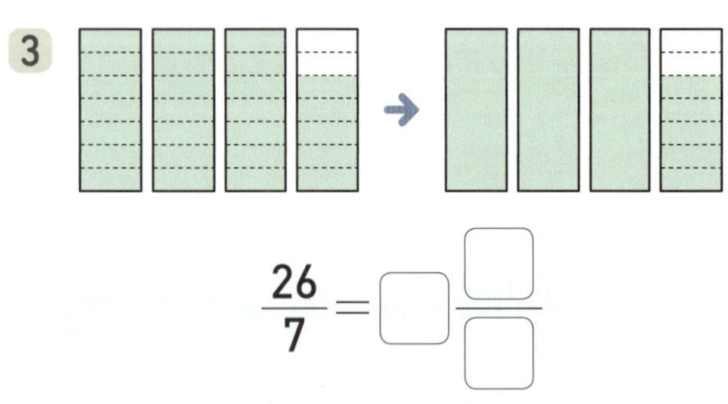

$$\frac{26}{7} = \boxed{}\frac{\boxed{}}{\boxed{}}$$

4 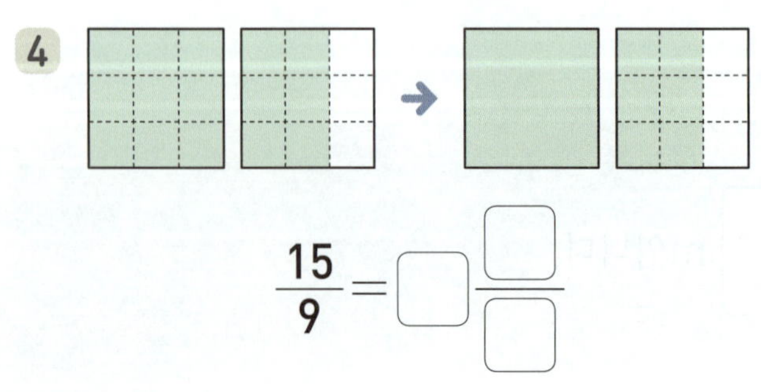

$$\frac{15}{9} = \boxed{}\frac{\boxed{}}{\boxed{}}$$

◆ 가분수를 대분수로 나타내려고 합니다. ☐ 안에 알맞은 수를 써넣으세요.

5 $\dfrac{8}{5} \rightarrow \dfrac{\boxed{}}{5}\text{와}\dfrac{3}{5} \rightarrow \boxed{}\dfrac{\boxed{}}{\boxed{}}$

6 $\dfrac{16}{6} \rightarrow \dfrac{\boxed{}}{6}\text{와}\dfrac{4}{6} \rightarrow \boxed{}\dfrac{\boxed{}}{\boxed{}}$

7 $\dfrac{30}{7} \rightarrow \dfrac{\boxed{}}{7}\text{과}\dfrac{2}{7} \rightarrow \boxed{}\dfrac{\boxed{}}{\boxed{}}$

8 $\dfrac{29}{8} \rightarrow \dfrac{\boxed{}}{8}\text{와}\dfrac{5}{8} \rightarrow \boxed{}\dfrac{\boxed{}}{\boxed{}}$

9 $\dfrac{23}{10} \rightarrow \dfrac{\boxed{}}{10}\text{과}\dfrac{3}{10} \rightarrow \boxed{}\dfrac{\boxed{}}{\boxed{}}$

● 연습 가분수를 대분수로 나타내기

실수 콕! 10~24번 문제

$\dfrac{11}{3}$ → $\dfrac{6}{3}$과 $\dfrac{5}{3}$ → 2와 $\dfrac{5}{3}$ → 2$\dfrac{5}{3}$

$\dfrac{11}{3}$ → $\dfrac{9}{3}$와 $\dfrac{2}{3}$ → 3과 $\dfrac{2}{3}$ → 3$\dfrac{2}{3}$

◆ 가분수를 대분수로 나타내세요.

10 $\dfrac{8}{3}$ → (　　　　　　　)

11 $\dfrac{11}{4}$ → (　　　　　　　)

12 $\dfrac{23}{5}$ → (　　　　　　　)

13 $\dfrac{19}{6}$ → (　　　　　　　)

14 $\dfrac{31}{7}$ → (　　　　　　　)

15 $\dfrac{42}{8}$ → (　　　　　　　)

16 $\dfrac{30}{9}$ → (　　　　　　　)

◆ 가분수를 대분수로 나타내세요.

17 $\dfrac{27}{10}$ → (　　　　　　　)

18 $\dfrac{35}{11}$ → (　　　　　　　)

19 $\dfrac{37}{12}$ → (　　　　　　　)

20 $\dfrac{40}{13}$ → (　　　　　　　)

21 $\dfrac{25}{14}$ → (　　　　　　　)

22 $\dfrac{32}{15}$ → (　　　　　　　)

23 $\dfrac{35}{16}$ → (　　　　　　　)

24 $\dfrac{47}{20}$ → (　　　　　　　)

4단원 29회

 가분수를 대분수로 나타내기

◆ 가분수를 대분수로 바르게 나타낸 것을 찾아 이어 보세요.

25

$3\dfrac{3}{5}$

$3\dfrac{4}{5}$

26

$5\dfrac{1}{7}$

$6\dfrac{2}{7}$

27

$6\dfrac{2}{8}$

$7\dfrac{2}{8}$

28

$4\dfrac{9}{10}$

$5\dfrac{5}{10}$

29

$2\dfrac{3}{14}$

$3\dfrac{2}{14}$

◆ 알맞은 것에 ◯표 하세요.

30

$\dfrac{14}{6}=2\dfrac{2}{6}$	$\dfrac{14}{6}=3\dfrac{2}{6}$

31

$\dfrac{46}{9}=5\dfrac{1}{9}$	$\dfrac{46}{9}=5\dfrac{2}{9}$

32

$\dfrac{46}{11}=4\dfrac{1}{11}$	$\dfrac{46}{11}=4\dfrac{2}{11}$

33

$\dfrac{90}{12}=7\dfrac{6}{12}$	$\dfrac{90}{12}=6\dfrac{10}{12}$

34

$\dfrac{49}{15}=3\dfrac{4}{15}$	$\dfrac{49}{15}=3\dfrac{5}{15}$

35

$\dfrac{40}{19}=1\dfrac{11}{19}$	$\dfrac{40}{19}=2\dfrac{2}{19}$

36

$\dfrac{47}{22}=2\dfrac{3}{22}$	$\dfrac{47}{22}=3\dfrac{7}{22}$

★ 완성 가분수를 대분수로 나타내기

◆ 피에로가 들고 있는 수와 같은 수가 쓰인 선물 상자를 찾아 ◯표 하세요.

37

39

38

40

+ 문해력

41 수지는 페인트 $\frac{15}{4}$ 통을 모두 사용하여 벽에 페인트를 칠했습니다. 수지가

사용한 페인트는 몇 통인지 대분수로 나타내세요.

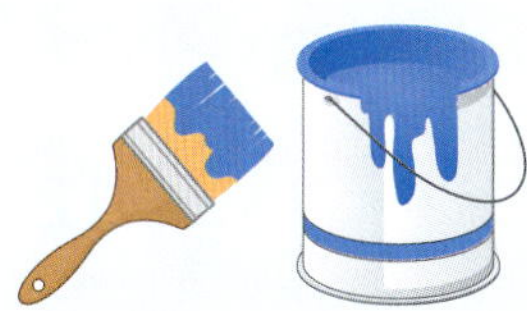

풀이 $\frac{15}{4}$ 를 대분수로 나타내면 ☐ 입니다.

답 수지가 사용한 페인트의 양을 대분수로 나타내면 ☐ 통입니다.

≫ 가분수끼리, 대분수끼리 비교하는 경우

분모가 같은 가분수는 분자가 클수록 더 큰 분수입니다.

분자의 크기를 비교해.

$7 \; \bigcirc\!\!> \; 6 \;\rightarrow\; \dfrac{7}{4} \; \bigcirc\!\!> \; \dfrac{6}{4}$

분모가 같은 대분수는 먼저 자연수의 크기를 비교하고, 자연수가 같으면 진분수를 비교합니다.

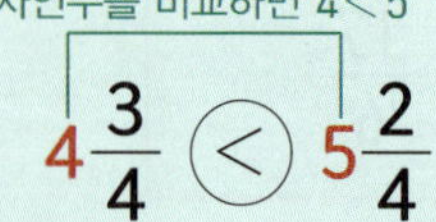

자연수를 비교하면 $4<5$

$4\dfrac{3}{4} \; \bigcirc\!\!< \; 5\dfrac{2}{4}$

분자를 비교하면 $2<3$

$5\dfrac{2}{4} \; \bigcirc\!\!< \; 5\dfrac{3}{4}$

◆ ○ 안에 >, =, <를 알맞게 써넣으세요.

1 $\dfrac{8}{3}$과 $\dfrac{11}{3}$의 크기 비교

$8 \; \bigcirc \; 11 \;\rightarrow\; \dfrac{8}{3} \; \bigcirc \; \dfrac{11}{3}$

2 $\dfrac{6}{5}$과 $\dfrac{5}{5}$의 크기 비교

$6 \; \bigcirc \; 5 \;\rightarrow\; \dfrac{6}{5} \; \bigcirc \; \dfrac{5}{5}$

3 $\dfrac{17}{6}$과 $\dfrac{15}{6}$의 크기 비교

$17 \; \bigcirc \; 15 \;\rightarrow\; \dfrac{17}{6} \; \bigcirc \; \dfrac{15}{6}$

4 $\dfrac{9}{7}$와 $\dfrac{12}{7}$의 크기 비교

$9 \; \bigcirc \; 12 \;\rightarrow\; \dfrac{9}{7} \; \bigcirc \; \dfrac{12}{7}$

5 $\dfrac{13}{10}$과 $\dfrac{11}{10}$의 크기 비교

$13 \; \bigcirc \; 11 \;\rightarrow\; \dfrac{13}{10} \; \bigcirc \; \dfrac{11}{10}$

◆ ○ 안에 >, =, <를 알맞게 써넣으세요.

6 $3\dfrac{5}{6}$와 $5\dfrac{1}{6}$의 크기 비교

$3 \; \bigcirc \; 5 \;\rightarrow\; 3\dfrac{5}{6} \; \bigcirc \; 5\dfrac{1}{6}$

7 $7\dfrac{4}{9}$와 $6\dfrac{2}{9}$의 크기 비교

$7 \; \bigcirc \; 6 \;\rightarrow\; 7\dfrac{4}{9} \; \bigcirc \; 6\dfrac{2}{9}$

8 $6\dfrac{1}{5}$과 $6\dfrac{3}{5}$의 크기 비교

$1 \; \bigcirc \; 3 \;\rightarrow\; 6\dfrac{1}{5} \; \bigcirc \; 6\dfrac{3}{5}$

9 $5\dfrac{6}{8}$과 $5\dfrac{7}{8}$의 크기 비교

$6 \; \bigcirc \; 7 \;\rightarrow\; 5\dfrac{6}{8} \; \bigcirc \; 5\dfrac{7}{8}$

10 $3\dfrac{5}{11}$와 $3\dfrac{4}{11}$의 크기 비교

$5 \; \bigcirc \; 4 \;\rightarrow\; 3\dfrac{5}{11} \; \bigcirc \; 3\dfrac{4}{11}$

연습 · 분모가 같은 분수의 크기 비교 (1)

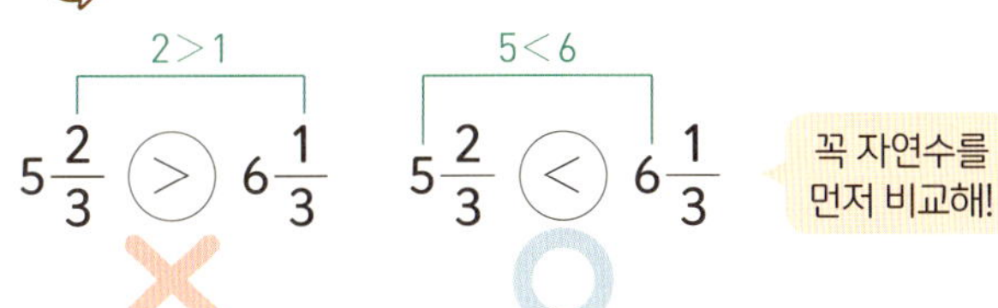

◆ 두 가분수의 크기를 비교하여 ○ 안에 >, =, < 를 알맞게 써넣으세요.

11 ① $\frac{5}{3}$ ○ $\frac{4}{3}$

  ② $\frac{5}{3}$ ○ $\frac{7}{3}$

12 ① $\frac{13}{6}$ ○ $\frac{10}{6}$

  ② $\frac{13}{6}$ ○ $\frac{8}{6}$

13 ① $\frac{11}{8}$ ○ $\frac{20}{8}$

  ② $\frac{11}{8}$ ○ $\frac{12}{8}$

14 ① $\frac{44}{10}$ ○ $\frac{47}{10}$

  ② $\frac{44}{10}$ ○ $\frac{39}{10}$

15 ① $\frac{31}{13}$ ○ $\frac{28}{13}$

  ② $\frac{31}{13}$ ○ $\frac{41}{13}$

◆ 두 대분수의 크기를 비교하여 ○ 안에 >, =, < 를 알맞게 써넣으세요.

16 ① $5\frac{2}{4}$ ○ $6\frac{1}{4}$

  ② $5\frac{2}{4}$ ○ $5\frac{3}{4}$

17 ① $2\frac{2}{5}$ ○ $3\frac{3}{5}$

  ② $2\frac{2}{5}$ ○ $2\frac{1}{5}$

18 ① $6\frac{3}{6}$ ○ $4\frac{1}{6}$

  ② $6\frac{3}{6}$ ○ $6\frac{5}{6}$

19 ① $4\frac{4}{7}$ ○ $2\frac{6}{7}$

  ② $4\frac{4}{7}$ ○ $4\frac{3}{7}$

20 ① $9\frac{5}{8}$ ○ $7\frac{7}{8}$

  ② $9\frac{5}{8}$ ○ $9\frac{4}{8}$

21 ① $8\frac{6}{9}$ ○ $10\frac{1}{9}$

  ② $8\frac{6}{9}$ ○ $8\frac{2}{9}$

◆ 빈칸에 더 큰 분수를 써넣으세요.

22 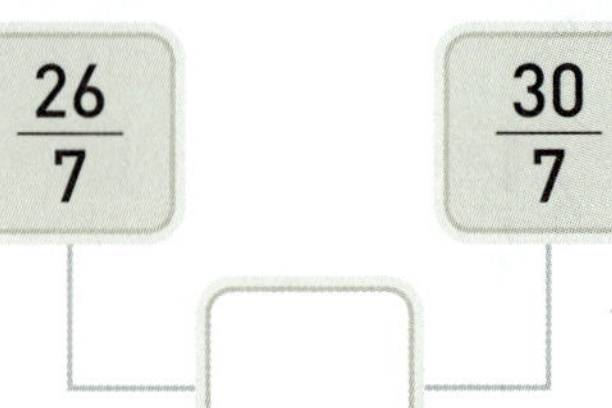

$\dfrac{26}{7}$ $\dfrac{30}{7}$

23 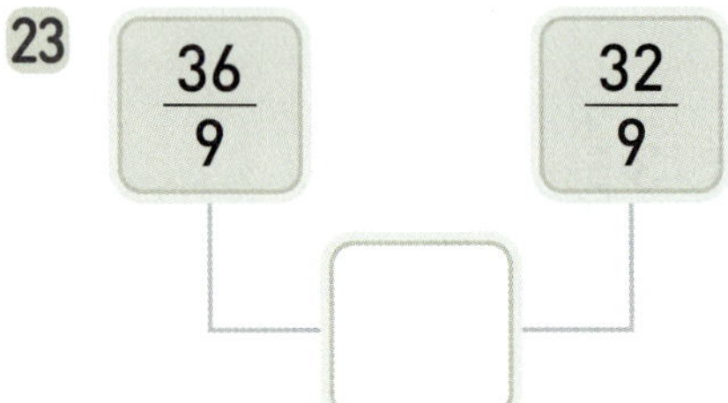

$\dfrac{36}{9}$ $\dfrac{32}{9}$

24 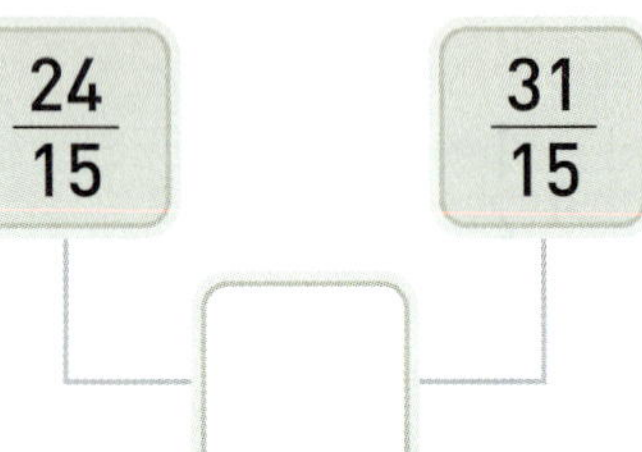

$\dfrac{24}{15}$ $\dfrac{31}{15}$

25 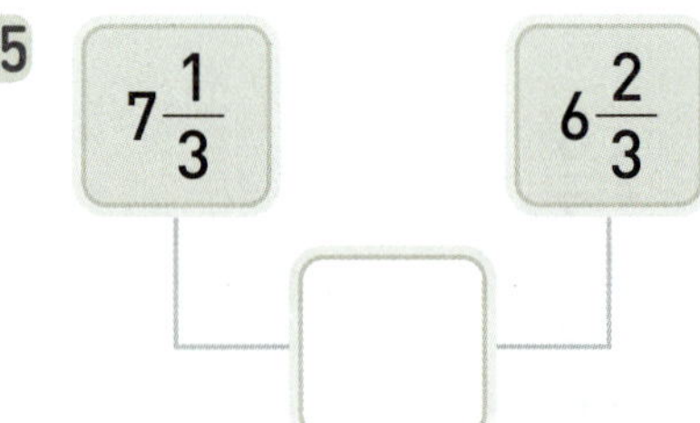

$7\dfrac{1}{3}$ $6\dfrac{2}{3}$

26 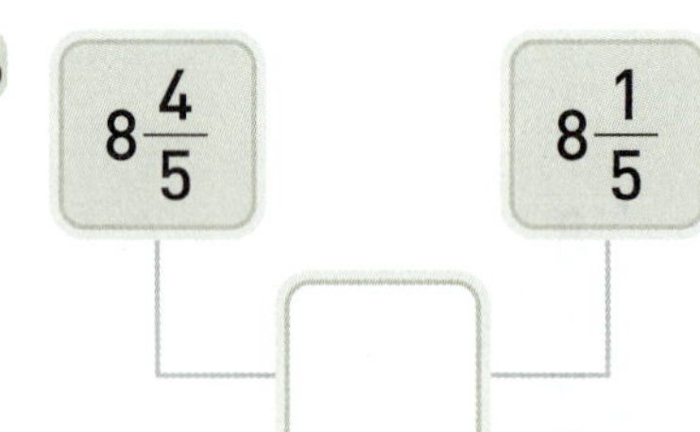

$8\dfrac{4}{5}$ $8\dfrac{1}{5}$

27 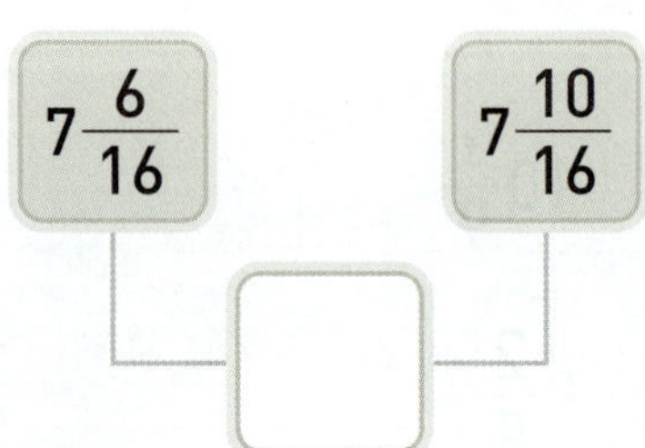

$7\dfrac{6}{16}$ $7\dfrac{10}{16}$

◆ 가장 작은 분수를 찾아 쓰세요.

28

$\dfrac{14}{3}$ $\dfrac{16}{3}$ $\dfrac{12}{3}$

(　　　　　　)

29

$\dfrac{10}{6}$ $\dfrac{9}{6}$ $\dfrac{23}{6}$

(　　　　　　)

30

$\dfrac{42}{18}$ $\dfrac{25}{18}$ $\dfrac{16}{18}$

(　　　　　　)

31

$1\dfrac{2}{10}$ $7\dfrac{1}{10}$ $3\dfrac{2}{10}$

(　　　　　　)

32

$3\dfrac{5}{11}$ $3\dfrac{9}{11}$ $3\dfrac{3}{11}$

(　　　　　　)

33

$5\dfrac{4}{14}$ $4\dfrac{7}{14}$ $4\dfrac{6}{14}$

(　　　　　　)

★ 완성 분모가 같은 분수의 크기 비교 (1)

◆ 두 분수의 크기를 비교하여 더 큰 수를 위의 ☆ 안에 써넣으세요.

34

36

35

37

4단원 / 30회

＋ 문해력

38 노란색 실은 $7\dfrac{1}{3}$ m, 초록색 실은 $6\dfrac{2}{3}$ m 있습니다. 노란색 실과 초록색 실 중에서 길이가

더 긴 실은 무엇일까요?

 $7\dfrac{1}{3}$ m    $6\dfrac{2}{3}$ m

풀이 노란색 실의 길이: ☐ ◯ 초록색 실의 길이: ☐

답 노란색 실과 초록색 실 중에서 길이가 더 긴 실은 ☐ 색 실입니다.

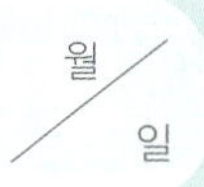

≫ 가분수와 대분수를 비교하는 경우

가분수를 대분수로 나타내고 두 분수의 크기를 비교합니다.

가분수 → 대분수

$$\frac{15}{7}, \ 2\frac{4}{7} \rightarrow 2\frac{1}{7} \bigcirc\!\!\!< 2\frac{4}{7}$$

$$\rightarrow \frac{15}{7} \bigcirc\!\!\!< 2\frac{4}{7}$$

대분수를 가분수로 나타내고 두 분수의 크기를 비교합니다.

대분수 → 가분수

$$\frac{15}{7}, \ 2\frac{4}{7} \rightarrow \frac{15}{7} \bigcirc\!\!\!< \frac{18}{7}$$

$$\rightarrow \frac{15}{7} \bigcirc\!\!\!< 2\frac{4}{7}$$

◆ 가분수를 대분수로 나타내고, ○ 안에 >, =, <를 알맞게 써넣으세요.

1 $\frac{7}{5}$ 과 $1\frac{4}{5}$ 의 크기 비교

$$\frac{7}{5} = \boxed{1\frac{2}{5}} \rightarrow \boxed{1\frac{2}{5}} \bigcirc 1\frac{4}{5}$$

$$\rightarrow \frac{7}{5} \bigcirc 1\frac{4}{5}$$

2 $\frac{13}{6}$ 과 $1\frac{1}{6}$ 의 크기 비교

$$\frac{13}{6} = \boxed{} \rightarrow \boxed{} \bigcirc 1\frac{1}{6}$$

$$\rightarrow \frac{13}{6} \bigcirc 1\frac{1}{6}$$

3 $5\frac{5}{8}$ 와 $\frac{43}{8}$ 의 크기 비교

$$\frac{43}{8} = \boxed{} \rightarrow 5\frac{5}{8} \bigcirc \boxed{}$$

$$\rightarrow 5\frac{5}{8} \bigcirc \frac{43}{8}$$

◆ 대분수를 가분수로 나타내고, ○ 안에 >, =, <를 알맞게 써넣으세요.

4 $3\frac{3}{4}$ 과 $\frac{11}{4}$ 의 크기 비교

$$3\frac{3}{4} = \boxed{\frac{15}{4}} \rightarrow \boxed{\frac{15}{4}} \bigcirc \frac{11}{4}$$

$$\rightarrow 3\frac{3}{4} \bigcirc \frac{11}{4}$$

5 $4\frac{1}{9}$ 과 $\frac{31}{9}$ 의 크기 비교

$$4\frac{1}{9} = \boxed{} \rightarrow \boxed{} \bigcirc \frac{31}{9}$$

$$\rightarrow 4\frac{1}{9} \bigcirc \frac{31}{9}$$

6 $\frac{90}{11}$ 과 $8\frac{2}{11}$ 의 크기 비교

$$8\frac{2}{11} = \boxed{} \rightarrow \frac{90}{11} \bigcirc \boxed{}$$

$$\rightarrow \frac{90}{11} \bigcirc 8\frac{2}{11}$$

 연습 분모가 같은 분수의 크기 비교 (2)

실수 콕! 7~17번 문제

$$2<4$$
$$1\frac{2}{3} \bigcirc \frac{4}{3}$$

대분수와 가분수의 분자를 비교하면 안 돼!

$$1\frac{2}{3}\left(=\frac{5}{3}\right) > \frac{4}{3}$$
$$1\frac{2}{3} > \frac{4}{3}\left(=1\frac{1}{3}\right)$$

◆ 두 분수의 크기를 비교하여 ○ 안에 >, =, <를 알맞게 써넣으세요.

7 ① $\dfrac{13}{5} \bigcirc 2\dfrac{1}{5}$

② $\dfrac{13}{5} \bigcirc 3\dfrac{2}{5}$

8 ① $\dfrac{19}{6} \bigcirc 4\dfrac{3}{6}$

② $\dfrac{19}{6} \bigcirc 2\dfrac{5}{6}$

9 ① $\dfrac{25}{7} \bigcirc 4\dfrac{1}{7}$

② $\dfrac{25}{7} \bigcirc 3\dfrac{2}{7}$

10 ① $\dfrac{40}{9} \bigcirc 4\dfrac{4}{9}$

② $\dfrac{40}{9} \bigcirc 5\dfrac{7}{9}$

11 ① $\dfrac{54}{10} \bigcirc 6\dfrac{3}{10}$

② $\dfrac{54}{10} \bigcirc 5\dfrac{2}{10}$

◆ 두 분수의 크기를 비교하여 ○ 안에 >, =, <를 알맞게 써넣으세요.

12 ① $3\dfrac{2}{3} \bigcirc \dfrac{13}{3}$

② $3\dfrac{2}{3} \bigcirc \dfrac{10}{3}$

13 ① $5\dfrac{2}{4} \bigcirc \dfrac{23}{4}$

② $5\dfrac{2}{4} \bigcirc \dfrac{19}{4}$

14 ① $4\dfrac{5}{6} \bigcirc \dfrac{23}{6}$

② $4\dfrac{5}{6} \bigcirc \dfrac{29}{6}$

15 ① $7\dfrac{5}{8} \bigcirc \dfrac{57}{8}$

② $7\dfrac{5}{8} \bigcirc \dfrac{67}{8}$

16 ① $5\dfrac{5}{12} \bigcirc \dfrac{59}{12}$

② $5\dfrac{5}{12} \bigcirc \dfrac{50}{12}$

17 ① $2\dfrac{5}{15} \bigcirc \dfrac{36}{15}$

② $2\dfrac{5}{15} \bigcirc \dfrac{34}{15}$

4 단원
31회

◆ 빈 곳에 더 작은 분수를 써넣으세요.

18 $\dfrac{17}{4}$ $4\dfrac{3}{4}$

19 $\dfrac{30}{7}$ $4\dfrac{1}{7}$

20 $\dfrac{24}{11}$ $2\dfrac{3}{11}$

21 $3\dfrac{4}{5}$ $\dfrac{18}{5}$

22 $3\dfrac{1}{13}$ $\dfrac{50}{13}$

23 $1\dfrac{5}{18}$ $\dfrac{22}{18}$

24 $2\dfrac{9}{25}$ $\dfrac{60}{25}$

◆ 분수의 크기를 바르게 비교한 것에 ○표 하세요.

25 $7\dfrac{1}{3} < \dfrac{25}{3}$ (   )

$7\dfrac{1}{3} > \dfrac{23}{3}$ (   )

26 $8\dfrac{2}{4} < \dfrac{33}{4}$ (   )

$8\dfrac{2}{4} > \dfrac{30}{4}$ (   )

27 $3\dfrac{7}{10} < \dfrac{36}{10}$ (   )

$3\dfrac{7}{10} < \dfrac{38}{10}$ (   )

28 $\dfrac{17}{12} < 2\dfrac{10}{12}$ (   )

$\dfrac{17}{12} > 1\dfrac{7}{12}$ (   )

29 $\dfrac{35}{16} < 2\dfrac{4}{16}$ (   )

$\dfrac{35}{16} < 2\dfrac{2}{16}$ (   )

30 $\dfrac{25}{20} < 1\dfrac{3}{20}$ (   )

$\dfrac{25}{20} > 1\dfrac{2}{20}$ (   )

★ 완성　분모가 같은 분수의 크기 비교 (2)

◆ 갈림길의 두 수 중 더 큰 수에 ◯표 하고, 더 큰 수가 있는 길을 따라가 알맞은 곳에 도착해 보세요.

31

$2\dfrac{2}{9}$　$\dfrac{23}{9}$　$\dfrac{32}{7}$　$4\dfrac{5}{7}$　$\dfrac{88}{13}$　$5\dfrac{3}{11}$　$6\dfrac{9}{13}$　$\dfrac{56}{11}$

+문해력

32 사슴벌레의 길이는 $\boxed{\dfrac{48}{7}}$ cm, 메뚜기의 길이는 $\boxed{6\dfrac{1}{7}}$ cm 입니다.

길이가 더 짧은 곤충의 이름을 쓰세요.

사슴벌레　　메뚜기

풀이 사슴벌레의 길이를 대분수로 나타내면 $\dfrac{48}{7} = \boxed{}$ 입니다.

사슴벌레의 길이: $\boxed{}$　◯　메뚜기의 길이: $\boxed{}$

답 길이가 더 짧은 곤충은 $\boxed{}$ 입니다.

◆ 색칠한 부분은 전체의 얼마인지 분수로 나타내세요.

1 

2 

3 

4 

5 

6 

◆ 그림을 보고 ☐ 안에 알맞은 수를 써넣으세요.

7 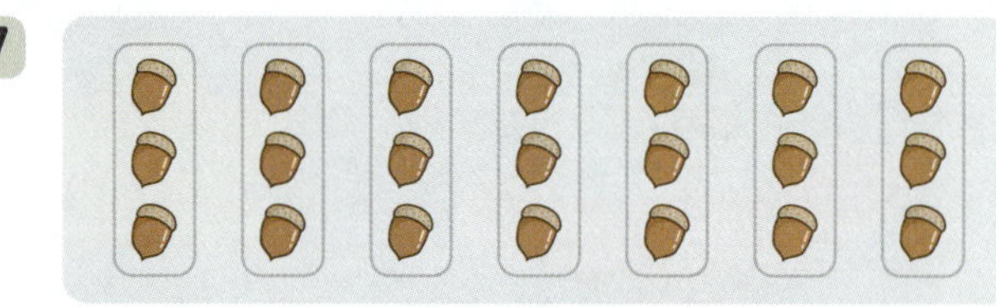

① 21의 $\dfrac{1}{7}$은 ☐ 입니다.

② 21의 $\dfrac{5}{7}$는 ☐ 입니다.

8 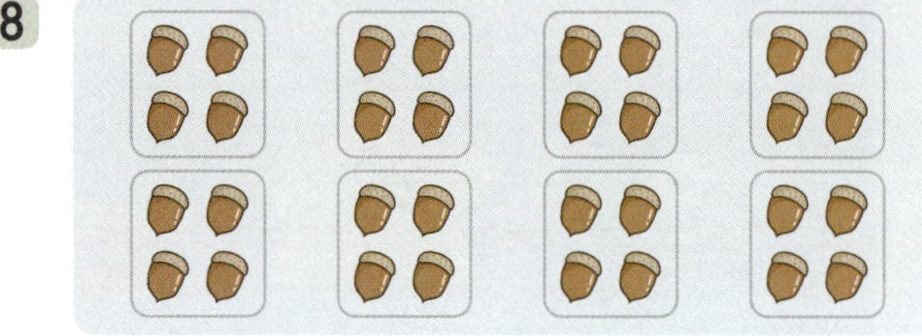

① 32의 $\dfrac{1}{8}$은 ☐ 입니다.

② 32의 $\dfrac{3}{8}$은 ☐ 입니다.

9 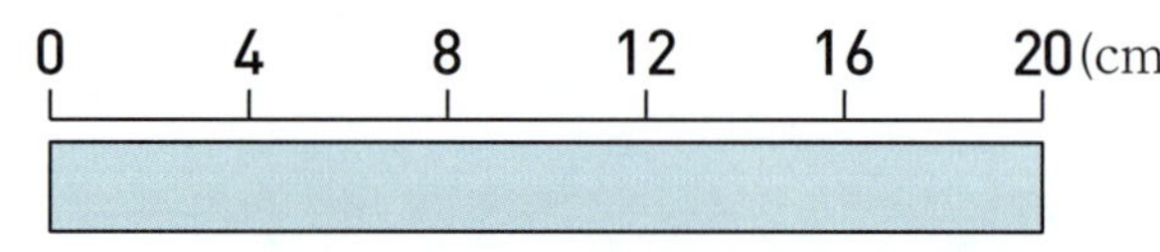

20 cm의 $\dfrac{2}{5}$는 ☐ cm입니다.

10 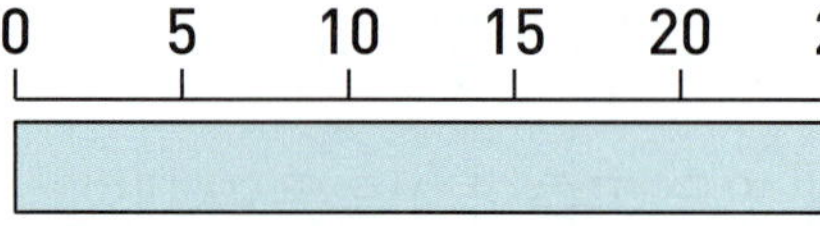

30 cm의 $\dfrac{5}{6}$는 ☐ cm입니다.

11

48 cm의 $\dfrac{6}{8}$은 ☐ cm입니다.

◆ 대분수를 가분수로, 가분수를 대분수로 나타내세요.

12 $1\dfrac{2}{3}$ → (　　　　　　　　　)

13 $9\dfrac{4}{9}$ → (　　　　　　　　　)

14 $7\dfrac{3}{10}$ → (　　　　　　　　　)

15 $2\dfrac{4}{18}$ → (　　　　　　　　　)

16 $\dfrac{36}{7}$ → (　　　　　　　　　)

17 $\dfrac{29}{8}$ → (　　　　　　　　　)

18 $\dfrac{62}{9}$ → (　　　　　　　　　)

19 $\dfrac{45}{19}$ → (　　　　　　　　　)

◆ 두 분수의 크기를 비교하여 ○ 안에 >, =, <를 알맞게 써넣으세요.

20 ① $\dfrac{10}{4}$ ○ $\dfrac{7}{4}$

② $\dfrac{10}{4}$ ○ $\dfrac{13}{4}$

21 ① $\dfrac{11}{6}$ ○ $\dfrac{14}{6}$

② $\dfrac{11}{6}$ ○ $\dfrac{9}{6}$

22 ① $2\dfrac{3}{5}$ ○ $1\dfrac{1}{5}$

② $2\dfrac{3}{5}$ ○ $2\dfrac{4}{5}$

23 ① $5\dfrac{4}{9}$ ○ $4\dfrac{8}{9}$

② $5\dfrac{4}{9}$ ○ $5\dfrac{5}{9}$

24 ① $\dfrac{8}{3}$ ○ $3\dfrac{1}{3}$

② $\dfrac{8}{3}$ ○ $2\dfrac{2}{3}$

25 ① $6\dfrac{3}{7}$ ○ $\dfrac{41}{7}$

② $6\dfrac{3}{7}$ ○ $\dfrac{47}{7}$

◆ 그림을 보고 ☐ 안에 알맞은 수를 써넣으세요.

1

16을 2씩 묶으면 ☐ 묶음입니다.

→ 10은 16의 ☐/☐ 입니다.

2

16을 4씩 묶으면 ☐ 묶음입니다.

→ 8은 16의 ☐/☐ 입니다.

3

18을 2씩 묶으면 ☐ 묶음입니다.

→ 14는 18의 ☐/☐ 입니다.

4

18을 3씩 묶으면 ☐ 묶음입니다.

→ 12는 18의 ☐/☐ 입니다.

◆ 그림을 보고 ☐ 안에 알맞은 수를 써넣으세요.

5

① 12의 $\frac{1}{4}$ 은 ☐ 입니다.

② 12의 $\frac{2}{4}$ 는 ☐ 입니다.

③ 12의 $\frac{3}{4}$ 은 ☐ 입니다.

6

① 22의 $\frac{1}{11}$ 은 ☐ 입니다.

② 22의 $\frac{3}{11}$ 은 ☐ 입니다.

③ 22의 $\frac{8}{11}$ 은 ☐ 입니다.

7

0 ─────────── 63 (cm)

① 63 cm의 $\frac{1}{7}$ 은 ☐ cm입니다.

② 63 cm의 $\frac{2}{7}$ 는 ☐ cm입니다.

③ 63 cm의 $\frac{6}{7}$ 은 ☐ cm입니다.

8

0 ─────────── 96 (cm)

① 96 cm의 $\frac{1}{8}$ 은 ☐ cm입니다.

② 96 cm의 $\frac{4}{8}$ 는 ☐ cm입니다.

③ 96 cm의 $\frac{7}{8}$ 은 ☐ cm입니다.

◆ 알맞은 것에 ◯표 하세요.

9

$5\frac{3}{4}=\frac{23}{4}$	$5\frac{3}{4}=\frac{19}{4}$

10

$4\frac{2}{8}=\frac{36}{8}$	$4\frac{2}{8}=\frac{34}{8}$

11

$3\frac{9}{10}=\frac{39}{10}$	$3\frac{9}{10}=\frac{37}{10}$

12

$2\frac{4}{19}=\frac{42}{19}$	$2\frac{4}{19}=\frac{40}{19}$

13

$\frac{13}{5}=3\frac{2}{5}$	$\frac{13}{5}=2\frac{3}{5}$

14

$\frac{43}{13}=3\frac{4}{13}$	$\frac{43}{13}=3\frac{3}{13}$

15

$\frac{50}{21}=1\frac{9}{21}$	$\frac{50}{21}=2\frac{8}{21}$

◆ 빈 곳에 더 큰 분수를 써넣으세요.

16 $\dfrac{34}{5}$ $\dfrac{31}{5}$ ◻

17 $5\dfrac{2}{7}$ $6\dfrac{5}{7}$ ◻

18 $3\dfrac{3}{12}$ $3\dfrac{7}{12}$ ◻

19 $\dfrac{15}{4}$ $4\dfrac{1}{4}$ ◻

20 $\dfrac{30}{8}$ $3\dfrac{5}{8}$ ◻

21 $8\dfrac{1}{6}$ $\dfrac{50}{6}$ ◻

22 $2\dfrac{8}{9}$ $\dfrac{25}{9}$ ◻

5 들이와 무게

35회
들이의 덧셈과 뺄셈
학습을 끝낸 후
색칠하세요.
34회
들이 단위
이전에 배운 내용
[2-2] 길이 재기
1 m 알아보기
길이의 덧셈과 뺄셈
[3-1] 길이와 시간
1 mm, 1 km 알아보기

다음에 배울 내용

[5-2] 수의 범위와 어림하기
이상과 이하 알아보기
초과와 미만 알아보기
올림, 버림, 반올림 알아보기

39회
평가 B

38회
평가 A

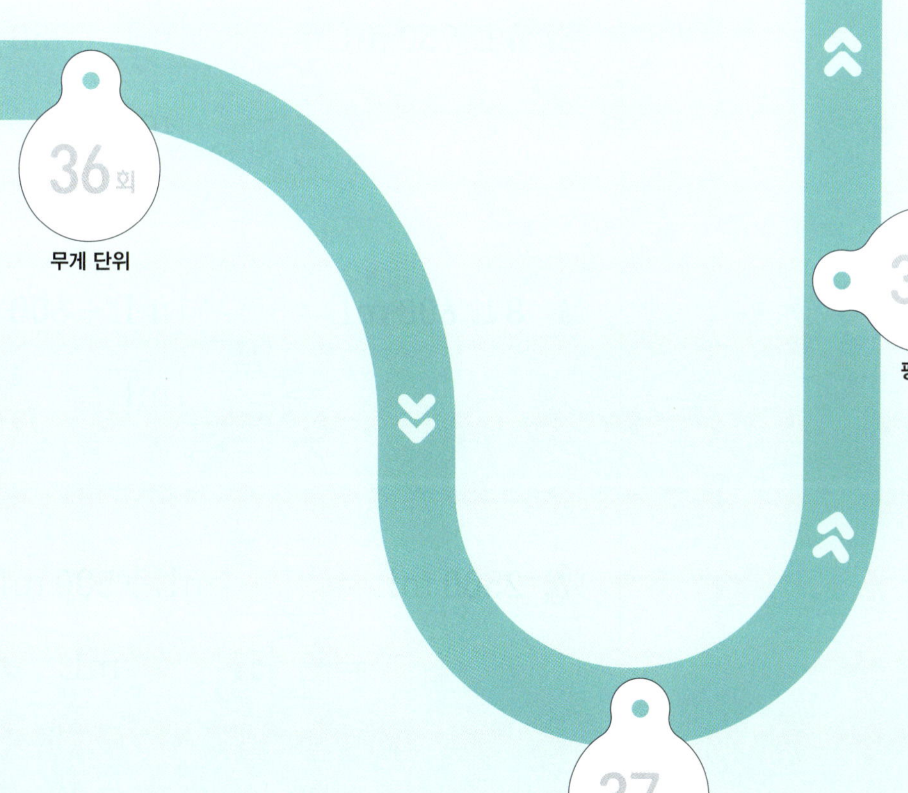

36회
무게 단위

37회
무게의 덧셈과 뺄셈

들이의 단위를 알아봅니다.

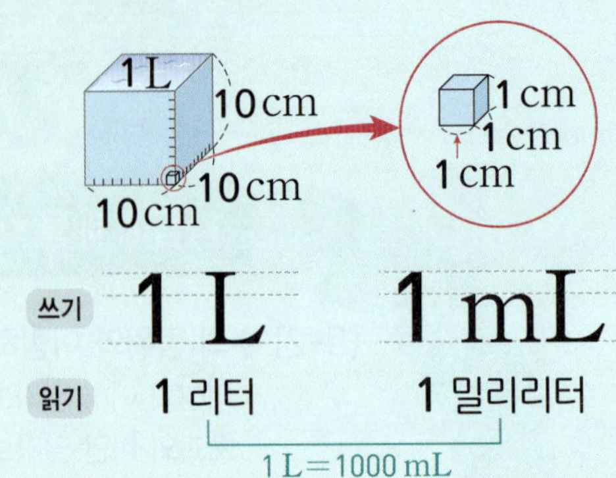

L와 mL의 관계를 이용하여 단위를 바꾸어 나타낼 수 있습니다.

1 L = 1000 mL	1000 mL = 1 L
5 L 700 mL = 5 L + 700 mL = 5000 mL + 700 mL = 5700 mL	2800 mL = 2000 mL + 800 mL = 2 L + 800 mL = 2 L 800 mL

◆ 물건의 들이를 쓰고, 읽어 보세요.

1

쓰기 ___________

읽기 (   )

2

쓰기 ___________

읽기 (   )

3

쓰기 ___________

읽기 (   )

◆ ☐ 안에 알맞은 수를 써넣으세요.

4 1 L 300 mL = ☐ mL + 300 mL

= ☐ mL

5 4 L 950 mL = ☐ mL + 950 mL

= ☐ mL

6 8 L 600 mL = ☐ mL + 600 mL

= ☐ mL

7 2500 mL = ☐ mL + 500 mL

= ☐ L ☐ mL

8 5150 mL = ☐ mL + 150 mL

= ☐ L ☐ mL

연습 들이 단위

◆ 그릇에 담은 물의 들이를 나타내세요.

9 1 L보다 500 mL 더 많은 들이

☐ L ☐ mL

10 2 L보다 300 mL 더 많은 들이

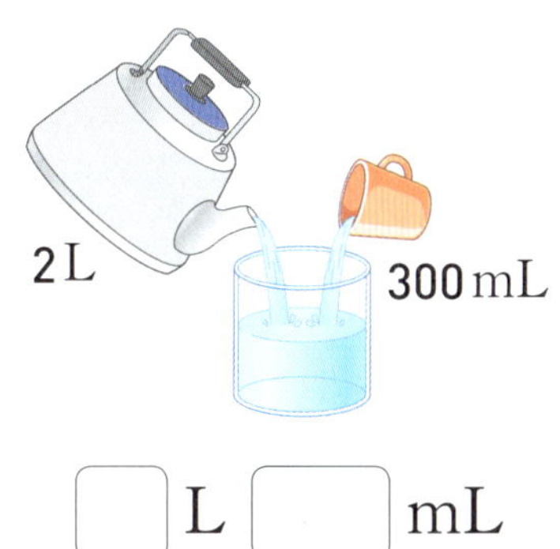

☐ L ☐ mL

11 5 L보다 100 mL 더 많은 들이

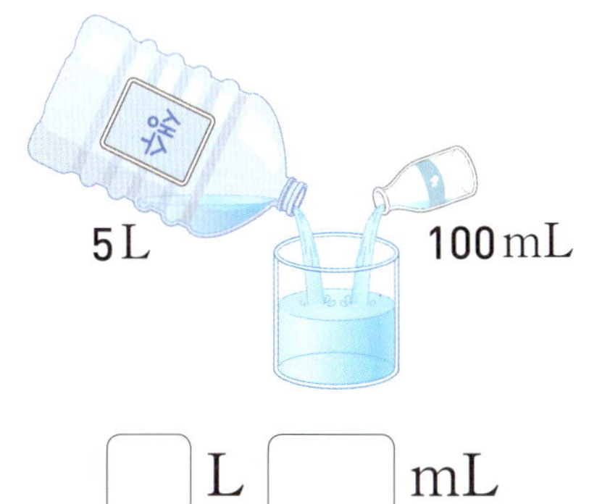

☐ L ☐ mL

◆ ☐ 안에 알맞은 수를 써넣으세요.

12 ① 1 L 400 mL = ☐ mL

② 2 L 600 mL = ☐ mL

13 ① 3 L 700 mL = ☐ mL

② 9 L 500 mL = ☐ mL

14 ① 6 L 80 mL = ☐ mL

② 8 L 30 mL = ☐ mL

15 ① 5500 mL = ☐ L ☐ mL

② 9900 mL = ☐ L ☐ mL

16 ① 6120 mL = ☐ L ☐ mL

② 9330 mL = ☐ L ☐ mL

17 ① 7080 mL = ☐ L ☐ mL

② 8060 mL = ☐ L ☐ mL

18 ① 4008 mL = ☐ L ☐ mL

② 9007 mL = ☐ L ☐ mL

◆ mL와 L 중 알맞은 단위를 □ 안에 써넣으세요.

19

요구르트 병의 들이는

약 65 □ 입니다.

20

항아리의 들이는

약 5 □ 입니다.

21

세제 통의 들이는

약 1500 □ 입니다.

22

음료수 캔의 들이는

약 300 □ 입니다.

23

주전자의 들이는

약 2 □ 입니다.

24

아이스박스의 들이는

약 50 □ 입니다.

◆ 들이가 더 많은 것에 ○표 하세요.

25

1 L 270 mL	1 L 720 mL

26

2 L 100 mL	1 L 900 mL

27

6 L 99 mL	6100 mL

28

8 L 340 mL	7930 mL

29

2 L 40 mL	2700 mL

30

5670 mL	6 L 500 mL

31

7600 mL	7 L 550 mL

32

9009 mL	9 L 90 mL

★ 완성 들이 단위

◆ 들이를 바르게 나타낸 것을 찾아 이어 보세요.

33

34

＋문해력

35 어항에 물이 **7250** mL 들어 있습니다. 어항에 들어 있는 물의 양은 몇 L 몇 mL 일까요?

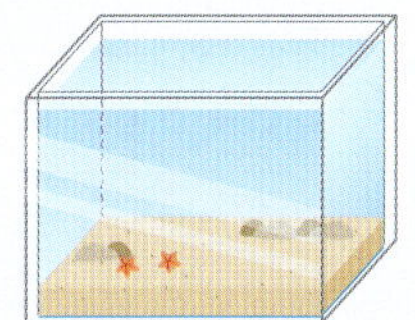

풀이 7250 mL $= \boxed{}$ mL $+ 250$ mL

$\qquad = \boxed{}$ L $\boxed{}$ mL

답 어항에 들어 있는 물의 양은 $\boxed{}$ L $\boxed{}$ mL입니다.

들이의 덧셈과 뺄셈

mL 단위끼리의 합이 1000이거나 1000보다 크면 1000 mL를 1 L로 바꾸어 계산합니다.

```
    1
    3 L  700 mL
  + 2 L  600 mL
    6 L  300 mL
    ②    ①
```
① 700+600=1300 (mL)
② 1+3+2=6 (L)

mL 단위끼리 뺄 수 없으면 1 L를 1000 mL로 바꾸어 계산합니다.

```
    5   1000
    6 L  100 mL
  − 3 L  800 mL
    2 L  300 mL
    ②    ①
```
① 1000+100−800=300 (mL)
② 6−1−3=2 (L)

◆ 들이의 덧셈을 해 보세요.

1
```
    1 L  400 mL
  + 4 L  300 mL
      L      mL
```

2
```
    2 L  100 mL
  + 5 L  500 mL
      L      mL
```

3 ☐
```
    3 L  600 mL
  + 2 L  900 mL
      L      mL
```

4 ☐
```
    4 L  500 mL
  + 4 L  700 mL
      L      mL
```

5 ☐
```
    6 L  800 mL
  + 1 L  800 mL
      L      mL
```

◆ 들이의 뺄셈을 해 보세요.

6
```
    5 L  800 mL
  − 1 L  200 mL
      L      mL
```

7
```
    6 L  700 mL
  − 3 L  300 mL
      L      mL
```

8 ☐ ☐
```
    7 L  200 mL
  − 4 L  600 mL
      L      mL
```

9 ☐ ☐
```
    8 L  300 mL
  − 2 L  900 mL
      L      mL
```

10 ☐ ☐
```
    9 L  700 mL
  − 4 L  800 mL
      L      mL
```

연습 들이의 덧셈과 뺄셈

실수 콕! 15번, 22번 문제

$$
\begin{array}{r}
1\ \text{L}\ 440\ \text{mL} \\
+\ 3\ \text{L}\ 640\ \text{mL} \\
\hline
5\ \text{L}\ \ 80\ \text{mL}
\end{array}
\qquad
\begin{array}{r}
2\ \text{L}\ 560\ \text{mL} \\
-\ 1\ \text{L}\ 520\ \text{mL} \\
\hline
1\ \text{L}\ \ 40\ \text{mL}
\end{array}
$$

mL 단위의 계산 결과에서 백의 자리 수가 0이면 0을 쓰지 않아.

◆ 들이의 계산을 해 보세요.

11 ① $2\,\text{L}\ 600\,\text{mL} + 1\,\text{L}\ 100\,\text{mL}$ ② $2\,\text{L}\ 600\,\text{mL} - 1\,\text{L}\ 100\,\text{mL}$

12 ① $3\,\text{L}\ 500\,\text{mL} + 2\,\text{L}\ 200\,\text{mL}$ ② $3\,\text{L}\ 500\,\text{mL} - 2\,\text{L}\ 200\,\text{mL}$

13 ① $4\,\text{L}\ 400\,\text{mL} + 3\,\text{L}\ 900\,\text{mL}$ ② $4\,\text{L}\ 400\,\text{mL} - 3\,\text{L}\ 900\,\text{mL}$

14 ① $7\,\text{L} + 2\,\text{L}\ 400\,\text{mL}$ ② $7\,\text{L} - 2\,\text{L}\ 400\,\text{mL}$

실수 콕!

15 ① $6\,\text{L}\ 750\,\text{mL} + 1\,\text{L}\ 300\,\text{mL}$ ② $6\,\text{L}\ 750\,\text{mL} - 1\,\text{L}\ 300\,\text{mL}$

16 ① $8\,\text{L}\ 270\,\text{mL} + 1\,\text{L}\ 360\,\text{mL}$ ② $8\,\text{L}\ 270\,\text{mL} - 1\,\text{L}\ 360\,\text{mL}$

◆ 들이의 계산을 해 보세요.

17 ① $1\,\text{L}\ 800\,\text{mL} + 1\,\text{L}\ 100\,\text{mL}$

② $1\,\text{L}\ 800\,\text{mL} - 1\,\text{L}\ 100\,\text{mL}$

18 ① $4\,\text{L}\ 300\,\text{mL} + 2\,\text{L}$

② $4\,\text{L}\ 300\,\text{mL} - 2\,\text{L}$

19 ① $5\,\text{L}\ 200\,\text{mL} + 3\,\text{L}\ 900\,\text{mL}$

② $5\,\text{L}\ 200\,\text{mL} - 3\,\text{L}\ 900\,\text{mL}$

20 ① $8\,\text{L}\ 100\,\text{mL} + 800\,\text{mL}$

② $8\,\text{L}\ 100\,\text{mL} - 800\,\text{mL}$

21 ① $3\,\text{L}\ 350\,\text{mL} + 1\,\text{L}\ 750\,\text{mL}$

② $3\,\text{L}\ 350\,\text{mL} - 1\,\text{L}\ 750\,\text{mL}$

실수 콕!

22 ① $5\,\text{L}\ 650\,\text{mL} + 3\,\text{L}\ 560\,\text{mL}$

② $5\,\text{L}\ 650\,\text{mL} - 3\,\text{L}\ 560\,\text{mL}$

23 ① $7\,\text{L}\ 340\,\text{mL} + 2\,\text{L}\ 160\,\text{mL}$

② $7\,\text{L}\ 340\,\text{mL} - 2\,\text{L}\ 160\,\text{mL}$

◆ 관계있는 것끼리 이어 보세요.

◆ 빈칸에 몇 L 몇 mL인지 써넣으세요.

24

$$3\,L\ 500\,mL$$
$$+\ 5\,L\ 600\,mL$$

$$4\,L\ 300\,mL$$
$$+\ 4\,L\ 700\,mL$$

· 8 L
· 8 L 100 mL
· 9 L
· 9 L 100 mL

25

$$5\,L\ 240\,mL$$
$$+\ 2\,L\ 660\,mL$$

$$5\,L\ 760\,mL$$
$$+\ 2\,L\ 740\,mL$$

· 6 L 900 mL
· 7 L 900 mL
· 8 L 400 mL
· 8 L 500 mL

26

$$3\,L\ 300\,mL$$
$$-\ 2\,L\ 800\,mL$$

$$4\,L\ 400\,mL$$
$$-\ 1\,L\ 900\,mL$$

· 500 mL
· 1 L 500 mL
· 2 L 500 mL
· 3 L 500 mL

27

$$8\,L$$
$$-\ 3\,L\ 800\,mL$$

$$9\,L\ 360\,mL$$
$$-\ 4\,L\ 560\,mL$$

· 4 L 200 mL
· 4 L 800 mL
· 5 L 200 mL
· 5 L 800 mL

28
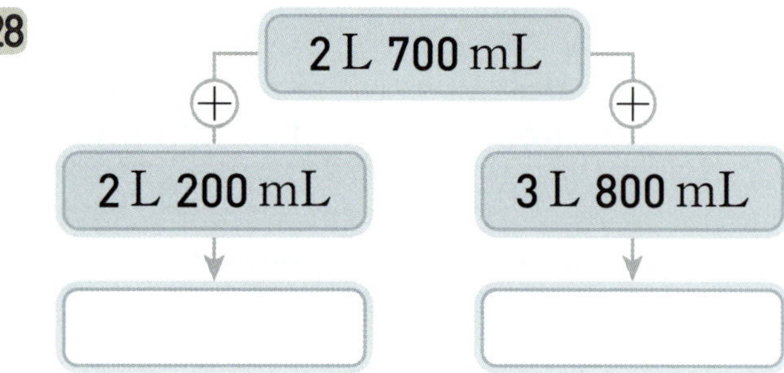

29
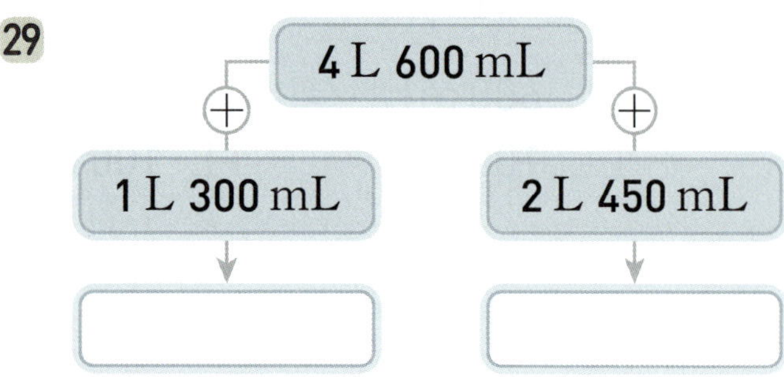

30
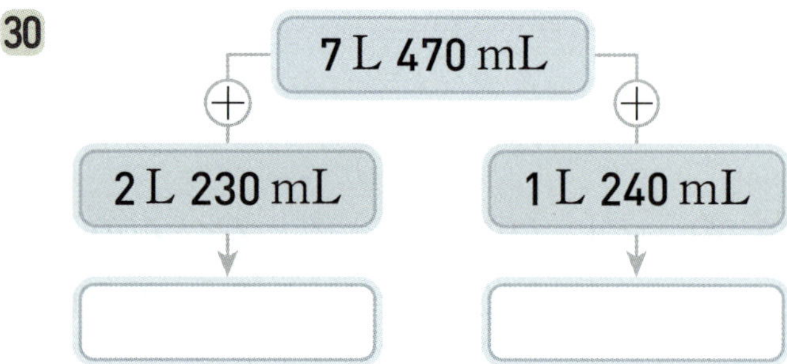

31
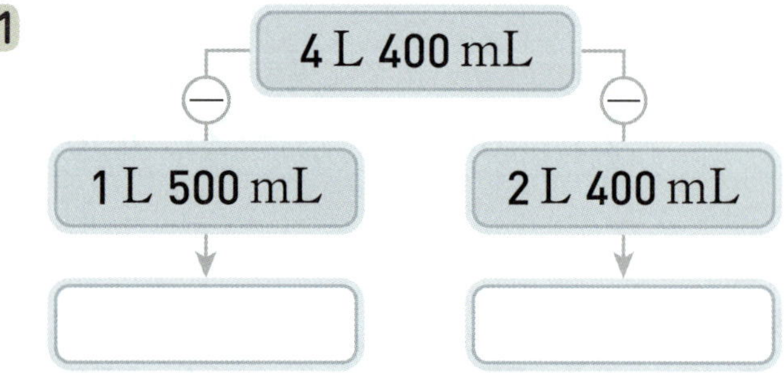

32
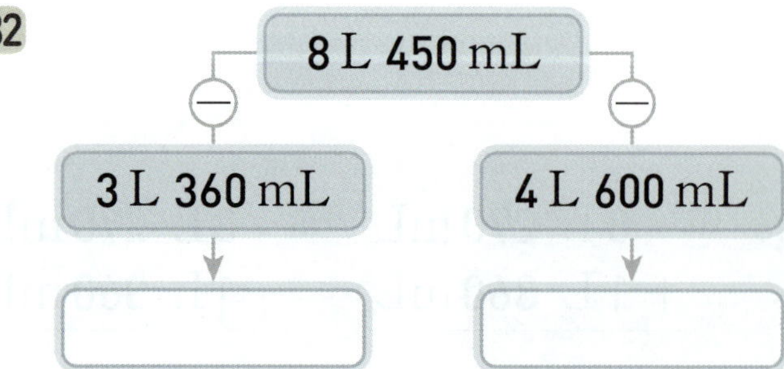

★ 완성 들이의 덧셈과 뺄셈

◆ 캠핑장을 찾아 가려고 합니다. 계산을 하고, 알맞은 계산 결과를 따라가며 선으로 이어 보세요.

33

출발

$$2\,L\ 500\,mL + 1\,L\ 400\,mL = \boxed{}$$

3 L 900 mL

4 L 900 mL

1 L 800 mL

2 L 800 mL

$$4\,L\ 600\,mL - 2\,L\ 800\,mL = \boxed{}$$

$$3\,L\ 700\,mL + 3\,L\ 900\,mL = \boxed{}$$

6 L 600 mL

7 L 600 mL

2 L 150 mL

3 L 150 mL

$$8\,L\ 700\,mL - 5\,L\ 550\,mL = \boxed{}$$

도착

5 단원 / 35회

➕ 문해력

34 예서는 우유 2 L 500 mL 중에서 700 mL 를 마셨습니다. 남은 우유는 몇 L 몇 mL일까요?

풀이 (처음에 있던 우유의 양) − (예서가 마신 우유의 양)

$$= \boxed{}\,L\ \boxed{}\,mL - \boxed{}\,mL = \boxed{}\,L\ \boxed{}\,mL$$

답 남은 우유는 $\boxed{}$ L $\boxed{}$ mL입니다.

무게의 단위를 알아봅니다.

쓰기	**1 t**	**1 kg**	**1 g**
읽기	1 톤	1 킬로그램	1 그램

1 t = 1000 kg   1 kg = 1000 g

kg, g, t의 관계를 이용하여 단위를 바꾸어 나타낼 수 있습니다.

1 kg = 1000 g	1000 kg = 1 t
2 kg 400 g	5300 kg
= 2 kg + 400 g	= 5000 kg + 300 kg
= 2000 g + 400 g	= 5 t + 300 kg
= 2400 g	= 5 t 300 kg

◆ 물건의 무게를 쓰고, 읽어 보세요.

1 연필의 무게: 30 g

쓰기 ____________________

읽기 ( )

2 밀가루의 무게: 700 g

쓰기 ____________________

읽기 ( )

3 선풍기의 무게: 3 kg 200 g

쓰기 ____________________

읽기 ( )

◆ ☐ 안에 알맞은 수를 써넣으세요.

4 4 kg 100 g = ☐ g + 100 g
= ☐ g

5 6 kg 400 g = ☐ g + 400 g
= ☐ g

6 9 t 850 kg = ☐ kg + 850 kg
= ☐ kg

7 2700 g = ☐ g + 700 g
= ☐ kg ☐ g

8 8650 kg = ☐ kg + 650 kg
= ☐ t ☐ kg

연습　무게 단위

◆ 저울의 눈금에 맞게 물건의 무게를 나타내세요.

9 　1 kg보다 300 g 더 무거운 무게

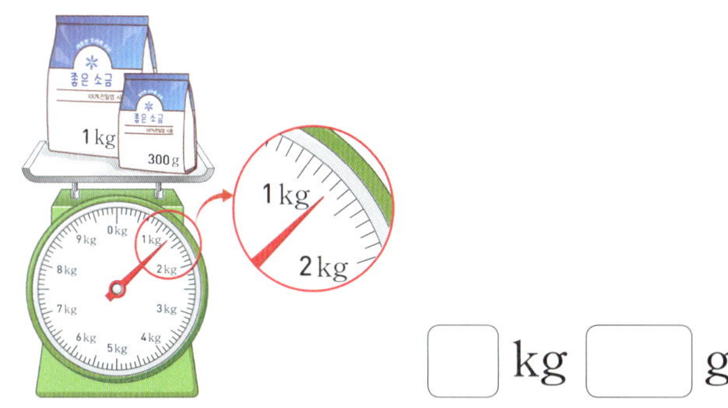

　　　☐ kg ☐ g

10　2 kg보다 500 g 더 무거운 무게

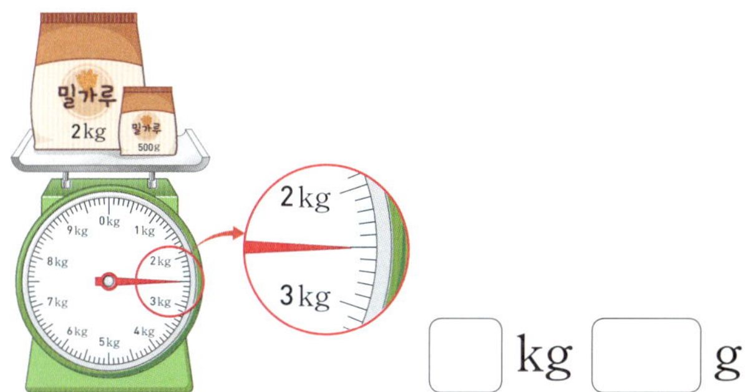

　　　☐ kg ☐ g

11　4 kg보다 600 g 더 무거운 무게

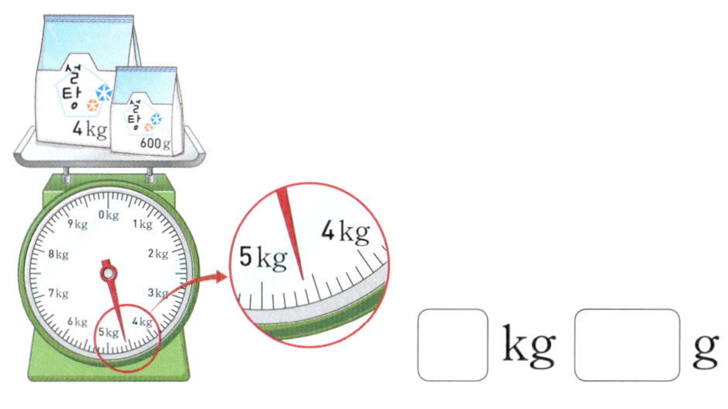

　　　☐ kg ☐ g

◆ ☐ 안에 알맞은 수를 써넣으세요.

12　① 1 kg 400 g ＝ ☐ g

　　② 2 kg 900 g ＝ ☐ g

13　① 3 kg 820 g ＝ ☐ g

　　② 6 kg 530 g ＝ ☐ g

14　① 4 t 700 kg ＝ ☐ kg

　　② 5 t 100 kg ＝ ☐ kg

15　① 2600 g ＝ ☐ kg ☐ g

　　② 3200 g ＝ ☐ kg ☐ g

16　① 4980 g ＝ ☐ kg ☐ g

　　② 7260 g ＝ ☐ kg ☐ g

17　① 7600 kg ＝ ☐ t ☐ kg

　　② 8700 kg ＝ ☐ t ☐ kg

18　① 8010 kg ＝ ☐ t ☐ kg

　　② 9050 kg ＝ ☐ t ☐ kg

◆ g, kg, t 중 알맞은 단위를 □ 안에 써넣으세요.

◆ 무게가 더 무거운 것의 기호를 쓰세요.

19

책가방의 무게는

약 2 □ 입니다.

25

㉠ 2 kg 800 g
㉡ 2 kg 700 g □

20

배구공의 무게는

약 270 □ 입니다.

26

㉠ 3 kg 900 g
㉡ 4 kg 100 g □

27

㉠ 1500 g
㉡ 1 kg 50 g □

21

수박의 무게는

약 5 □ 입니다.

28

㉠ 2080 g
㉡ 2 kg 8 g □

22

고래의 무게는

약 2 □ 입니다.

29

㉠ 3002 g
㉡ 3 kg 200 g □

23

휴대 전화의 무게는

약 190 □ 입니다.

30

㉠ 5 t 300 kg
㉡ 5030 kg □

31

㉠ 3 kg 900 g
㉡ 4100 g □

24

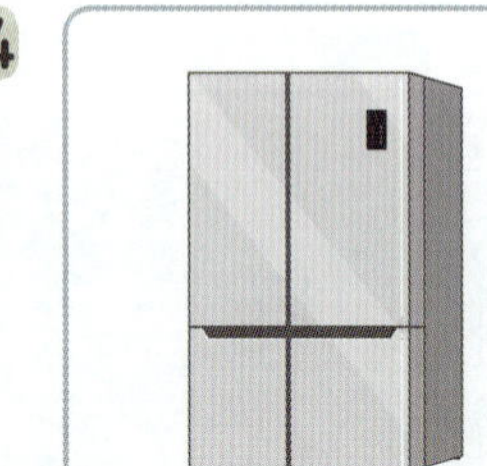

냉장고의 무게는

약 130 □ 입니다.

32

㉠ 7 t
㉡ 6900 kg □

★ 완성 무게 단위

◆ 코끼리가 들고 있는 무게와 같은 무게를 찾아 색칠해 보세요.

33

8100 g	8010 g
1800 g	1080 g

35

450 kg	5400 kg
4500 kg	45 kg

34

63 kg	6 kg 300 g
6 kg 30 g	630 kg

36

7 t 900 kg	79 t
790 t	7 t 9 kg

+ 문해력

37 호박의 무게는 7460 g입니다. 호박의 무게는 몇 kg 몇 g일까요?

풀이 7460 g = ◻ g + 460 g

= ◻ kg ◻ g

답 호박의 무게는 ◻ kg ◻ g입니다.

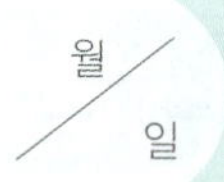

g 단위끼리의 합이 1000이거나 1000보다 크면 1000 g을 1 kg으로 바꾸어 계산합니다.

	1		
	4 kg	500 g	
+	3 kg	700 g	
	8 kg	200 g	
	②	①	

① 500＋700＝1200 (g)
② 1＋4＋3＝8 (kg)

g 단위끼리 뺄 수 없으면 1 kg을 1000 g으로 바꾸어 계산합니다.

	6	1000	
	7 kg	200 g	
−	2 kg	300 g	
	4 kg	900 g	
	②	①	

① 1000＋200−300＝900 (g)
② 7−1−2＝4 (kg)

◆ 무게의 덧셈을 해 보세요.

1

	2	kg	200	g
+	5	kg	100	g
		kg		g

2

	8	kg	400	g
+	1	kg	300	g
		kg		g

3

	4	kg	600	g
+	4	kg	800	g
		kg		g

4

	5	kg	700	g
+	2	kg	900	g
		kg		g

5

	7	kg	900	g
+	1	kg	300	g
		kg		g

◆ 무게의 뺄셈을 해 보세요.

6

	5	kg	700	g
−	2	kg	200	g
		kg		g

7

	9	kg	600	g
−	4	kg	500	g
		kg		g

8

	6	kg	300	g
−	3	kg	900	g
		kg		g

9

	7	kg	400	g
−	5	kg	800	g
		kg		g

10

	8	kg	100	g
−	4	kg	700	g
		kg		g

연습 · 무게의 덧셈과 뺄셈

 15번, 22번 문제

```
          1 kg  320 g        2 kg  530 g
       +  1 kg  720 g     -  1 kg  510 g
       ───────────────    ───────────────
          3 kg   40 g        1 kg   20 g
```

> g 단위의 계산 결과에서 백의 자리 수가
> 0이면 0을 쓰지 않아.

◆ 무게의 계산을 해 보세요.

11 ①　　2 kg　400 g　　　②　　2 kg　400 g
　　　　+ 2 kg　200 g　　　　　− 2 kg　200 g

12 ①　　3 kg　600 g　　　②　　3 kg　600 g
　　　　+ 1 kg　300 g　　　　　− 1 kg　300 g

13 ①　　5 kg　200 g　　　②　　5 kg　200 g
　　　　+ 3 kg　800 g　　　　　− 3 kg　800 g

14 ①　　5 kg　　　　　　　②　　5 kg
　　　　+ 3 kg　700 g　　　　　− 3 kg　700 g

15 ①　　7 kg　450 g　　　②　　7 kg　450 g
　　　　+ 1 kg　560 g　　　　　− 1 kg　560 g

16 ①　　8 kg　 20 g　　　②　　8 kg　 20 g
　　　　+ 1 kg　350 g　　　　　− 1 kg　350 g

◆ 무게의 계산을 해 보세요.

17 ① 2 kg 600 g + 1 kg 100 g

　　② 2 kg 600 g − 1 kg 100 g

18 ① 4 kg 500 g + 2 kg

　　② 4 kg 500 g − 2 kg

19 ① 6 kg 700 g + 1 kg 900 g

　　② 6 kg 700 g − 1 kg 900 g

20 ① 8 kg 300 g + 700 g

　　② 8 kg 300 g − 700 g

21 ① 4 kg 450 g + 1 kg 750 g

　　② 4 kg 450 g − 1 kg 750 g

22 ① 5 kg 650 g + 3 kg 560 g

　　② 5 kg 650 g − 3 kg 560 g

23 ① 7 kg 130 g + 2 kg 160 g

　　② 7 kg 130 g − 2 kg 160 g

◆ 관계있는 것끼리 이어 보세요.

24

$$\begin{array}{r} 2\,\mathrm{kg}\ \ 500\,\mathrm{g} \\ +\ 2\,\mathrm{kg}\ \ 200\,\mathrm{g} \\ \hline \end{array}$$

$$\begin{array}{r} 3\,\mathrm{kg}\ \ 600\,\mathrm{g} \\ +\ 1\,\mathrm{kg}\ \ 300\,\mathrm{g} \\ \hline \end{array}$$

- 3 kg 500 g
- 4 kg 500 g
- 4 kg 700 g
- 4 kg 900 g

25

$$\begin{array}{r} 5\,\mathrm{kg}\ \ 250\,\mathrm{g} \\ +\ 3\,\mathrm{kg}\ \ 850\,\mathrm{g} \\ \hline \end{array}$$

$$\begin{array}{r} 6\,\mathrm{kg}\ \ 250\,\mathrm{g} \\ +\ 3\,\mathrm{kg}\ \ 150\,\mathrm{g} \\ \hline \end{array}$$

- 8 kg 100 g
- 9 kg 100 g
- 9 kg 400 g
- 9 kg 500 g

26

$$\begin{array}{r} 2\,\mathrm{kg}\ \ 600\,\mathrm{g} \\ -\ 1\,\mathrm{kg}\ \ 800\,\mathrm{g} \\ \hline \end{array}$$

$$\begin{array}{r} 3\,\mathrm{kg}\ \ 800\,\mathrm{g} \\ -\ 3\,\mathrm{kg}\ \ 200\,\mathrm{g} \\ \hline \end{array}$$

- 600 g
- 800 g
- 1 kg 200 g
- 1 kg 800 g

27

$$\begin{array}{r} 7\,\mathrm{kg}\ \ 700\,\mathrm{g} \\ -\ 3\,\mathrm{kg}\ \ 250\,\mathrm{g} \\ \hline \end{array}$$

$$\begin{array}{r} 8\,\mathrm{kg} \\ -\ 4\,\mathrm{kg}\ \ 500\,\mathrm{g} \\ \hline \end{array}$$

- 3 kg 500 g
- 4 kg 400 g
- 4 kg 450 g
- 4 kg 500 g

◆ 빈칸에 몇 kg 몇 g인지 써넣으세요.

28

+1 kg 400 g

| 5 kg 100 g |
| 4 kg 700 g |

29

+4 kg 900 g

| 2 kg 700 g |
| 2 kg 650 g |

30

+6 kg 280 g

| 1 kg 320 g |
| 2 kg 900 g |

31

−1 kg 800 g

| 5 kg 800 g |
| 5 kg 400 g |

32

−2 kg 900 g

| 8 kg 540 g |
| 9 kg |

★ 완성   무게의 덧셈과 뺄셈

◆ 계산 결과가 바른 것을 따라가며 선을 그리고, 먹게 되는 과일에 ◯표 하세요.

33

$$1\,\text{kg}\ 300\,\text{g} + 2\,\text{kg}\ 200\,\text{g} = 3\,\text{kg}\ 500\,\text{g}$$

$$1\,\text{kg}\ 760\,\text{g} + 4\,\text{kg}\ 300\,\text{g} = 6\,\text{kg}\ 60\,\text{g}$$

$$5\,\text{kg}\ 600\,\text{g} - 3\,\text{kg}\ 200\,\text{g} = 1\,\text{kg}\ 400\,\text{g}$$

$$9\,\text{kg}\ 520\,\text{g} - 4\,\text{kg}\ 900\,\text{g} = 4\,\text{kg}\ 420\,\text{g}$$

$$8\,\text{kg}\ 700\,\text{g} - 2\,\text{kg}\ 500\,\text{g} = 6\,\text{kg}\ 200\,\text{g}$$

$$3\,\text{kg}\ 600\,\text{g} - 1\,\text{kg}\ 500\,\text{g} = 2\,\text{kg}\ 100\,\text{g}$$

$$4\,\text{kg}\ 800\,\text{g} + 3\,\text{kg}\ 300\,\text{g} = 8\,\text{kg}\ 100\,\text{g}$$

$$5\,\text{kg}\ 200\,\text{g} - 4\,\text{kg}\ 400\,\text{g} = 800\,\text{g}$$

$$2\,\text{kg}\ 500\,\text{g} + 1\,\text{kg}\ 200\,\text{g} = 3\,\text{kg}\ 700\,\text{g}$$

$$7\,\text{kg}\ 230\,\text{g} - 3\,\text{kg}\ 350\,\text{g} = 3\,\text{kg}\ 120\,\text{g}$$

$$3\,\text{kg}\ 160\,\text{g} + 2\,\text{kg}\ 980\,\text{g} = 6\,\text{kg}\ 40\,\text{g}$$

＋ 문해력

34 설탕이 2 kg 280 g, 소금이 1 kg 160 g 있습니다. 설탕은 소금보다 몇 kg 몇 g 더 많을까요?

풀이 (설탕의 무게) － (소금의 무게)

= ☐ kg ☐ g － ☐ kg ☐ g

= ☐ kg ☐ g

답 설탕은 소금보다 ☐ kg ☐ g 더 많습니다.

◆ ☐ 안에 알맞은 수를 써넣으세요.

1 ① 1 L 600 mL = ☐ mL

② 3 L 900 mL = ☐ mL

2 ① 2 L 270 mL = ☐ mL

② 8 L 750 mL = ☐ mL

3 ① 4 L 90 mL = ☐ mL

② 5 L 30 mL = ☐ mL

4 ① 6 L 1 mL = ☐ mL

② 7 L 9 mL = ☐ mL

5 ① 3300 mL = ☐ L ☐ mL

② 5700 mL = ☐ L ☐ mL

6 ① 4080 mL = ☐ L ☐ mL

② 9020 mL = ☐ L ☐ mL

7 ① 5004 mL = ☐ L ☐ mL

② 7006 mL = ☐ L ☐ mL

◆ 들이의 계산을 해 보세요.

8 ① 2 L 400 mL + 1 L 200 mL

② 2 L 400 mL − 1 L 200 mL

9 ① 5 L 700 mL + 3 L 100 mL

② 5 L 700 mL − 3 L 100 mL

10 ① 6 L 500 mL + 2 L 600 mL

② 6 L 500 mL − 2 L 600 mL

11 ① 4 L + 1 L 300 mL

② 4 L − 1 L 300 mL

12 ① 7 L 850 mL + 1 L 220 mL

② 7 L 850 mL − 1 L 220 mL

13 ① 3 L 340 mL + 2 L 490 mL

② 3 L 340 mL − 2 L 490 mL

14 ① 6 L 610 mL + 1 L 590 mL

② 6 L 610 mL − 1 L 590 mL

◆ ☐ 안에 알맞은 수를 써넣으세요.

15 ① 2 kg 500 g = ☐ g

  ② 3 kg 700 g = ☐ g

16 ① 4 kg 120 g = ☐ g

  ② 7 kg 870 g = ☐ g

17 ① 5 kg 20 g = ☐ g

  ② 6 kg 80 g = ☐ g

18 ① 1700 g = ☐ kg ☐ g

  ② 5900 g = ☐ kg ☐ g

19 ① 3830 g = ☐ kg ☐ g

  ② 9450 g = ☐ kg ☐ g

20 ① 7060 g = ☐ kg ☐ g

  ② 8020 g = ☐ kg ☐ g

21 ① 4 t = ☐ kg

  ② 9 t = ☐ kg

◆ 무게의 계산을 해 보세요.

22
①
$$\begin{array}{r} 3\ \text{kg}\ 500\ \text{g} \\ +\ 2\ \text{kg}\ 400\ \text{g} \\ \hline \end{array}$$
②
$$\begin{array}{r} 3\ \text{kg}\ 500\ \text{g} \\ -\ 2\ \text{kg}\ 400\ \text{g} \\ \hline \end{array}$$

23
①
$$\begin{array}{r} 6\ \text{kg}\ 700\ \text{g} \\ +\ 2\ \text{kg}\ 200\ \text{g} \\ \hline \end{array}$$
②
$$\begin{array}{r} 6\ \text{kg}\ 700\ \text{g} \\ -\ 2\ \text{kg}\ 200\ \text{g} \\ \hline \end{array}$$

24
①
$$\begin{array}{r} 8\ \text{kg}\ 300\ \text{g} \\ +\ 1\ \text{kg}\ 400\ \text{g} \\ \hline \end{array}$$
②
$$\begin{array}{r} 8\ \text{kg}\ 300\ \text{g} \\ -\ 1\ \text{kg}\ 400\ \text{g} \\ \hline \end{array}$$

25
①
$$\begin{array}{r} 5\ \text{kg} \\ +\ 2\ \text{kg}\ 200\ \text{g} \\ \hline \end{array}$$
②
$$\begin{array}{r} 5\ \text{kg} \\ -\ 2\ \text{kg}\ 200\ \text{g} \\ \hline \end{array}$$

26
①
$$\begin{array}{r} 4\ \text{kg}\ 380\ \text{g} \\ +\ 3\ \text{kg}\ 670\ \text{g} \\ \hline \end{array}$$
②
$$\begin{array}{r} 4\ \text{kg}\ 380\ \text{g} \\ -\ 3\ \text{kg}\ 670\ \text{g} \\ \hline \end{array}$$

27
①
$$\begin{array}{r} 5\ \text{kg}\ 270\ \text{g} \\ +\ 1\ \text{kg}\ 550\ \text{g} \\ \hline \end{array}$$
②
$$\begin{array}{r} 5\ \text{kg}\ 270\ \text{g} \\ -\ 1\ \text{kg}\ 550\ \text{g} \\ \hline \end{array}$$

28
①
$$\begin{array}{r} 7\ \text{kg}\ 730\ \text{g} \\ +\ 1\ \text{kg}\ 640\ \text{g} \\ \hline \end{array}$$
②
$$\begin{array}{r} 7\ \text{kg}\ 730\ \text{g} \\ -\ 1\ \text{kg}\ 640\ \text{g} \\ \hline \end{array}$$

5단원
38회

◆ mL와 L 중 알맞은 단위를 □ 안에 써넣으세요.

1 
대야의 들이는 약 6 □ 입니다.

2 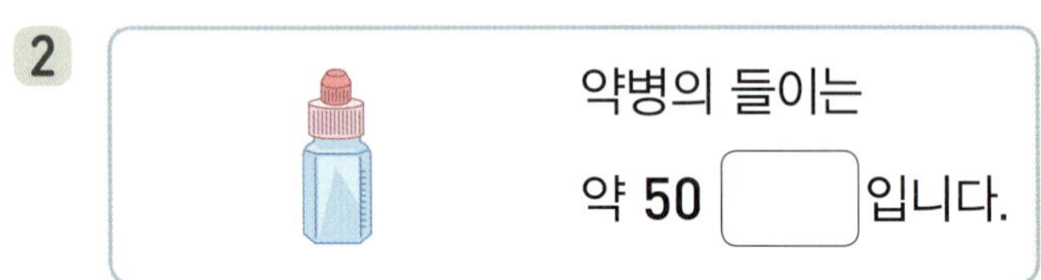
약병의 들이는 약 50 □ 입니다.

3 
생수 통의 들이는 약 15 □ 입니다.

◆ g, kg, t 중 알맞은 단위를 □ 안에 써넣으세요.

4 
자전거의 무게는 약 12 □ 입니다.

5 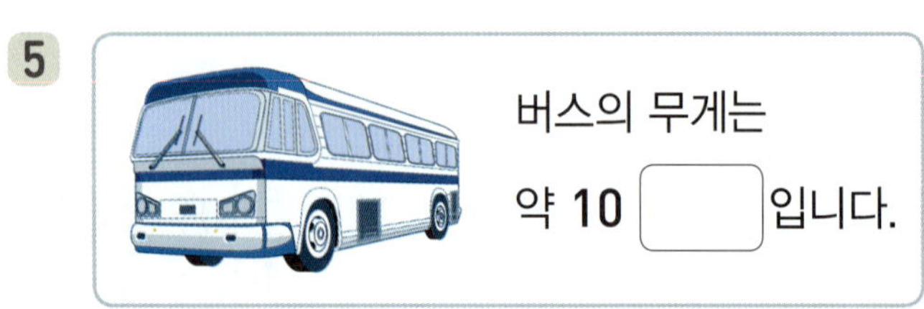
버스의 무게는 약 10 □ 입니다.

6 
칫솔의 무게는 약 20 □ 입니다.

◆ 들이가 더 많은 것에 ○표 하세요.

7

3 L 520 mL	3 L 250 mL

8

9 L 70 mL	9700 mL

9

4360 mL	5 L 120 mL

10

8500 mL	8 L 400 mL

◆ 무게가 더 무거운 것에 ○표 하세요.

11

2 kg 710 g	2 kg 800 g

12

6 kg 130 g	6010 g

13

7300 g	7 kg 90 g

14

8 t 40 kg	8400 kg

◆ 관계있는 것끼리 이어 보세요.

15

$$\begin{array}{r} 3\,\text{L}\ 700\,\text{mL} \\ +\ 3\,\text{L}\ 500\,\text{mL} \\ \hline \end{array}$$

$$\begin{array}{r} 2\,\text{L}\ 400\,\text{mL} \\ +\ 4\,\text{L}\ 100\,\text{mL} \\ \hline \end{array}$$

- 6 L 200 mL
- 6 L 500 mL
- 7 L 100 mL
- 7 L 200 mL

16

$$\begin{array}{r} 6\,\text{L} \\ -\ 1\,\text{L}\ 600\,\text{mL} \\ \hline \end{array}$$

$$\begin{array}{r} 7\,\text{L}\ 350\,\text{mL} \\ -\ 2\,\text{L}\ 850\,\text{mL} \\ \hline \end{array}$$

- 4 L 400 mL
- 4 L 500 mL
- 5 L 400 mL
- 5 L 500 mL

17

$$\begin{array}{r} 7\,\text{kg}\ 800\,\text{g} \\ +\ 1\,\text{kg}\ 100\,\text{g} \\ \hline \end{array}$$

$$\begin{array}{r} 5\,\text{kg}\ 350\,\text{g} \\ +\ 3\,\text{kg}\ 750\,\text{g} \\ \hline \end{array}$$

- 8 kg 100 g
- 8 kg 900 g
- 9 kg
- 9 kg 100 g

18

$$\begin{array}{r} 8\,\text{kg}\ 800\,\text{g} \\ -\ 4\,\text{kg}\ 150\,\text{g} \\ \hline \end{array}$$

$$\begin{array}{r} 9\,\text{kg} \\ -\ 5\,\text{kg}\ 300\,\text{g} \\ \hline \end{array}$$

- 3 kg 700 g
- 3 kg 900 g
- 4 kg 650 g
- 4 kg 700 g

◆ 빈칸에 알맞게 써넣으세요.

19

+2 L 600 mL

| 3 L 100 mL | |
| 5 L 700 mL | |

20

+3 L 850 mL

| 4 L 250 mL | |
| 6 L 50 mL | |

21

−3 L 300 mL

| 5 L 400 mL | |
| 7 L 100 mL | |

22

+1 kg 450 g

| 3 kg 400 g | |
| 5 kg 800 g | |

23

−2 kg 720 g

| 4 kg 750 g | |
| 9 kg 360 g | |

6 그림그래프

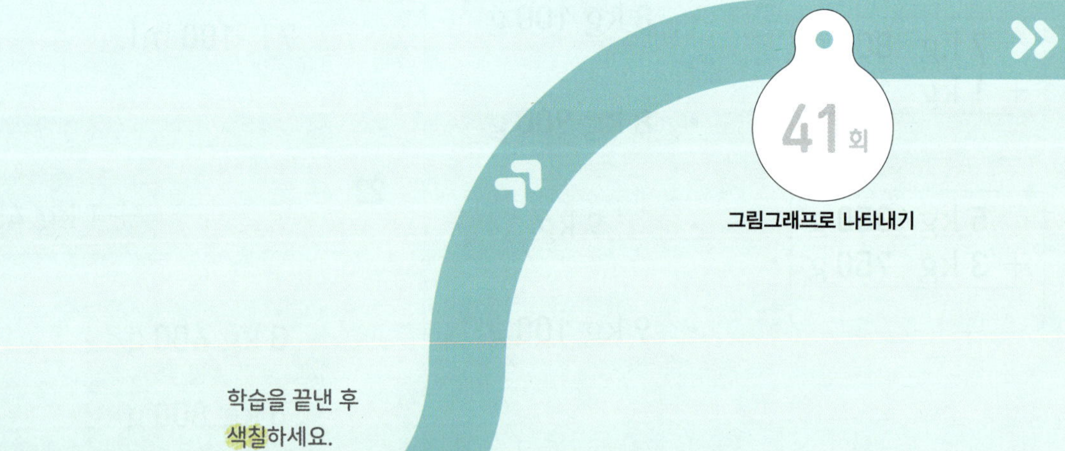

[2-2] 표와 그래프
표를 보고 그래프로 나타내기
표와 그래프의 내용 알아보기

43회
평가 B

42회
평가 A

그림그래프 알기

조사한 자료를 그림으로 나타낸 그래프를 **그림그래프**라고 합니다.

가게별 팔린 감의 수

가게	감의 수
푸른	🍅🍅🍅🍅🍅🍅
싱싱	🍅🍅🍅🍅
햇살	🍅🍅🍅🍅🍅
신선	🍅🍅🍅🍅🍅

🍅 10개
🍅 1개

→ 🍅은 10개, 🍅은 1개를 나타냅니다.

왼쪽 그림그래프를 보고 가게별 팔린 감의 수를 알아봅니다.

10개를 나타내는 그림의 수가 많을수록 팔린 감의 개수가 많아.

가게	🍅의 수	🍅의 수	
푸른	1개	5개	→ 15개
싱싱	3개	1개	→ 31개
햇살	2개	3개	→ 23개
신선	1개	4개	→ 14개

감이 가장 많이 팔린 가게: 싱싱 가게
감이 가장 적게 팔린 가게: 신선 가게

◆ 그림그래프에서 각 그림이 나타내는 수를 ⬭ 안에 써넣으세요.

1 **좋아하는 음식별 학생 수**

음식	학생 수
피자	👦👦👦👦👦👦
치킨	👦👦👦
떡볶이	👦👦👦
햄버거	👦👦👦👦👦👦

👦 10명
👦 1명

👦: ⬭ 명, 👦: ⬭ 명

2 **마을별 자동차 수**

마을	자동차 수
가	🚗🚗🚗🚗
나	🚗🚗🚗🚗🚗🚗
다	🚗🚗🚗🚗🚗
라	🚗🚗🚗🚗🚗🚗

🚗 100대
🚗 10대

🚗: ⬭ 대, 🚗: ⬭ 대

◆ 그림그래프에 나타낸 종류별 책 수를 구하려고 합니다. 빈칸에 알맞은 수를 써넣으세요.

학급 도서관에 있는 종류별 책 수

종류	책 수
과학책	📘📘📘
위인전	📘📘
동화책	📘📘📘📘📘📘📘

📘 10권
📘 1권

3 학급 도서관에 있는 과학책의 수:

📘의 수	📘의 수	
⬭ 개	⬭ 개	→ ⬭ 권

4 학급 도서관에 있는 위인전의 수:

📘의 수	📘의 수	
⬭ 개	⬭ 개	→ ⬭ 권

5 학급 도서관에 있는 동화책의 수:

📘의 수	📘의 수	
⬭ 개	⬭ 개	→ ⬭ 권

연습 그림그래프 알기

◆ 그림그래프를 보고 ⬜ 안에 알맞은 수를 써넣으세요.

6 여행 가고 싶은 나라별 학생 수

나라	학생 수
미국	🙂🙂🙂🙂🙂🙂
프랑스	🙂🙂🙂🙂🙂🙂
일본	🙂🙂🙂🙂🙂
호주	🙂🙂🙂🙂🙂🙂🙂🙂

🙂10명 🙂1명

① 미국을 가고 싶은 학생 수: ⬜ 명

② 일본을 가고 싶은 학생 수: ⬜ 명

7 농장별 기르는 소의 수

농장	소의 수
가	🐄🐄🐄🐄
나	🐄🐄🐄🐄
다	🐄🐄🐄🐄🐄🐄
라	🐄🐄🐄🐄🐄🐄🐄🐄🐄

🐄10마리 🐄1마리

① 나 농장에서 기르는 소의 수: ⬜ 마리

② 다 농장에서 기르는 소의 수: ⬜ 마리

8 학생별 훌라후프 횟수

이름	훌라후프 횟수
은우	⭕⭕⭕⭕⭕⭕⭕⭕⭕
승희	⭕⭕⭕⭕⭕⭕⭕⭕
희승	⭕⭕⭕⭕⭕⭕
재범	⭕⭕⭕⭕⭕⭕⭕

⭕10회 ⭕1회

① 은우의 훌라후프 횟수: ⬜ 회

② 승희의 훌라후프 횟수: ⬜ 회

◆ 그림그래프를 보고 ⬜ 안에 알맞은 수를 써넣으세요.

9 가게별 장난감 판매량

가게	판매량
달님	🚗🚗🚗🚗🚗
희망	🚗🚗🚗🚗🚗🚗
소망	🚗🚗🚗🚗🚗🚗🚗
별빛	🚗🚗🚗🚗🚗

🚗100개 🚗10개

① 달님 가게의 판매량: ⬜ 개

② 별빛 가게의 판매량: ⬜ 개

10 일주일 동안 팔린 종류별 음식 수

종류	음식 수
돈가스	🥣🥣🥣🥣🥣
볶음밥	🥣🥣🥣
초밥	🥣🥣🥣🥣🥣🥣🥣
우동	🥣🥣🥣🥣🥣🥣

🥣100그릇 🥣10그릇

① 일주일 동안 팔린 초밥 수: ⬜ 그릇

② 일주일 동안 팔린 우동 수: ⬜ 그릇

11 과수원별 사과 생산량

과수원	생산량
아름	🍎🍎🍎🍎🍎
달달	🍎🍎🍎🍎🍎🍎🍎
풍성	🍎🍎🍎🍎🍎🍎
진주	🍎🍎🍎🍎🍎🍎🍎🍎

🍎100kg 🍎10kg

① 아름 과수원의 생산량: ⬜ kg

② 진주 과수원의 생산량: ⬜ kg

◆ 그림그래프를 보고 ☐ 안에 알맞게 써넣으세요.

12 혈액형별 학생 수

혈액형	학생 수
A형	☺☺☺☺☺
B형	☺☺☺☺☺☺☺
AB형	☺☺☺
O형	☺☺☺☺☺☺

☺ 10명
☺ 1명

가장 많은 학생들의 혈액형은

☐형이고, ☐명입니다.

13 마을별 나무 수

마을	나무 수
가	🌳🌳🌳🌳
나	🌳🌳🌳🌳🌳
다	🌳🌳🌳🌳🌳🌳🌳
라	🌳🌳🌳

🌳 100그루
🌳 10그루

나무가 가장 많은 마을은

☐마을이고, ☐그루입니다.

14 과수원별 복숭아 생산량

과수원	생산량
가	🍑🍑🍑🍑🍑🍑
나	🍑🍑🍑🍑
다	🍑🍑🍑🍑
라	🍑🍑🍑🍑🍑

🍑 100상자
🍑 10상자

복숭아 생산량이 가장 적은 과수원은

☐과수원이고, ☐상자입니다.

◆ 그림그래프를 보고 표를 완성해 보세요.

15 좋아하는 계절별 학생 수

계절	학생 수
봄	🧍🧍🧍🧍🧍🧍🧍
여름	🧍🧍🧍🧍
가을	🧍🧍🧍
겨울	🧍🧍🧍🧍🧍🧍

🧍 10명
🧍 1명

좋아하는 계절별 학생 수

계절	봄	여름	가을	겨울	합계
학생 수(명)	45				

16 종류별 신발 수

종류	신발 수
운동화	👟👟👟👟👟
구두	👞👞👞👞👞👞👞
슬리퍼	👟👟👟👟👟👟👟

👟 10켤레
👟 1켤레

종류별 신발 수

종류	운동화	구두	슬리퍼	합계
신발 수(켤레)				

17 마을별 쓰레기 발생량

마을	발생량
가	👜👜👜👜👜
나	👜👜👜👜👜
다	👜👜👜👜👜

👜 100t
👜 10t

마을별 쓰레기 발생량

마을	가	나	다	합계
발생량(t)				

★ 완성 · 그림그래프 알기

◆ 빙수 가게에서 일주일 동안 팔린 빙수의 수를 종류별로 조사하여 나타낸 그림그래프입니다. 갈림길에서 옳은 내용은 ➡ 방향, 틀린 내용은 ➡ 방향으로 따라가 도착한 곳에 있는 ○에 색칠해 보세요.

일주일 동안 팔린 종류별 빙수의 수

종류	빙수의 수
팥빙수	
딸기 빙수	
망고 빙수	
초코 빙수	

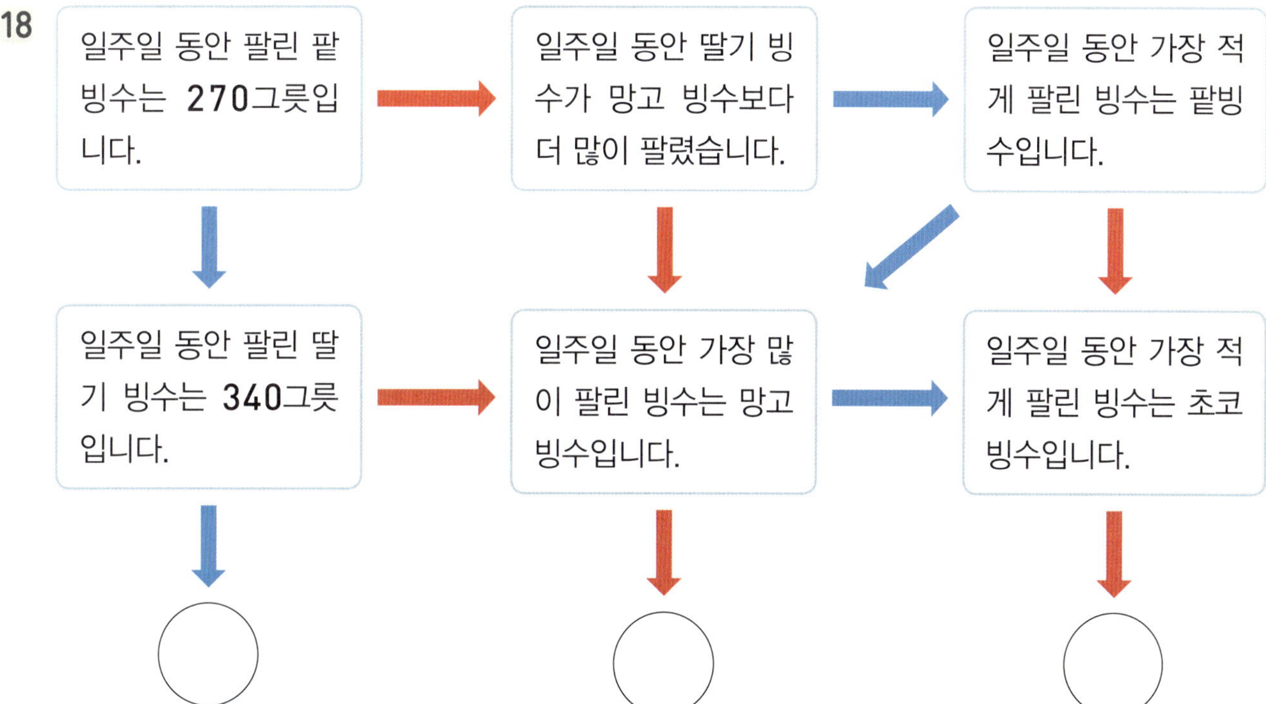

🍧100그릇
🍨10그릇

18

일주일 동안 팔린 팥빙수는 270그릇입니다. ➡ 일주일 동안 딸기 빙수가 망고 빙수보다 더 많이 팔렸습니다. ➡ 일주일 동안 가장 적게 팔린 빙수는 팥빙수입니다.

⬇

일주일 동안 팔린 딸기 빙수는 340그릇입니다. ➡ 일주일 동안 가장 많이 팔린 빙수는 망고 빙수입니다. ➡ 일주일 동안 가장 적게 팔린 빙수는 초코 빙수입니다.

⬇ ⬇ ⬇

○ ○ ○

➕ 문해력

19 마을에 있는 나무 수를 종류별로 조사하여 나타낸 그림그래프입니다. 단풍나무와 은행나무 중에서 더 많은 나무는 무엇일까요?

마을에 있는 종류별 나무 수

종류	나무 수
소나무	
단풍나무	
은행나무	
벚나무	

🌳10그루
🌱1그루

풀이 10그루 그림을 비교하면 단풍나무는 ☐개, 은행나무는 ☐개입니다.

➡ 10그루 그림이 더 많은 나무는 ☐나무입니다.

답 더 많은 나무는 ☐나무입니다.

표를 보고 그림그래프로 나타내는 방법을 알아봅니다.

그림그래프로 나타내는 방법

① 조사한 수를 어떤 그림으로 나타낼지 정하기
② 그림을 몇 가지로 나타낼지 정하고, 그림이 나타내는 수 표시하기
③ 조사한 수에 맞게 그림 그리기
④ 그림그래프에 알맞은 제목 쓰기

좋아하는 과일별 학생 수

과일	사과	키위	체리	합계
학생 수(명)	13	24	23	60

학생 수가 두 자리 수이므로 그림을 2가지로 나타내.

좋아하는 과일별 학생 수

과일	학생 수
사과	◎○○○
키위	◎◎○○○○
체리	◎◎○○○

13명이므로 ◎ 1개, ○ 3개로 나타내.

◎ 10명
○ 1명

◆ 표를 보고 ◎과 ○을 사용하여 그림그래프로 나타내려고 합니다. 각 그림이 나타내야 하는 수를 ☐ 안에 써넣으세요.

1 주말에 가고 싶은 장소별 학생 수

장소	공원	공연장	영화관	합계
학생 수(명)	43	16	31	90

◎: ☐ 명, ○: ☐ 명

2 체육 대회에서 얻은 종목별 점수

종목	달리기	줄넘기	줄다리기	합계
점수(점)	160	240	100	500

◎: ☐ 점, ○: ☐ 점

3 농장별 토마토 생산량

농장	가	나	다	합계
생산량(t)	38	42	29	109

◎: ☐ t, ○: ☐ t

◆ 표를 보고 ◇과 ◇을 사용하여 그림그래프로 나타내려고 합니다. 그려야 하는 각 그림의 수를 빈칸에 써넣으세요.

4 좋아하는 올림픽 종목별 학생 수

종목	펜싱	체조	수영	합계
학생 수(명)	25	14	30	69

↓

종목	펜싱	체조	수영
◇의 수	개	개	개
◇의 수	개	개	개

◇ 10명
◇ 1명

5 하루 동안 팔린 맛별 젤리 수

맛	포도 맛	망고 맛	딸기 맛	합계
젤리 수(개)	15	13	12	40

↓

맛	포도 맛	망고 맛	딸기 맛
◇의 수	개	개	개
◇의 수	개	개	개

◇ 10개
◇ 1개

연습 | 그림그래프로 나타내기

◆ 표를 보고 그림그래프로 나타내세요.

6

봉지별 사탕 수

봉지	가	나	다	라	합계
사탕 수(개)	5	11	18	26	60

봉지별 사탕 수

봉지	사탕 수
가	○○○○○
나	◎○
다	
라	

◎ 10개
○ 1개

7

학생별 읽은 책 수

이름	인아	건희	승협	민지	합계
책 수(권)	25	11	14	10	60

학생별 읽은 책 수

이름	책 수
인하	◎◎○○○○○
건희	
승협	
민지	◎

◎ 10권
○ 1권

8

방과 후 수업을 신청한 학년별 학생 수

학년	3학년	4학년	5학년	6학년	합계
학생 수(명)	30	26	15	21	92

방과 후 수업을 신청한 학년별 학생 수

학년	학생 수
3학년	
4학년	
5학년	
6학년	

◎ 10명
○ 1명

◆ 표를 보고 그림그래프로 나타내세요.

9

색깔별 구슬 수

색깔	빨간색	파란색	노란색	초록색	합계
구슬 수(개)	240	140	120	250	750

색깔별 구슬 수

색깔	구슬 수
빨간색	◈◈◇◇◇◇
파란색	◈◇◇◇◇
노란색	
초록색	

◈ 100개
◇ 10개

10

좋아하는 동물별 학생 수

동물	기린	사자	수달	펭귄	합계
학생 수(명)	160	130	210	40	540

좋아하는 동물별 학생 수

동물	학생 수
기린	
사자	
수달	◈◈◇
펭귄	◇◇◇◇

◈ 100명
◇ 10명

11

양계장별 달걀 생산량

양계장	가	나	다	라	합계
생산량(kg)	310	100	300	240	950

양계장별 달걀 생산량

양계장	생산량
가	
나	
다	
라	

◈ 100 kg
◇ 10 kg

6단원
41회

◆ 표와 그림그래프를 완성해 보세요.

12

종류별 팔린 꽃 수

종류	튤립	장미	국화	합계
꽃 수(송이)	15	22		50

종류별 팔린 꽃 수

종류	꽃 수
튤립	
장미	
국화	♡ ○ ○ ○

♡ 10송이
○ 1송이

13

반별 안경을 쓴 학생 수

반	1반	2반	3반	합계
학생 수(명)		9		35

반별 안경을 쓴 학생 수

반	학생 수
1반	◎ ○ ○ ○ ○ ○
2반	
3반	◎ ○

◎ 10명
○ 1명

14

월별 모은 폐휴지의 양

월	1월	2월	3월	4월	합계
폐휴지의 양(kg)	12		43	21	110

월별 모은 폐휴지의 양

월	폐휴지의 양
1월	
2월	☐ ☐ ☐ ☐ ☐ ☐
3월	
4월	

☐ 10 kg
☐ 1 kg

◆ 조사한 자료를 보고 표와 그림그래프로 나타내세요.

15

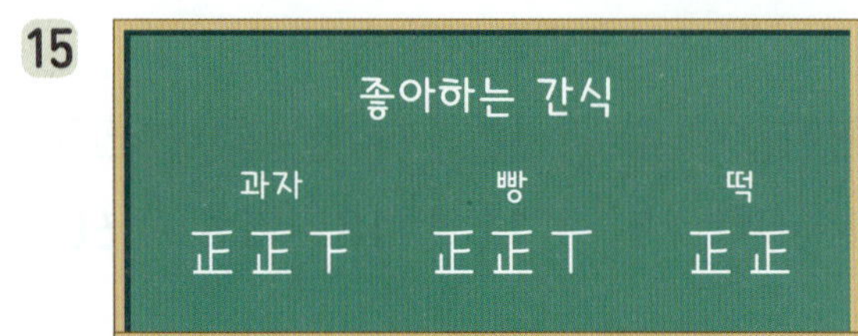

좋아하는 간식별 학생 수

간식	과자	빵	떡	합계
학생 수(명)	13			

좋아하는 간식별 학생 수

간식	학생 수
과자	▽ ▽ ▽ ▽
빵	
떡	

▽ 10명
▽ 1명

16

좋아하는 동물별 학생 수

동물	강아지	고양이	토끼	햄스터	합계
학생 수(명)					

좋아하는 동물별 학생 수

동물	학생 수
강아지	
고양이	
토끼	
햄스터	

▽ 10명
▽ 1명

★ 완성 그림그래프로 나타내기

◆ 3학년과 4학년 학생들의 혈액형을 조사한 표를 보고 그림그래프로 나타내려고 합니다. ◎은 10명, ○은 1명을 나타낼 때 알맞은 것끼리 잇고, 그림그래프를 완성해 보세요.

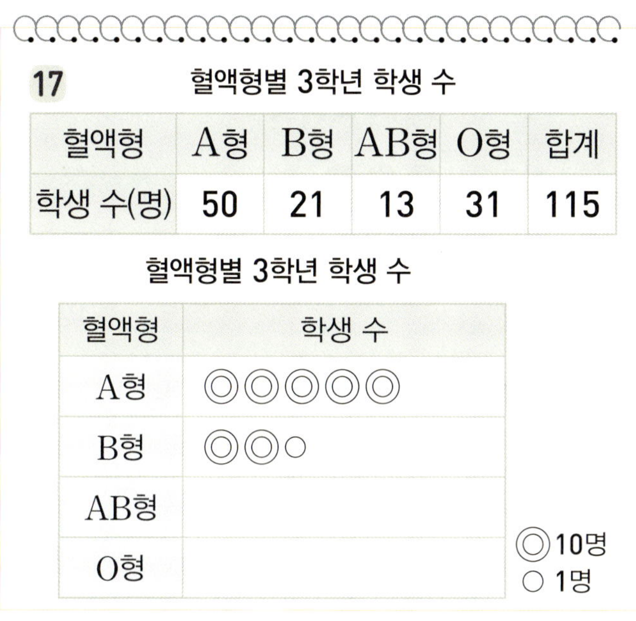

17

혈액형별 3학년 학생 수

혈액형	A형	B형	AB형	O형	합계
학생 수(명)	50	21	13	31	115

혈액형별 3학년 학생 수

혈액형	학생 수
A형	◎◎◎◎◎
B형	◎◎○
AB형	
O형	

◎ 10명
○ 1명

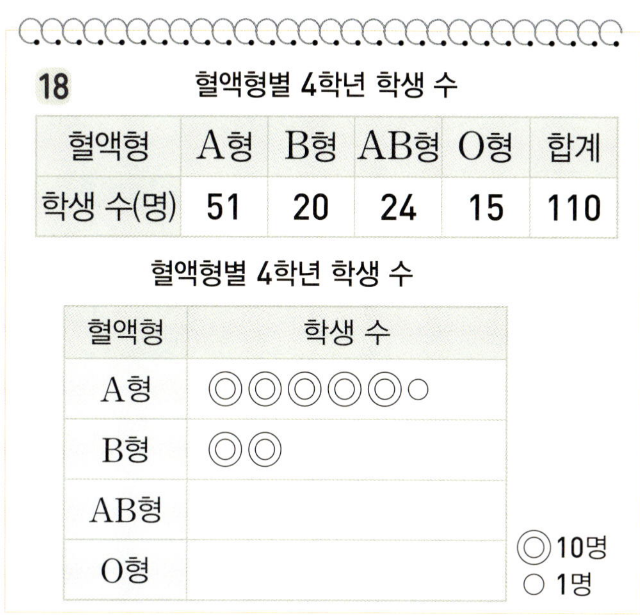

18

혈액형별 4학년 학생 수

혈액형	A형	B형	AB형	O형	합계
학생 수(명)	51	20	24	15	110

혈액형별 4학년 학생 수

혈액형	학생 수
A형	◎◎◎◎◎○
B형	◎◎
AB형	
O형	

◎ 10명
○ 1명

◎을 A형은 **5**개, B형은 **2**개, AB형은 **1**개, O형은 **3**개 그려.

◎을 A형은 **5**개, B형은 **2**개, AB형은 **2**개, O형은 **1**개 그려.

○을 A형은 **1**개, B형은 **0**개, AB형은 **4**개, O형은 **5**개 그려.

○을 A형은 **0**개, B형은 **1**개, AB형은 **3**개, O형은 **1**개 그려.

＋ 문해력

19 학년별 방과 후 수업 강좌 수를 조사하여 나타낸 표입니다. 표를 보고 그림그래프를 완성해 보세요.

학년별 방과 후 수업 강좌 수

학년	1학년	2학년	3학년	합계
강좌 수(개)	14	16	13	43

답 학년별 방과 후 수업 강좌 수

학년	강좌 수
1학년	◎○○○○
2학년	
3학년	◎○○○

◎ 10개
○ 1개

풀이 ◎은 [ ]개, ○은 [ ]개를 나타냅니다.

→ **2**학년: ◎ [ ]개, ○ [ ]개

◆ 그림그래프를 보고 ☐ 안에 알맞은 수를 써넣으세요.

1 가게별 아이스크림 판매량

가게	판매량
가	
나	
다	
라	

🍦 10개
🍦 1개

① 나 가게의 판매량: ☐ 개

② 라 가게의 판매량: ☐ 개

2 색깔별 색종이 수

색깔	색종이 수
빨간색	
노란색	
파란색	
초록색	

◻ 10장
◻ 1장

① 빨간색 색종이 수: ☐ 장

② 초록색 색종이 수: ☐ 장

3 학생별 줄넘기 횟수

이름	줄넘기 횟수
준서	
세희	
연아	
민후	

〰 100회
〰 10회

① 준서의 줄넘기 횟수: ☐ 회

② 연아의 줄넘기 횟수: ☐ 회

◆ 그림그래프를 보고 ☐ 안에 알맞은 수를 써넣으세요.

4 태어난 계절별 학생 수

계절	학생 수
봄	
여름	
가을	
겨울	

😊 10명
😊 1명

① 봄에 태어난 학생 수: ☐ 명

② 겨울에 태어난 학생 수: ☐ 명

5 농장별 배추 수확량

농장	수확량
싱싱	
푸른	
햇살	
산들	

🥬 100포기
🥬 10포기

① 푸른 농장의 수확량: ☐ 포기

② 햇살 농장의 수확량: ☐ 포기

6 체육관에 있는 종류별 공 수

종류	공 수
농구공	
축구공	
배구공	
야구공	

🏀 10개
🏀 1개

① 체육관에 있는 농구공 수: ☐ 개

② 체육관에 있는 배구공 수: ☐ 개

◆ 표를 보고 그림그래프로 나타내세요.

7

색깔별 풍선 수

색깔	빨간색	보라색	파란색	합계
풍선 수(개)	15	24	21	60

색깔별 풍선 수

색깔	풍선 수
빨간색	
보라색	
파란색	

◎ 10개
○ 1개

8

가게별 요구르트 판매량

가게	가	나	다	라	합계
판매량(개)	34	12	26	13	85

가게별 요구르트 판매량

가게	판매량
가	
나	
다	
라	

◎ 10개
○ 1개

9

학생별 훌라후프 횟수

이름	우진	시현	유빈	종훈	합계
횟수(회)	21	45	25	36	127

학생별 훌라후프 횟수

이름	횟수
우진	
시현	
유빈	
종훈	

◎ 10회
○ 1회

◆ 표를 보고 그림그래프로 나타내세요.

10

배우고 싶은 악기별 학생 수

악기	피아노	기타	플루트	합계
학생 수(명)	25	22	13	60

배우고 싶은 악기별 학생 수

악기	학생 수
피아노	
기타	
플루트	

◇ 10명
◇ 1명

11

좋아하는 피자별 학생 수

피자	불고기	치즈	고구마	새우	합계
학생 수(명)	17	25	22	16	80

좋아하는 피자별 학생 수

피자	학생 수
불고기	
치즈	
고구마	
새우	

◇ 10명
◇ 1명

12

좋아하는 채소별 학생 수

채소	당근	오이	가지	양파	합계
학생 수(명)	23	16	11	14	64

좋아하는 채소별 학생 수

채소	학생 수
당근	
오이	
가지	
양파	

◇ 10명
◇ 1명

6단원 42회

◆ 그림그래프를 보고 ☐ 안에 알맞게 써넣으세요.

1 좋아하는 음식별 학생 수

음식	학생 수
라면	
국수	
냉면	
우동	

😊 10명 😊 1명

가장 많은 학생들이 좋아하는 음식은

☐ 이고, ☐ 명입니다.

2 문구점별 공책 판매량

문구점	판매량
가	
나	
다	
라	

🟩 10권 🟩 1권

공책 판매량이 가장 많은 문구점은

☐ 문구점이고, ☐ 권입니다.

3 마을별 쌀 생산량

마을	생산량
가	
나	
다	
라	

100 kg 10 kg

쌀 생산량이 가장 많은 마을은

☐ 마을이고, ☐ kg입니다.

◆ 그림그래프를 보고 표를 완성해 보세요.

4 좋아하는 곤충별 학생 수

곤충	학생 수
잠자리	
나비	
거미	

😊 10명 😊 1명

좋아하는 곤충별 학생 수

곤충	잠자리	나비	거미	합계
학생 수(명)	33			

5 월별 자동차 판매량

월	판매량
5월	
6월	
7월	

🚗 10대 🚗 1대

월별 자동차 판매량

월	5월	6월	7월	합계
판매량(대)				

6 좋아하는 민속놀이별 학생 수

민속놀이	학생 수
투호	
윷놀이	
널뛰기	

😊 10명 😊 1명

좋아하는 민속놀이별 학생 수

민속놀이	투호	윷놀이	널뛰기	합계
학생 수(명)				

◆ **표와 그림그래프를 완성해 보세요.**

7 받고 싶은 선물별 학생 수

선물	장난감	게임기	책	합계
학생 수(명)	20		8	50

받고 싶은 선물별 학생 수

선물	학생 수
장난감	
게임기	◎ ◎ ○ ○
책	

◎ 10명
○ 1명

8 농장별 딸기 생산량

농장	가	나	다	합계
생산량(kg)	110	230		500

농장별 딸기 생산량

농장	생산량
가	
나	
다	△ △ △ △ △ △ △

△ 100 kg
△ 10 kg

9 학생별 도서관에서 빌린 책 수

이름	정우	세희	호준	은아	합계
책 수(권)	12		25		75

학생별 도서관에서 빌린 책 수

이름	책 수
정우	
세희	□ □ □ □ □ □ □ □
호준	
은아	□ □ □

□ 10권
□ 1권

◆ **조사한 자료를 보고 표와 그림그래프로 나타내세요.**

10
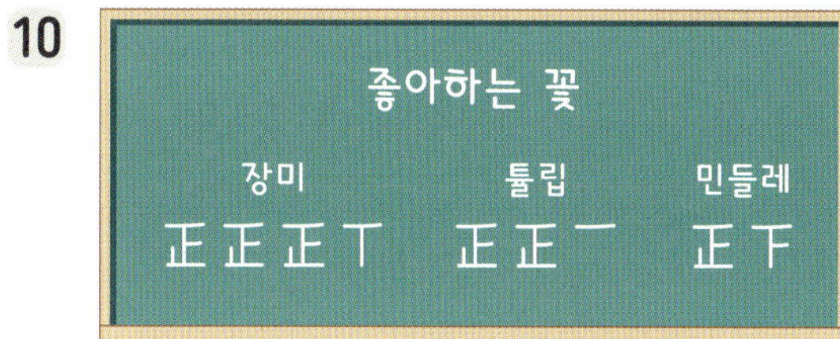

좋아하는 꽃별 학생 수

꽃	장미	튤립	민들레	합계
학생 수(명)	17			

좋아하는 꽃별 학생 수

꽃	학생 수
장미	
튤립	
민들레	

◎ 10명
○ 1명

11

가 보고 싶은 나라별 학생 수

나라	미국	영국	프랑스	일본	합계
학생 수(명)					

가 보고 싶은 나라별 학생 수

나라	학생 수
미국	
영국	
프랑스	
일본	

◎ 10명
○ 1명

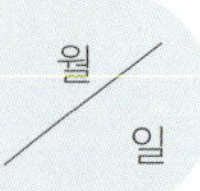

◆ 곱셈을 해 보세요.

1 ① 123 × 2   ② 123 × 3

2 ① 218 × 3   ② 218 × 4

3 ① 339 × 6   ② 339 × 8

4 ① 45 × 70   ② 45 × 90

5 ① 4 × 29   ② 4 × 83

6 ① 12 × 53   ② 12 × 27

7 ① 67 × 42   ② 67 × 73

◆ 나눗셈을 해 보세요.

8 ① 3⟌90   ② 5⟌90

9 ① 2⟌84   ② 4⟌84

10 ① 3⟌78   ② 6⟌78

11 ① 4⟌47   ② 5⟌47

12 ① 5⟌93   ② 8⟌93

13 ① 6⟌768   ② 8⟌768

14 ① 4⟌655   ② 9⟌655

◆ ☐ 안에 알맞은 수를 써넣으세요.

15

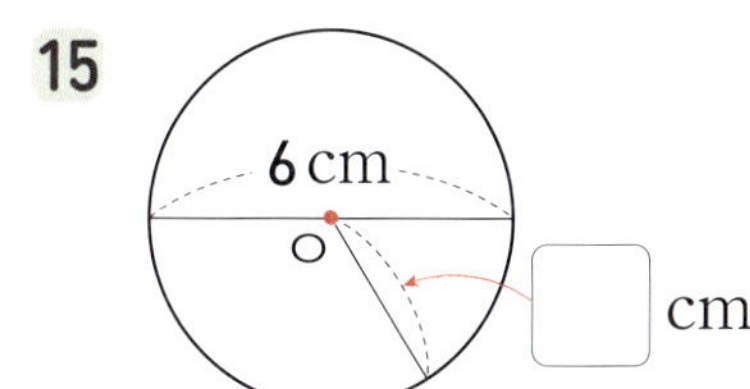

16

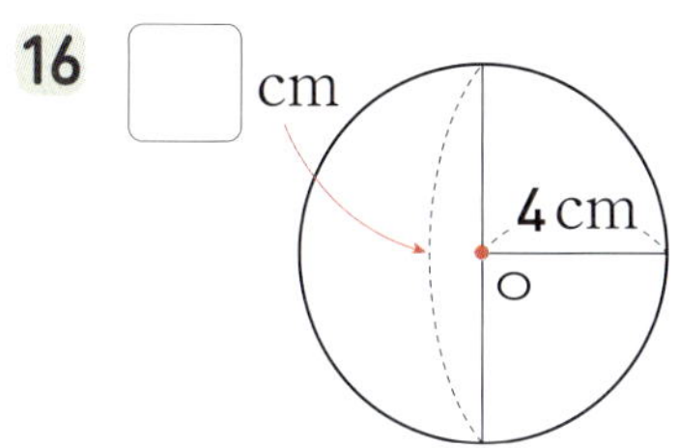

17

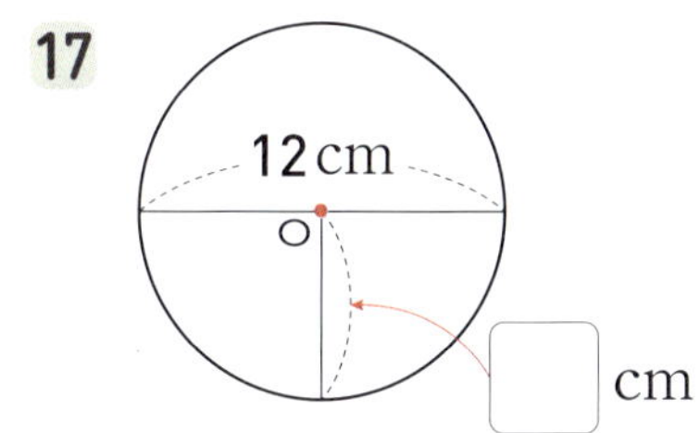

18

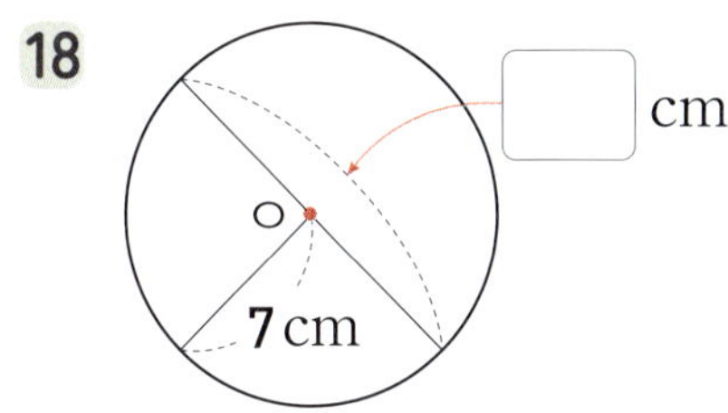

19

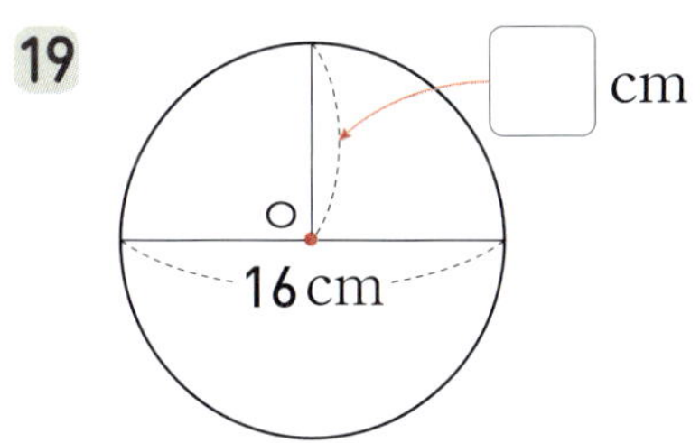

20

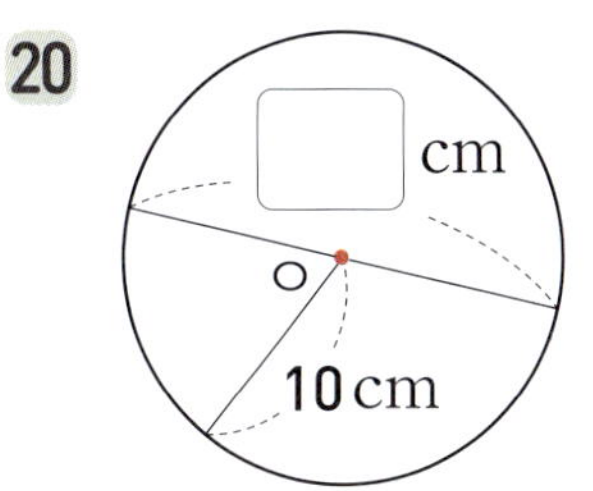

◆ 색칠한 부분은 전체의 얼마인지 분수로 나타내세요.

21

$\dfrac{☐}{☐}$

22

$\dfrac{☐}{☐}$

23

$\dfrac{☐}{☐}$

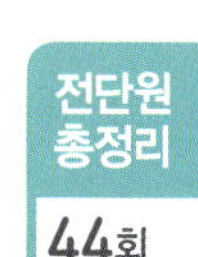

◆ 대분수를 가분수로, 가분수를 대분수로 나타내세요.

24 $3\dfrac{1}{9}$ → (   )

25 $5\dfrac{2}{7}$ → (   )

26 $\dfrac{19}{2}$ → (   )

27 $\dfrac{38}{8}$ → (   )

◆ ☐ 안에 알맞은 수를 써넣으세요.

28 2 L 400 mL = ☐ mL

29 6700 mL = ☐ L ☐ mL

30 4 kg 100 g = ☐ g

31 9800 g = ☐ kg ☐ g

32 3200 kg = ☐ t ☐ kg

◆ 들이와 무게의 계산을 해 보세요.

33
① 　 3 L 600 mL
　 + 1 L 300 mL

② 　 3 L 600 mL
　 − 1 L 300 mL

34
① 　 5 L 250 mL
　 + 3 L 670 mL

② 　 5 L 250 mL
　 − 3 L 670 mL

35
① 　 3 kg
　 + 2 kg 300 g

② 　 3 kg
　 − 2 kg 300 g

36
① 　 6 kg 810 g
　 + 1 kg 220 g

② 　 6 kg 810 g
　 − 1 kg 220 g

◆ 그림그래프를 보고 ☐ 안에 알맞은 수를 써넣으세요.

37 가게별 우유 판매량

가게	판매량
가	
나	
다	
라	

우유 10개
우유 1개

① 나 가게의 판매량: ☐ 개

② 라 가게의 판매량: ☐ 개

38 좋아하는 새별 학생 수

새	학생 수
까치	
독수리	
앵무새	
제비	

◎ 10명
○ 1명

① 까치를 좋아하는 학생 수: ☐ 명

② 앵무새를 좋아하는 학생 수: ☐ 명

39 농장별 귤 생산량

농장	생산량
금빛	
올레	
초록	
나눔	

◎ 100 kg
○ 10 kg

① 금빛 농장의 생산량: ☐ kg

② 초록 농장의 생산량: ☐ kg

동아출판 초등 무료 스마트러닝

엄마표 학습 큐브

큐브챌린지란?

큐브로 6주간 매주 자녀와
학습한 내용을 기록하고,
같은 목표를 가진 엄마들과 소통하며
함께 성장할 수 있는
엄마표 학습단입니다.

큐브챌린지 이런 점이 좋아요

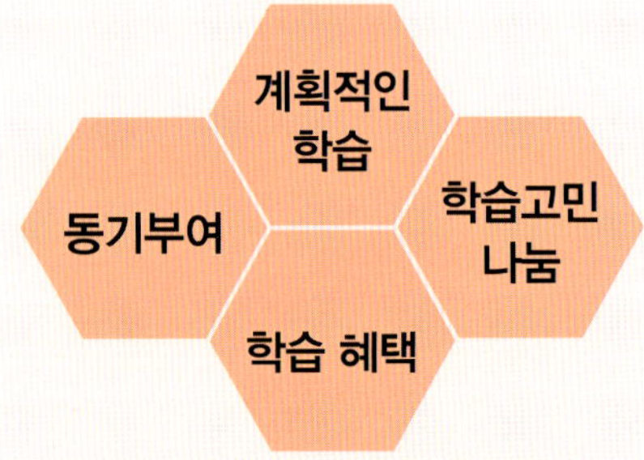

학습 태도 변화

학습단 참여 후 우리 아이는
"꾸준히 학습하는 습관이 잡혔어요."
"성취감이 높아졌어요."
"수학에 자신감이 생겼어요."

학습 지속률

10명 중 8.3명

학습 스케줄

매일 **4**쪽씩 학습!

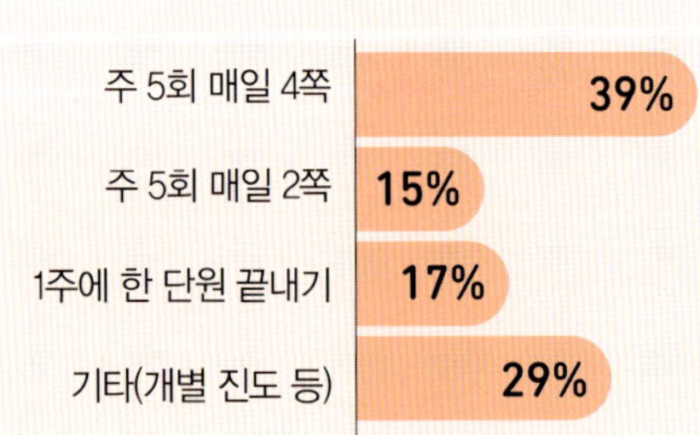

항목	비율
주 5회 매일 4쪽	39%
주 5회 매일 2쪽	15%
1주에 한 단원 끝내기	17%
기타(개별 진도 등)	29%

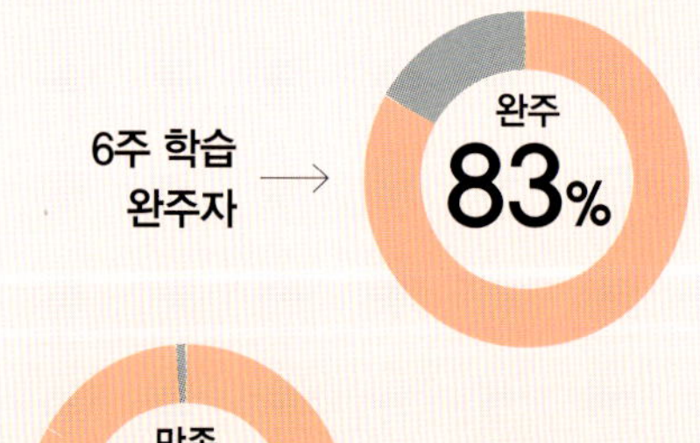

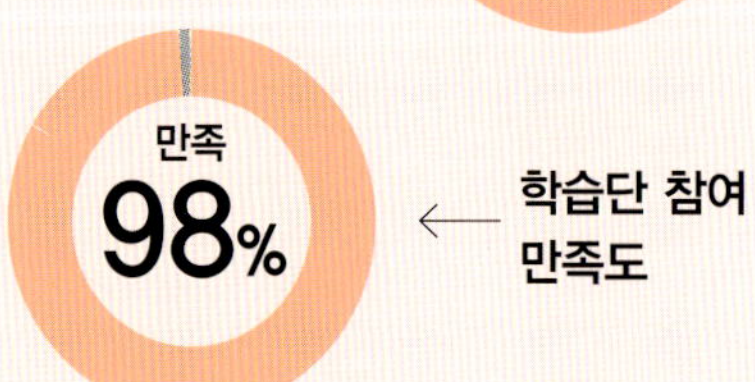

학습 참여자 2명 중 1명은

6주 간 1권 끝!

큐브 연산

초등 수학

3·2

모바일 쉽고 편리한 빠른 정답

정답

정답

초등 수학 **3·2**

차례

	단원명	회차	정답 쪽수
1	곱셈	01~09회	01~06쪽
2	나눗셈	10~18회	07~14쪽
3	원	19~23회	14~17쪽
4	분수	24~33회	18~24쪽
5	들이와 무게	34~39회	25~29쪽
6	그림그래프	40~43회	29~32쪽
	[평가] 1~6단원 총정리	44회	32쪽

모바일 빠른 정답
QR코드를 찍으면 **정답**을 쉽고 빠르게 확인할 수 있습니다.

01회 (세 자리 수) × (한 자리 수) (1)

008쪽 | 개념

1 200, 60, 8 / 268
2 300, 30, 9 / 339
3 200, 40, 8 / 248

4 ① 246 ② 264
5 ① 393 ② 339
6 ① 848 ② 884
7 ① 939 ② 993
8 ① 648 ② 684

009쪽 | 연습

9 ① 336 ② 448
10 ① 244 ② 366
11 ① 422 ② 844
12 ① 464 ② 696
13 ① 642 ② 963
14 ① 664 ② 996

15 ① 228 ② 462
16 ① 424 ② 826
17 ① 642 ② 686
18 ① 369 ② 693
19 ① 666 ② 963
20 ① 484 ② 808
21 ① 488 ② 888
22 ① 440 ② 884

010쪽 | 적용

※ **23**~**27**은 위에서부터 채점하세요.

23 222, 444
24 442, 663
25 622, 933
26 224, 448
27 666, 999

28 <
29 >
30 <
31 >
32 <
33 >
34 >
35 <

011쪽 | 완성

36 663
37 484
38 644
39 624
40 639
41 486

+문해력
42 322, 2, 644 / 644

02회 (세 자리 수) × (한 자리 수) (2)

012쪽 | 개념

1 300, 60, 24 / 384
2 500, 350, 5 / 855
3 1200, 60, 4 / 1264
4 ① 1 / 232 ② 1 / 254
5 ① 2 / 860 ② 3 / 876
6 ① 1 / 924 ② 1 / 968
7 ① 2 / 813 ② 2 / 879
8 ① 1555 ② 3050

013쪽 | 연습

9 ① 351 ② 585
10 ① 304 ② 608
11 ① 564 ② 846
12 ① 618 ② 927
13 ① 1236 ② 1648
14 ① 2040 ② 3570

15 ① 258 ② 788
16 ① 675 ② 1233
17 ① 464 ② 928
18 ① 755 ② 1050
19 ① 786 ② 1866
20 ① 784 ② 917
21 ① 896 ② 4088
22 ① 927 ② 963

1단원

014쪽 | 적용

23 486, 651
24 836, 2484
25 846, 1266
26 456, 1020
27 700, 2055

28 (　)(○)
29 (○)(　)
30 (　)(○)
31 (○)(　)
32 (　)(○)
33 (　)(○)
34 (　)(○)

015쪽 | 완성

35 

36

37

38

39

40

+문해력
41 450, 2, 900 / 900

03회 (세 자리 수)×(한 자리 수) (3)

016쪽 | 개념

1 500, 250, 15 / 765
2 1800, 240, 6 / 2046
3 4000, 240, 16 / 4256
4 ① 1, 1 / 558　② 1, 1 / 572
5 ① 1 / 1248　② 2 / 1551
6 ① 3 / 2728　② 3 / 3164
7 ① 1, 2 / 5061　② 2, 3 / 5145
8 ① 1, 1 / 1718　② 1, 1 / 1794

017쪽 | 연습

9 ① 572　② 858
10 ① 1080　② 1296
11 ① 1484　② 2597
12 ① 1272　② 1696
13 ① 3258　② 4344
14 ① 1316　② 3290
15 ① 336　② 1124
16 ① 801　② 1524
17 ① 1252　② 1988
18 ① 1105　② 3170
19 ① 732　② 3144
20 ① 1491　② 2765
21 ① 3608　② 5904
22 ① 5625　② 7614

018쪽 | 적용

23 358, 895
24 1287, 2574
25 2324, 4067
26 1710, 2280
27 1107, 2583
28 2425, 4365

29 ㉡
30 ㉠
31 ㉠
32 ㉡
33 ㉡
34 ㉡
35 ㉡

019쪽 | 완성

36 4, 1892
37 2, 398
38 5, 1875
39 3, 1611

+문해력
40 238, 5, 1190 / 1190

04회 (몇십)×(몇십) / (몇십몇)×(몇십)

020쪽 | 개념

1 7 / 700
2 6 / 600
3 20 / 2000
4 45 / 4500
5 48 / 4800
6 63 / 6300
7 42 / 420
8 87 / 870
9 192 / 1920
10 296 / 2960
11 180 / 1800
12 522 / 5220

021쪽 | 연습

13 ① 400 ② 500
14 ① 900 ② 2100
15 ① 1000 ② 3000
16 ① 340 ② 850
17 ① 860 ② 1720
18 ① 2040 ② 5440
19 ① 200 ② 1800
20 ① 1500 ② 3500
21 ① 2400 ② 5400
22 ① 4000 ② 7200
23 ① 750 ② 1260
24 ① 760 ② 2120
25 ① 2310 ② 4270
26 ① 2340 ② 4050

022쪽 | 적용

※ 27 ~ 31 은 위에서부터 채점하세요.

27 1400, 1200
28 3200, 2800
29 320, 960
30 1140, 1900
31 2080, 3640

32 >
33 >
34 =
35 >
36 <
37 <
38 >
39 <

023쪽 | 완성

40 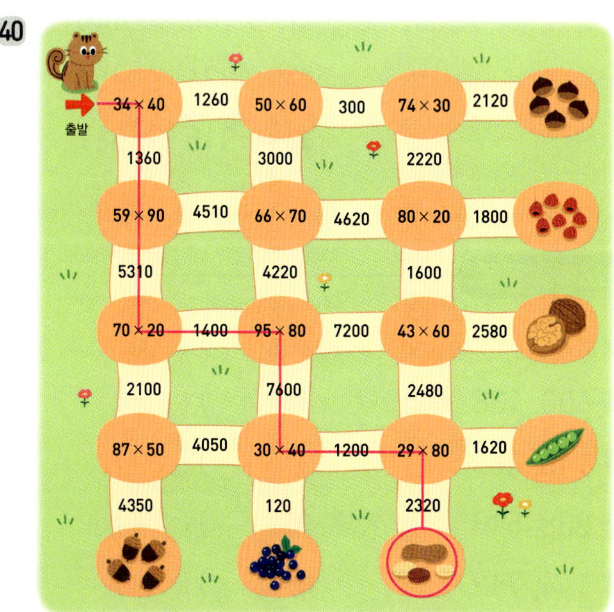

+문해력
41 30, 40, 1200 / 1200

05회 (한 자리 수) × (두 자리 수)

024쪽 | 개념

1 120, 4 / 124
2 120, 15 / 135
3 420, 54 / 474
4 210, 56 / 266
5 ① 144   ② 279
6 ① 4 / 245 ② 3 / 512
7 ① 2 / 180 ② 4 / 402
8 ① 5 / 406 ② 5 / 774
9 ① 1 / 132 ② 2 / 175

025쪽 | 연습

10 ① 54   ② 102
11 ① 112 ② 188
12 ① 80   ② 265
13 ① 186 ② 408
14 ① 175 ② 364
15 ① 296 ② 552

16 ① 48   ② 60
17 ① 28   ② 126
18 ① 63   ② 126
19 ① 156 ② 273
20 ① 88   ② 308
21 ① 168 ② 448
22 ① 236 ② 354
23 ① 315 ② 567

026쪽 | 적용

24 52, 51
25 600, 138
26 145, 260
27 238, 513
28 144, 712
29 184, 456

30 (○) (   )
31 (   ) (○)
32 (○) (   )
33 (   ) (○)
34 (   ) (○)
35 (○) (   )
36 (○) (   )

027쪽 | 완성

37 115
38 132
39 147
40 225

+문해력
41 5, 19, 95 / 95

06회 (두 자리 수) × (두 자리 수) (1)

028쪽 | 개념

1 140, 84 / 224
2 480, 16 / 496
3 840, 147 / 987
4 1280, 64 / 1344
5 ① 65, 260 / 325 ② 168, 420 / 588
6 ① 38, 760 / 798 ② 81, 4860 / 4941
7 ① 72, 240 / 312 ② 61, 1830 / 1891

029쪽 | 연습

8 ① 195 ② 936
9 ① 210 ② 240
10 ① 399 ② 1092
11 ① 525 ② 775
12 ① 448 ② 1376
13 ① 444 ② 777

14 ① 247 ② 559
15 ① 527 ② 867
16 ① 378 ② 738
17 ① 350 ② 775
18 ① 468 ② 756
19 ① 588 ② 1008
20 ① 624 ② 1612
21 ① 852 ② 3621

030쪽 | 적용

22 182, 663

23 420, 735

24 868, 1922

25 255, 285

26 966, 1302

27 636, 1113

031쪽 | 완성

33

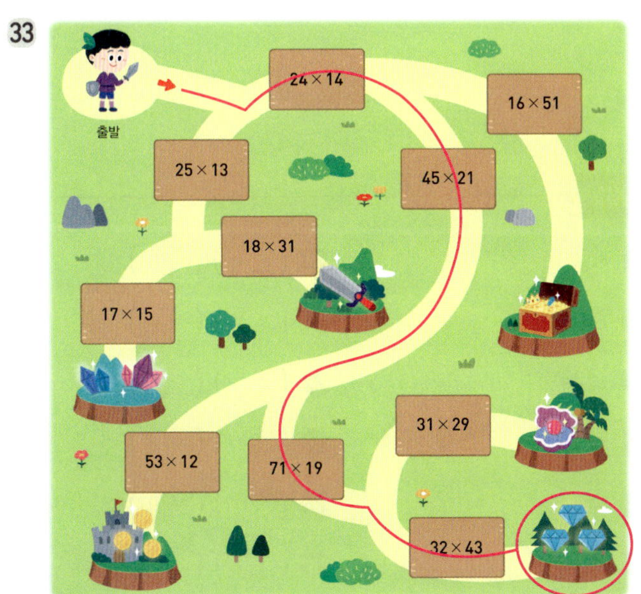

+문해력

34 25, 31, 775 / 775

07회 (두 자리 수)×(두 자리 수) (2)

032쪽 | 개념

1 380, 114 / 494

2 750, 200 / 950

3 1850, 148 / 1998

4 2480, 558 / 3038

5 ① 243, 540 / 783　② 184, 1150 / 1334

6 ① 272, 2040 / 2312　② 230, 3680 / 3910

7 ① 468, 3640 / 4108　② 582, 3880 / 4462

033쪽 | 연습

8 ① 391　② 816

9 ① 1357　② 1541

10 ① 1575　② 2415

11 ① 912　② 1634

12 ① 1886　② 2788

13 ① 1908　② 3816

14 ① 532　② 1007

15 ① 814　② 1430

16 ① 442　② 1404

17 ① 925　② 1554

18 ① 1548　② 2064

19 ① 1300　② 2184

20 ① 2262　② 4756

21 ① 1755　② 2925

034쪽 | 적용

22 486, 918

23 1075, 2279

24 2210, 4030

25 722, 1425

26 1656, 3132

27 4806, 4968

28 ㉠

29 ㉠

30 ㉡

31 ㉡

32 ㉠

33 ㉡

34 ㉠

035쪽 | 완성

35

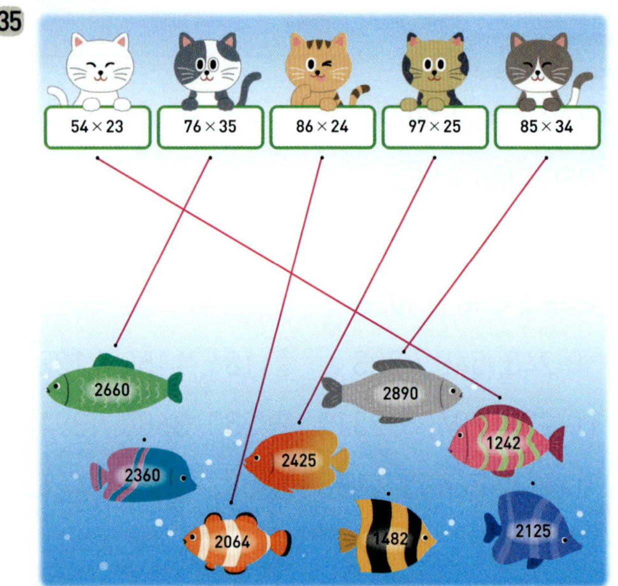

+문해력
36 18, 36, 648 / 648

037쪽

15	① 426	② 648	**23**	① 120	② 216
16	① 336	② 966	**24**	① 124	② 248
17	① 705	② 1055	**25**	① 138	② 322
18	① 678	② 846	**26**	① 228	② 636
19	① 1364	② 1808	**27**	① 455	② 735
20	① 3504	② 3774	**28**	① 888	② 1152
21	① 1200	② 2100	**29**	① 805	② 1610
22	① 800	② 4200	**30**	① 1140	② 4408

09회 평가 B

038쪽

1	339, 848	**7**	324, 252
2	1446, 783	**8**	240, 384
3	2076, 2922	**9**	364, 936
4	4000, 4200	**10**	272, 425
5	2700, 1120	**11**	1435, 3220
6	2250, 5220		

039쪽

12 <		**20** (○) ( )
13 >		**21** (○) ( )
14 <		**22** ( ) (○)
15 <		**23** (○) ( )
16 =		**24** ( ) (○)
17 <		**25** (○) ( )
18 >		**26** ( ) (○)
19 >		

08회 평가 A

036쪽

1	① 462	② 693	**8**	① 160	② 355
2	① 426	② 568	**9**	① 162	② 405
3	① 1264	② 1580	**10**	① 496	② 816
4	① 2290	② 3206	**11**	① 1302	② 1512
5	① 800	② 1800	**12**	① 648	② 1548
6	① 1290	② 3010	**13**	① 1431	② 3286
7	① 3480	② 5220	**14**	① 3081	② 6636

10회 (몇십)÷(몇)

042쪽 | 개념

1 20

2 40

3 20, 5 / 25

4 10, 2 / 12

5
$$4)\overline{4} \rightarrow 4)\overline{4\,0}$$
(1; 4, 0 / 10; 4, 0)

6
$$7)\overline{7} \rightarrow 7)\overline{7\,0}$$
(1; 7, 0 / 10; 7, 0)

7
$$5)\overline{8} \rightarrow 5)\overline{8\,0}$$
(1; 5, 3 / 16; 5, 30, 30, 0)

8
$$2)\overline{9} \rightarrow 2)\overline{9\,0}$$
(4; 8, 1 / 45; 8, 10, 10, 0)

043쪽 | 연습

9 ① 20 ② 10

10 ① 25 ② 10

11 ① 30 ② 15

12 ① 35 ② 10

13 ① 20 ② 10

14 ① 18 ② 10

15 ① 10 ② 15

16 ① 25 ② 30

17 ① 40 ② 45

18 ① 10 ② 30

19 ① 15 ② 20

20 ① 12 ② 14

21 ① 16 ② 18

22 ① 10 ② 15

044쪽 | 적용

23 25, 10

24 35, 10

25 30, 10

26 30, 10

27 16, 10

28 20, 10

29 <

30 =

31 >

32 <

33 <

34 >

35 =

36 >

045쪽 | 완성

37 80÷5

38 70÷5

39 80÷4

40 70÷2

+문해력

41 90, 2, 45 / 45

11회 (두 자리 수)÷(한 자리 수) (1)

046쪽 | 개념

1 10, 4 / 14

2 10, 3 / 13

3 30, 1 / 31

4
$$2)\overline{8\,4}$$
42; 8 0 ← 2×40; 4; 4 ← 2×2; 0

5
```
      1 1
  7 ) 7 7
      7 0  ← 7 × 10
      ───
        7
        7  ← 7 × 1
      ───
        0
```

6
```
      2 1
  3 ) 6 3
      6 0  ← 3 × 20
      ───
        3
        3  ← 3 × 1
      ───
        0
```

047쪽 | 연습

7 ① 12 ② 22

8 ① 32 ② 41

9 ① 11 ② 34

10 ① 23 ② 44

11 ① 11 ② 22

12 ① 12 ② 32

13 ① 11 ② 21

14 24 / 2 × 24 = 48

15 13 / 2 × 13 = 26

16 33 / 3 × 33 = 99

17 22 / 4 × 22 = 88

18 11 / 5 × 11 = 55

19 11 / 6 × 11 = 66

048쪽 | 적용

20 23, 42

21 23, 31

22 33, 43

23 12, 22

24 11, 31

25 (○) (   )

26 (○) (   )

27 (   ) (○)

28 (   ) (○)

29 (○) (   )

30 (   ) (○)

31 (○) (   )

049쪽 | 완성

32

+문해력

33 39, 3, 13 / 13

12회 (두 자리 수)÷(한 자리 수) (2)

050쪽 | 개념

1 10, 8 / 18

2 10, 3 / 13

3 20, 5 / 25

4
```
      1 6
  4 ) 6 4
      4 0  ← 4 × 10
      ───
      2 4
      2 4  ← 4 × 6
      ───
        0
```

5
```
      1 2
  7 ) 8 4
      7 0  ← 7 × 10
      ───
      1 4
      1 4  ← 7 × 2
      ───
        0
```

6

$$6\overline{\smash{)}96}$$
16
$6\,0 \leftarrow 6 \times 10$
$3\,6$
$3\,6 \leftarrow 6 \times 6$
0

31

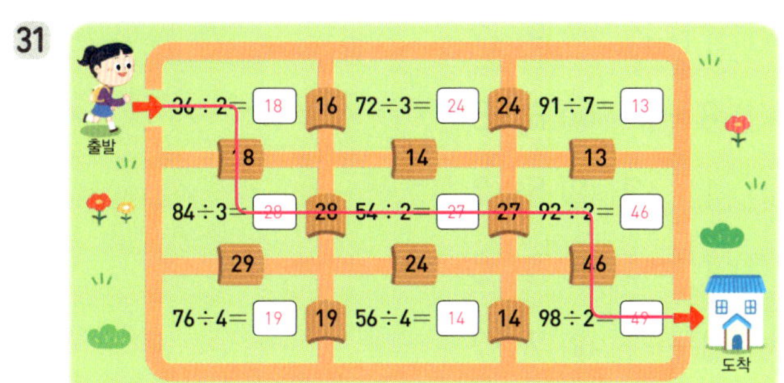

32

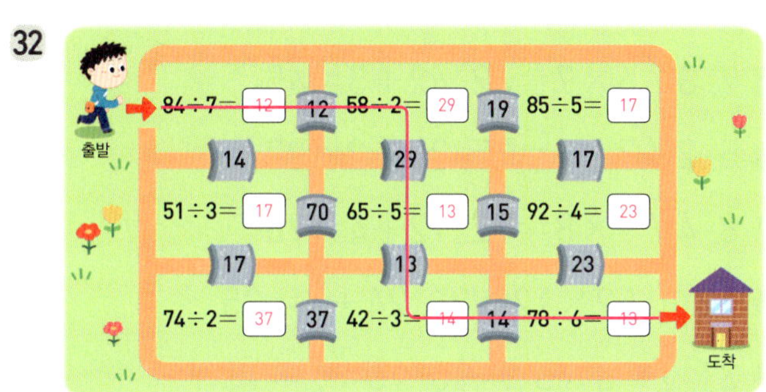

+문해력

33 57, 3, 19 / 19

7 ① 28 ② 14

8 ① 18 ② 12

9 ① 25 ② 15

10 ① 28 ② 14

11 ① 46 ② 23

12 ① 49 ② 14

13 $17 / 2 \times 17 = 34$

14 $29 / 2 \times 29 = 58$

15 $26 / 3 \times 26 = 78$

16 $17 / 4 \times 17 = 68$

17 $19 / 5 \times 19 = 95$

18 $13 / 7 \times 13 = 91$

13회 (두 자리 수)÷(한 자리 수) (3)

1 4, 3

2 5, 4

3 12, 2

4 23, 1

19 19

20 38

21 17

22 24

23 13

24 17

25 19

26, **27**, **28**, **29**, **30**

5
$$4\overline{\smash{)}29}$$
7
$2\,8 \leftarrow 4 \times 7$
1

6
$$7\overline{\smash{)}57}$$
8
$5\,6 \leftarrow 7 \times 8$
1

7
$$8\overline{\smash{)}45}$$
5
$4\,0 \leftarrow 8 \times 5$
5

8
$$9\overline{\smash{)}61}$$
6
$5\,4 \leftarrow 9 \times 6$
7

055쪽 | 연습

9 ① 11…2 ② 8…3

10 ① 8…1 ② 6…5

11 ① 11…3 ② 5…7

12 ① 11…4 ② 8…3

13 ① 31…1 ② 7…7

14 ① 21…1 ② 10…5

15 7, 3 / 6×7=42, 42+3=45

16 5, 2 / 7×5=35, 35+2=37

17 8, 4 / 9×8=72, 72+4=76

18 12, 1 / 2×12=24, 24+1=25

19 31, 2 / 3×31=93, 93+2=95

20 11, 3 / 5×11=55, 55+3=58

056쪽 | 적용

21 10, 2 / 6, 2

22 11, 2 / 6, 4

23 42, 1 / 10, 5

24 11, 1 / 9, 2

25 22, 2 / 8, 4

26 21, 3 / 9, 6

27 3, 3

28 5, 4

29 9, 3

30 8, 5

31 40, 1

32 32, 2

33 10, 4

057쪽 | 완성

34

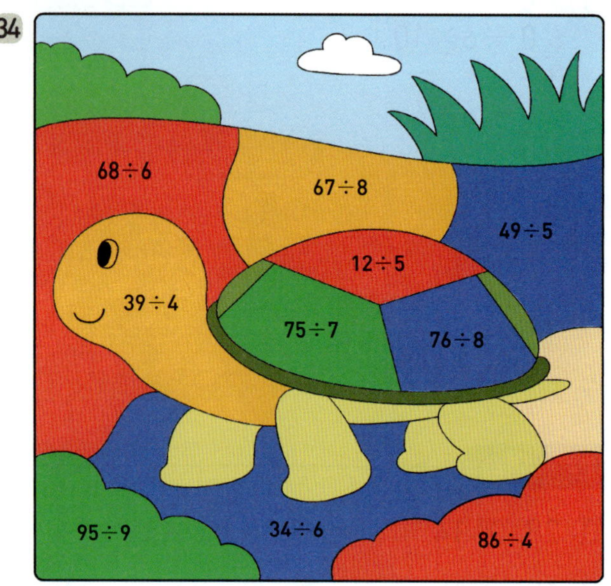

+문해력

35 60, 7, 8, 4 / 8, 4

14회 (두 자리 수)÷(한 자리 수)(4)

058쪽 | 개념

1 17, 1

2 13, 2

3 14, 3

4 12, 4

5
$$
\begin{array}{r}
1\,2 \\
6\overline{)7\,3} \\
6\,0 \leftarrow 6\times10 \\
\hline
1\,3 \\
1\,2 \leftarrow 6\times2 \\
\hline
1
\end{array}
$$

6
$$
\begin{array}{r}
2\,8 \\
3\overline{)8\,6} \\
6\,0 \leftarrow 3\times20 \\
\hline
2\,6 \\
2\,4 \leftarrow 3\times8 \\
\hline
2
\end{array}
$$

7
$$
\begin{array}{r}
2\,3 \\
4\overline{)9\,5} \\
8\,0 \leftarrow 4\times20 \\
\hline
1\,5 \\
1\,2 \leftarrow 4\times3 \\
\hline
3
\end{array}
$$

8 ① 26…1 ② 17…2

9 ① 19…1 ② 14…2

10 ① 16…3 ② 13…2

11 ① 18…3 ② 12…3

12 ① 17…1 ② 14…2

13 ① 29…1 ② 12…4

14 ① 18…4 ② 11…6

15 18, 1 / $2 \times 18 = 36$, $36 + 1 = 37$

16 14, 2 / $3 \times 14 = 42$, $42 + 2 = 44$

17 22, 3 / $4 \times 22 = 88$, $88 + 3 = 91$

18 12, 4 / $6 \times 12 = 72$, $72 + 4 = 76$

19 11, 6 / $7 \times 11 = 77$, $77 + 6 = 83$

20 11, 7 / $8 \times 11 = 88$, $88 + 7 = 95$

21 28, 1 / 15, 3

22 25, 1 / 12, 2

23 13, 3 / 13, 6

24 16, 2 / 28, 1

25 29, 1 / 15, 3

26 13, 2 / 12, 3

27 (　) (○)

28 (　) (○)

29 (　) (○)

30 (○) (　)

31 (　) (○)

32 (○) (　)

33 (　) (○)

34 $88 \div 5$, $99 \div 6$

35 $79 \div 6$, $93 \div 2$

36 $87 \div 5$, $77 \div 3$

37 $73 \div 5$, $71 \div 4$

+문해력

38 31, 2, 15, 1 / 15, 1

15회 (세 자리 수)÷(한 자리 수) (1)

1 (계산 과정 생략)

2 (계산 과정 생략)

3 (계산 과정 생략)

4 (계산 과정 생략)

5

$$6\overline{)49} \;\rightarrow\; 6\overline{)498}$$

(왼쪽) 몫 8, 48, 1
(오른쪽) 몫 83, 48, 18, 18, 0

6 ① 66　② 33
7 ① 84　② 36
8 ① 78　② 52
9 ① 270　② 60
10 ① 168　② 112
11 ① 328　② 123

12 54 / 3×54=162
13 36 / 4×36=144
14 110 / 5×110=550
15 153 / 6×153=918
16 105 / 7×105=735
17 112 / 8×112=896

※ **18**~**22**는 위에서부터 채점하세요.

18 120, 60
19 105, 63
20 124, 93
21 252, 84
22 238, 136

23 <
24 >
25 >
26 <
27 =
28 <
29 <
30 >

31 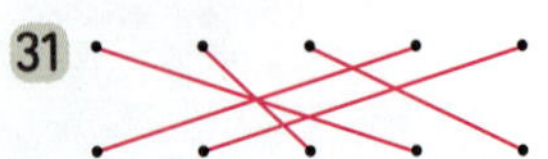

+문해력
32 280, 8, 35 / 35

16회 (세 자리 수)÷(한 자리 수) (2)

1

$$2\overline{)2} \;\rightarrow\; 2\overline{)22} \;\rightarrow\; 2\overline{)229}$$

몫 1, 11, 114

2

$$3\overline{)7} \;\rightarrow\; 3\overline{)71} \;\rightarrow\; 3\overline{)719}$$

몫 2, 23, 239

3

$$5\overline{)23} \;\rightarrow\; 5\overline{)237}$$

몫 4, 47

4

$$6\overline{)49} \;\rightarrow\; 6\overline{)496}$$

몫 8, 82

5

$$7\overline{)63} \;\rightarrow\; 7\overline{)639}$$

몫 9, 91

6 ① 92…2　② 55…3
7 ① 197…1　② 43…8
8 ① 204…1　② 102…1
9 ① 128…2　② 73…3

10 ① 223…1 ② 83…6

11 ① 149…1 ② 124…2

12 58, 1 / 3×58=174, 174+1=175

13 137, 4 / 5×137=685, 685+4=689

14 92, 3 / 6×92=552, 552+3=555

15 120, 5 / 7×120=840, 840+5=845

16 113, 1 / 8×113=904, 904+1=905

17 34, 2 / 9×34=306, 306+2=308

068쪽 | 적용

18 61, 2

19 107, 4

20 153, 3

21 98, 3

22 87, 3

23 142, 5

24 496, 1

25 88, 4

26 97, 3

27 399, 1

28 127, 4

29 121, 2

30 118, 2

069쪽 | 완성

31

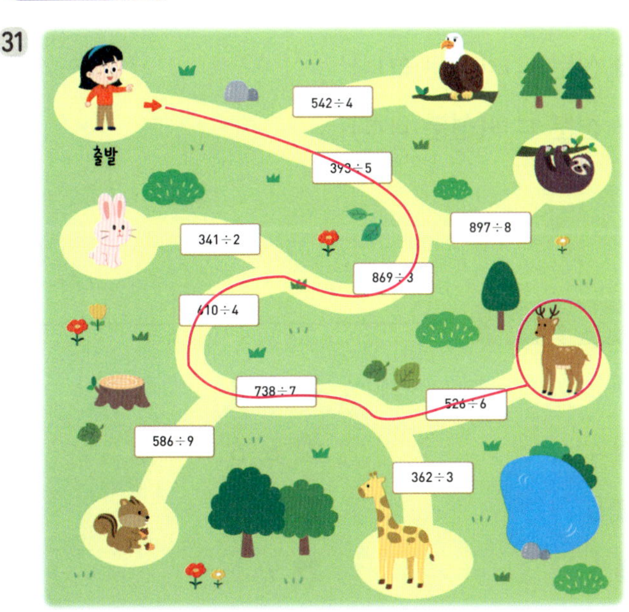

+문해력

32 425, 3, 141, 2 / 141, 2

17회 평가 A

070쪽

1 ① 12 ② 10

2 ① 39 ② 26

3 ① 44 ② 11

4 ① 48 ② 24

5 ① 175 ② 50

6 ① 171 ② 114

7 ① 256 ② 96

8 ① 11…1 ② 5…3

9 ① 10…2 ② 7…3

10 ① 23…2 ② 11…5

11 ① 18…3 ② 11…5

12 ① 150…1 ② 64…3

13 ① 205…2 ② 123…2

14 ① 487…1 ② 108…3

071쪽

15 ① 12 ② 16

16 ① 26 ② 13

17 ① 22 ② 11

18 ① 24 ② 12

19 ① 45 ② 30

20 ① 164 ② 82

21 ① 133 ② 95

22 ① 207 ② 92

23 ① 10…1 ② 6…1

24 ① 11…1 ② 7…3

25 ① 15…2 ② 12…2

26 ① 24…2　② 9…2
27 ① 48…1　② 13…6
28 ① 129…4　② 81…1
29 ① 180…3　② 80…3
30 ① 329…2　② 141…2

18회　평가 B

072쪽

1 15, 10
2 42, 28
3 152, 95
4 20, 1 / 12, 2
5 24, 6 / 36, 3
6 64, 8 / 116, 5
7 >
8 <
9 =
10 <
11 <
12 =
13 >
14 >

073쪽

15 (선잇기)
16 (선잇기)
17 (선잇기)
18 (선잇기)
19 (선잇기)
20 (　)(○)
21 (○)(　)
22 (○)(　)
23 (　)(○)
24 (○)(　)
25 (　)(○)
26 (　)(○)

19회　원의 중심, 반지름, 지름

076쪽 | 개념

1 (　)(○)
2 (　)(○)
3 (○)(　)
4 ㅇㄴ(ㄴㅇ)
5 ㅇㄷ(ㄷㅇ)
6 ㄴㄷ(ㄷㄴ)
7 ㄷㄹ(ㄹㄷ)

077쪽 | 연습

8 점 ㄴ
9 점 ㄹ
10 점 ㄷ
11 선분 ㅇㄴ(선분 ㄴㅇ)
12 선분 ㅇㄱ(선분 ㄱㅇ)
13 선분 ㅇㄹ(선분 ㄹㅇ)
14 선분 ㄷㅁ(선분 ㅁㄷ)
15 선분 ㄱㄷ(선분 ㄷㄱ)
16 선분 ㄴㅂ(선분 ㅂㄴ)
17 선분 ㄱㄹ(선분 ㄹㄱ)
18 선분 ㄴㄹ(선분 ㄹㄴ)
19 선분 ㄷㅂ(선분 ㅂㄷ)

078쪽 | 적용

20 3
21 4
22 5
23 6
24 7
25 8
26 3, 3
27 6, 6
28 7, 7
29 9
30 11
31 12

079쪽 | 완성

32 9

33 8

34 26

35 75

36 17

+문해력

37 ㄴㄹ, 3 / 지수

20회 원의 성질

080쪽 | 개념

1 4, 8

2 5, 2, 10

3 6, 2, 12

4 7, 2, 14

5 6, 3

6 8, 2, 4

7 10, 2, 5

8 12, 2, 6

081쪽 | 연습

9 8

10 10

11 12

12 18

13 22

14 24

15 3

16 5

17 7

18 8

19 10

20 13

082쪽 | 적용

21 4 cm, 2 cm

22 8 cm, 4 cm

23 18 cm, 9 cm

24 6 cm, 3 cm

25 16 cm, 8 cm

26 20 cm, 10 cm

27 14

28 3

29 6

30 8

31 8, 8

083쪽 | 완성

32

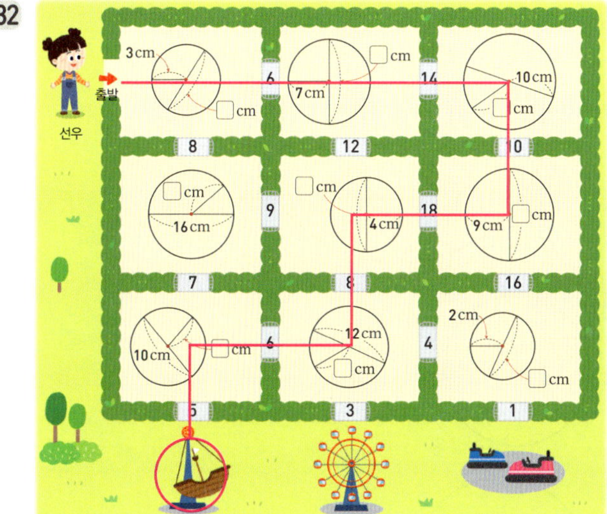

+문해력

33 10, <, 12 / 다은

21회 원 그리기

084쪽 | 개념

1 점 ㄴ

2 점 ㄱ

3 점 ㄷ

4 점 ㄱ

5 1

6 3

7 4

8 5

9
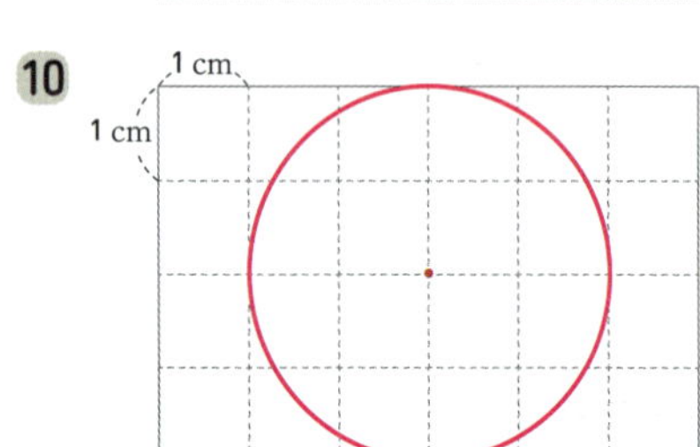

10
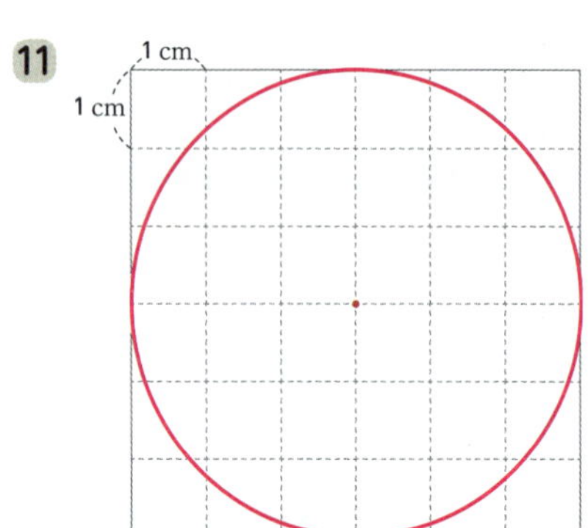

11

12
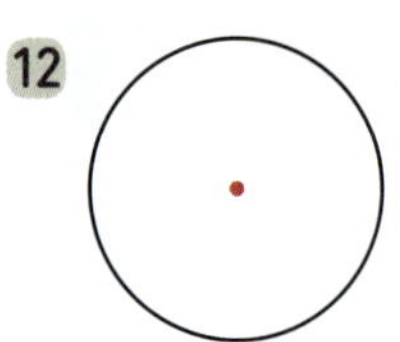

13
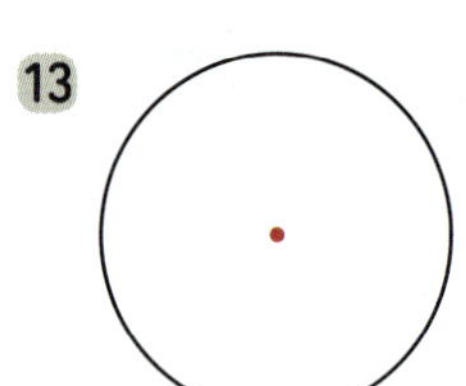

14
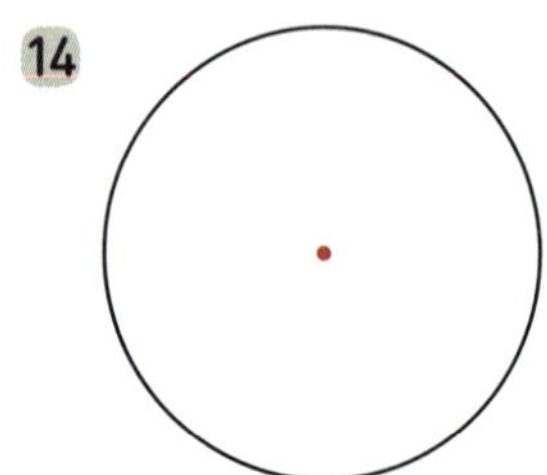

15 5

16 6

17 7

18 8

19 9

20
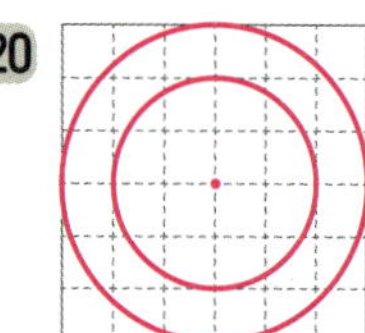

21
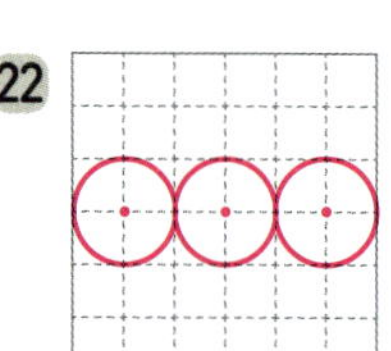

22
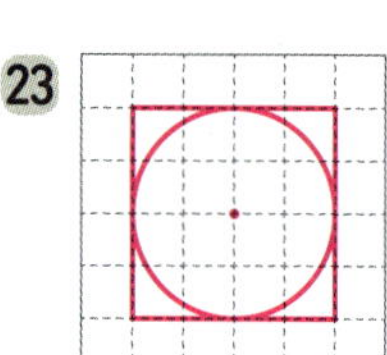

23
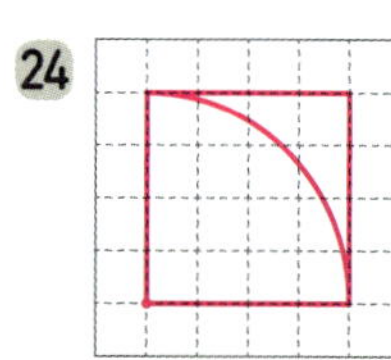

24
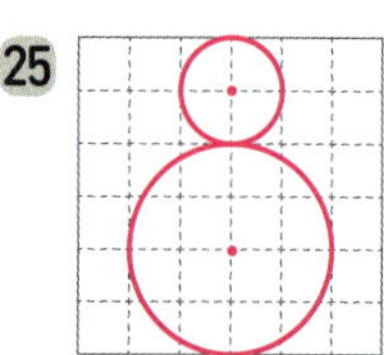

25

※ **26** ～ **28**은 표시된 지름에 맞도록 채점합니다.

26

→ 지름 2 cm

27

→ 지름 3 cm

28 
→ 지름 2 cm

+문해력
29 4, 8 / 8

22회 평가 A

088쪽

1 점 ㄴ **7** 4
2 점 ㄷ **8** 6
3 선분 ㅇㄱ(선분 ㄱㅇ) **9** 14
4 선분 ㅇㄷ(선분 ㄷㅇ) **10** 16
5 선분 ㄷㅅ(선분 ㅅㄷ) **11** 20
6 선분 ㄱㄹ(선분 ㄹㄱ) **12** 26

089쪽

13 4
14 5
15 6
16 9
17 12
18 14

19 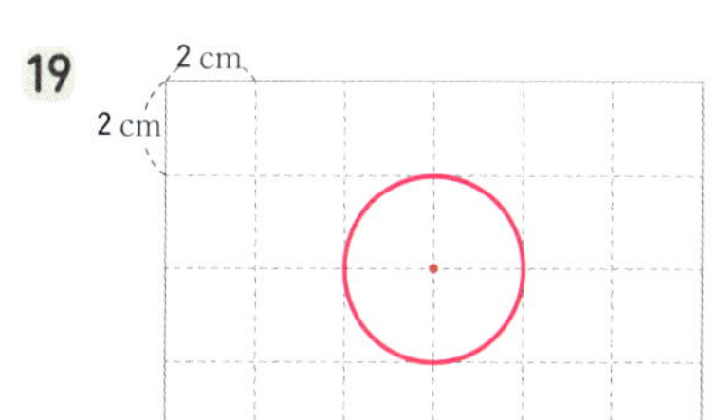
20 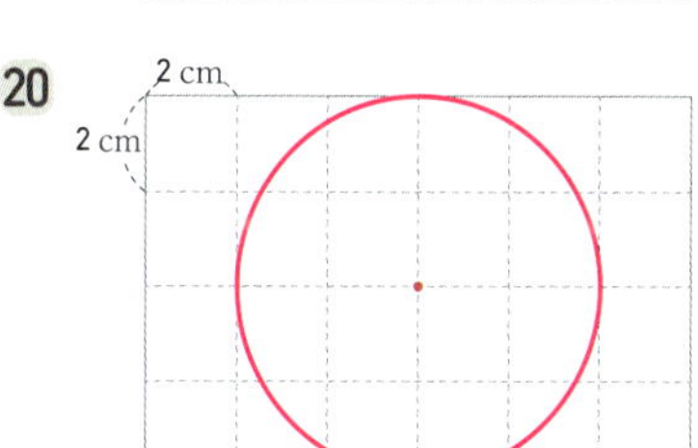
21 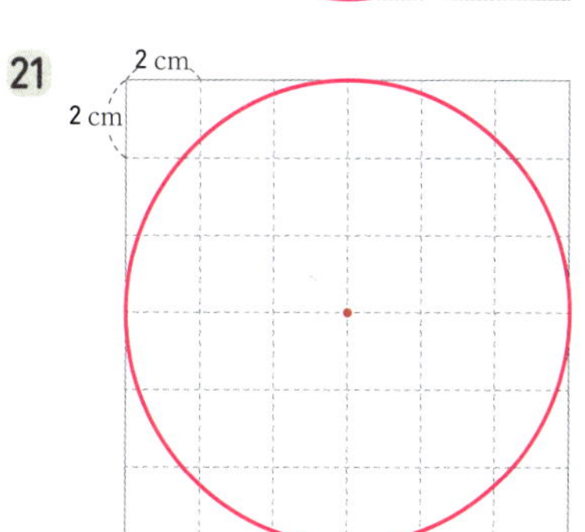

23회 평가 B

090쪽

1 6 **7** 10 cm, 5 cm
2 7 **8** 12 cm, 6 cm
3 9 **9** 14 cm, 7 cm
4 5, 5 **10** 8 cm, 4 cm
5 8, 8 **11** 12 cm, 6 cm
6 12 **12** 22 cm, 11 cm

091쪽

13 1
14 2
15 3
16 10
17 11

18 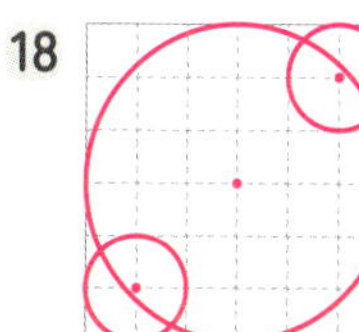
19 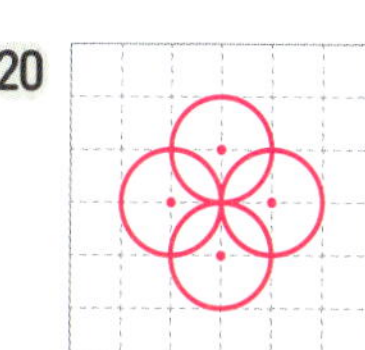
20 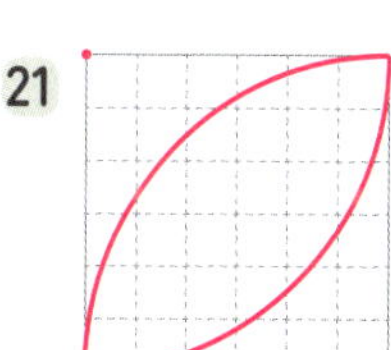
21 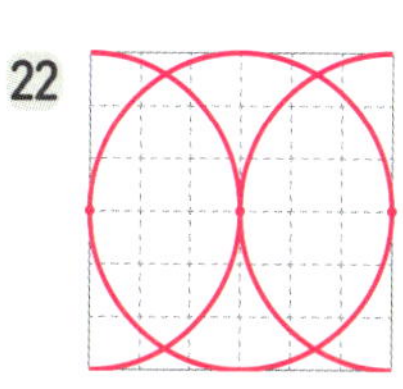
22 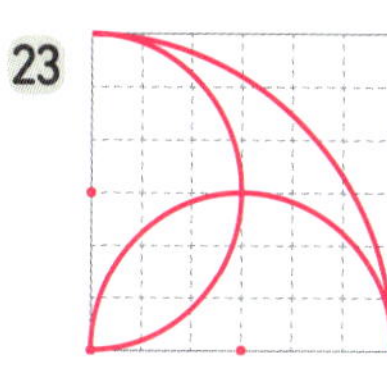
23

24회 분수로 나타내기

094쪽 | 개념

1 3, 1, $\dfrac{1}{3}$

2 3, 2, $\dfrac{2}{3}$

3 5, 1, $\dfrac{1}{5}$

4 5, 3, $\dfrac{3}{5}$

5 5, 4, $\dfrac{4}{5}$

095쪽 | 연습

6 $\dfrac{3}{4}$

7 $\dfrac{1}{2}$

8 $\dfrac{2}{3}$

9 $\dfrac{5}{6}$

10 $\dfrac{6}{9}$

11 ① $\dfrac{1}{6}$ ② $\dfrac{2}{6}$

12 ① $\dfrac{1}{5}$ ② $\dfrac{3}{5}$

13 ① $\dfrac{1}{4}$ ② $\dfrac{3}{4}$

096쪽 | 적용

14 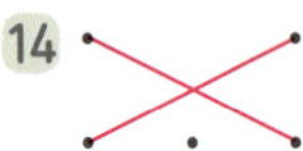

15

16

17 6, $\dfrac{3}{6}$

18 3, $\dfrac{2}{3}$

19 8, $\dfrac{5}{8}$

20 4, $\dfrac{3}{4}$

097쪽 | 완성

21 예  / $\dfrac{3}{4}$

22 예  / $\dfrac{1}{2}$

23 예  / $\dfrac{4}{5}$

24 예  / $\dfrac{5}{7}$

+문해력

25 4, 3, $\dfrac{3}{4}$ / $\dfrac{3}{4}$

25회 전체 개수의 분수만큼 알아보기

098쪽 | 개념

1 4, 4

2 3, 3

3 8, 8

4 9, 9

099쪽 | 연습

5 ① 4 ② 12

6 ① 2 ② 10

7 ① 6 ② 30

8 ① 5 ② 25

9 ① 2 ② 8

10 ① 6 ② 12

11 ① 9 ② 27

12 ① 8 ② 32

100쪽 | 적용

13 예

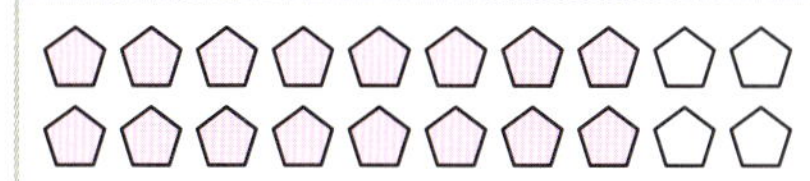

14 예

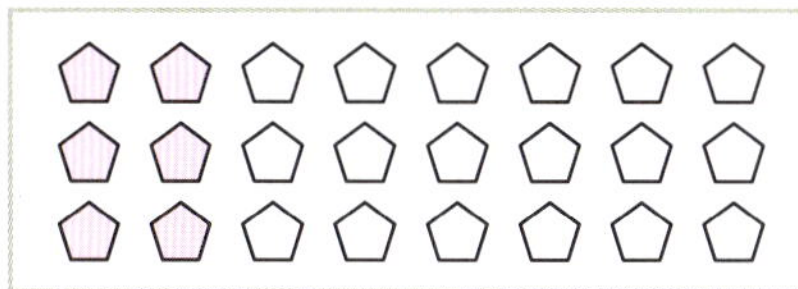

15 예

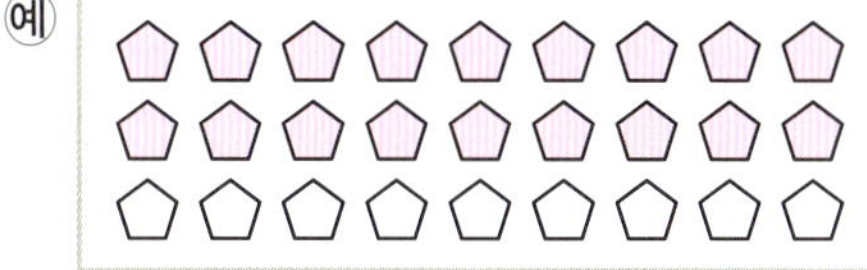

16 예

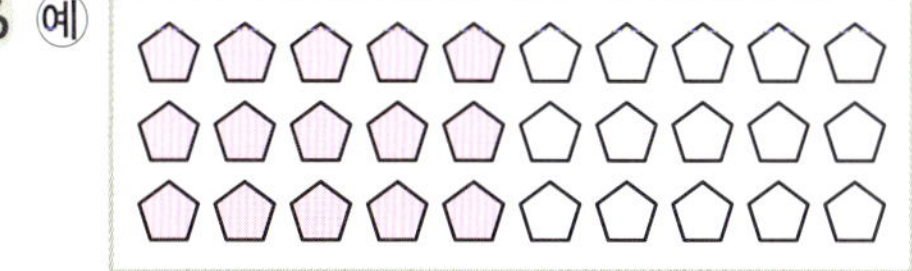

17 예

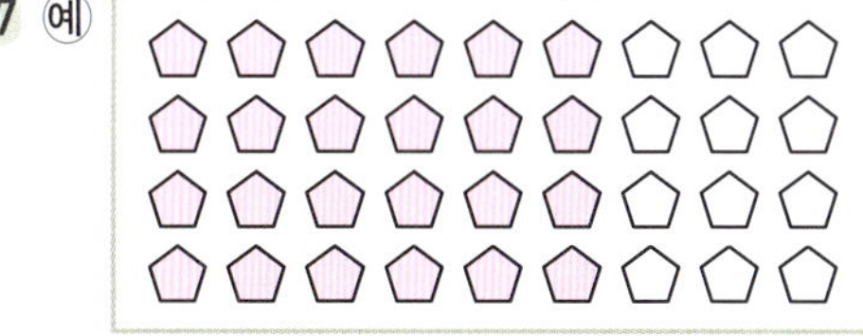

18 ① 6 ② 12 ③ 18

19 ① 5 ② 15 ③ 20

20 ① 6 ② 24 ③ 42

101쪽 | 완성

21 예

23 예

22 예

24 예

+문해력

25 28, 12 / 12

26회 전체 길이의 분수만큼 알아보기

102쪽 | 개념

1 2, 2　　　**4** 6, 6

2 3, 3　　　**5** 6, 6

3 2, 2　　　**6** 8, 8

103쪽 | 연습

7 3　　　**13** 20

8 2　　　**14** 21

9 5　　　**15** 32

10 3　　　**16** 24

11 4　　　**17** 16

12 2　　　**18** 35

104쪽 | 적용

19 (◯)
　 (　)

20 (◯)
　 (　)

21 (　)
　 (◯)

22 (　)
　 (◯)

23 (◯)
　 (　)

24 ① 5 ② 10 ③ 15

25 ① 4 ② 16 ③ 24

26 ① 4 ② 12 ③ 28

27 ① 2 ② 14 ③ 22

105쪽 | 완성

28 원숭이, 토끼, 거북

29 여우, 호랑이, 다람쥐

+문해력

30 20 / 20

4단원

27회 진분수, 가분수, 대분수

106쪽 | 개념

1 $\dfrac{1}{5}$, $\dfrac{5}{5}$

2 $\dfrac{5}{8}$, $\dfrac{8}{8}$

3 $\dfrac{11}{5}$, $\dfrac{15}{5}$

4 $\dfrac{12}{6}$, $\dfrac{16}{6}$

5 $\dfrac{14}{7}$, $\dfrac{19}{7}$

6 $1\dfrac{1}{2}$

7 $1\dfrac{3}{4}$

8 $2\dfrac{2}{5}$

9 $2\dfrac{1}{6}$

10 $2\dfrac{4}{6}$

107쪽 | 연습

11 $\dfrac{2}{15}$, $\dfrac{4}{7}$

12 $\dfrac{13}{14}$, $\dfrac{3}{6}$

13 $\dfrac{9}{10}$, $\dfrac{2}{8}$

14 $\dfrac{9}{9}$, $\dfrac{6}{2}$

15 $\dfrac{21}{12}$, $\dfrac{8}{8}$

16 $\dfrac{15}{6}$, $\dfrac{29}{20}$

17 $\dfrac{15}{14}$, $\dfrac{19}{11}$

18 $1\dfrac{1}{2}$, $3\dfrac{4}{7}$

19 $5\dfrac{3}{8}$, $1\dfrac{1}{7}$, $2\dfrac{4}{13}$

20 $3\dfrac{1}{6}$, $4\dfrac{3}{8}$

21 $1\dfrac{5}{8}$, $6\dfrac{6}{11}$, $5\dfrac{9}{14}$

22 $2\dfrac{1}{4}$, $7\dfrac{6}{7}$, $3\dfrac{2}{3}$

23 $3\dfrac{5}{13}$, $1\dfrac{4}{7}$

24 $4\dfrac{2}{9}$, $5\dfrac{9}{10}$

108쪽 | 적용

25

$\dfrac{6}{2}$	$1\dfrac{2}{3}$	$\dfrac{3}{4}$	$\dfrac{6}{5}$	$\dfrac{9}{6}$
$\dfrac{10}{7}$	$\dfrac{8}{8}$	$\dfrac{21}{9}$	$2\dfrac{3}{10}$	$\dfrac{7}{11}$
$\dfrac{6}{12}$	$\dfrac{21}{13}$	$\dfrac{15}{14}$	$\dfrac{48}{15}$	$\dfrac{16}{16}$
$4\dfrac{15}{17}$	$5\dfrac{7}{18}$	$\dfrac{8}{19}$	$\dfrac{20}{20}$	$\dfrac{21}{22}$

26

$\dfrac{23}{3}$	$\dfrac{1}{4}$	$5\dfrac{2}{5}$	$\dfrac{6}{6}$	$8\dfrac{3}{7}$
$\dfrac{4}{8}$	$8\dfrac{7}{9}$	$\dfrac{1}{10}$	$\dfrac{3}{11}$	$\dfrac{16}{12}$
$4\dfrac{8}{13}$	$\dfrac{9}{14}$	$\dfrac{10}{15}$	$6\dfrac{5}{16}$	$\dfrac{16}{17}$
$\dfrac{16}{18}$	$\dfrac{19}{19}$	$\dfrac{18}{20}$	$7\dfrac{11}{21}$	$\dfrac{25}{22}$

27

$\dfrac{2}{5}$	$7\dfrac{3}{6}$	$\dfrac{4}{7}$	$\dfrac{5}{8}$	$\dfrac{9}{9}$
$3\dfrac{6}{10}$	$\dfrac{13}{11}$	$\dfrac{1}{12}$	$\dfrac{7}{13}$	$1\dfrac{8}{14}$
$\dfrac{19}{15}$	$\dfrac{14}{16}$	$\dfrac{17}{17}$	$12\dfrac{1}{18}$	$\dfrac{6}{19}$
$5\dfrac{6}{20}$	$\dfrac{19}{21}$	$\dfrac{12}{22}$	$\dfrac{25}{23}$	$\dfrac{24}{24}$

28 $\dfrac{2}{4}$, $\dfrac{3}{4}$ / $\dfrac{4}{4}$, $\dfrac{10}{4}$ / $3\dfrac{1}{4}$

29 $\dfrac{2}{5}$ / $\dfrac{6}{5}$, $\dfrac{5}{5}$ / $7\dfrac{4}{5}$, $3\dfrac{3}{5}$

30 $\dfrac{2}{7}$, $\dfrac{4}{7}$ / $\dfrac{11}{7}$, $\dfrac{9}{7}$ / $9\dfrac{1}{7}$

31 $\dfrac{1}{10}$, $\dfrac{7}{10}$ / $\dfrac{12}{10}$ / $4\dfrac{9}{10}$, $1\dfrac{4}{10}$

32 $\dfrac{3}{15}$, $\dfrac{8}{15}$ / $\dfrac{20}{15}$, $\dfrac{15}{15}$ / $3\dfrac{13}{15}$

109쪽 | 완성

33 

35 

34 

36 

+문해력

37 $\dfrac{3}{2}$ / 예서

28회 대분수를 가분수로 나타내기

110쪽 | 개념

1 $\dfrac{10}{4}$

2 $\dfrac{8}{5}$

3 $\dfrac{11}{6}$

4 $\dfrac{23}{7}$

5 $2, \dfrac{3}{2}$

6 $8, \dfrac{11}{4}$

7 $21, \dfrac{25}{7}$

8 $16, \dfrac{21}{8}$

9 $45, \dfrac{47}{9}$

111쪽 | 연습

10 $\dfrac{7}{2}$

11 $\dfrac{18}{4}$

12 $\dfrac{34}{5}$

13 $\dfrac{44}{6}$

14 $\dfrac{39}{7}$

15 $\dfrac{51}{8}$

16 $\dfrac{38}{9}$

17 $\dfrac{33}{10}$

18 $\dfrac{28}{11}$

19 $\dfrac{50}{12}$

20 $\dfrac{27}{13}$

21 $\dfrac{19}{14}$

22 $\dfrac{34}{15}$

23 $\dfrac{50}{16}$

24 $\dfrac{20}{17}$

112쪽 | 적용

25 $\dfrac{7}{6}$

26 $\dfrac{25}{9}$

27 $\dfrac{65}{12}$

28 $\dfrac{42}{13}$

29 $\dfrac{34}{16}$

30 $\dfrac{23}{20}$

31 (오른쪽) ○

32 (오른쪽) ○

33 (왼쪽) ○

34 (왼쪽) ○

35 (왼쪽) ○

36 (오른쪽) ○

37 (왼쪽) ○

113쪽 | 완성

※ 38, 39 는 왼쪽에서부터 채점하세요.

38 $\dfrac{17}{3}$, $\dfrac{15}{4}$, $\dfrac{17}{2}$, $\dfrac{41}{9}$, $\dfrac{52}{5}$, $\dfrac{43}{6}$

39 $\dfrac{23}{10}$, $\dfrac{29}{8}$, $\dfrac{46}{7}$, $\dfrac{34}{7}$, $\dfrac{59}{6}$, $\dfrac{51}{10}$

+문해력

40 $\dfrac{15}{8}$ / $\dfrac{15}{8}$

29회 가분수를 대분수로 나타내기

114쪽 | 개념

1 $2\dfrac{1}{3}$

2 $1\dfrac{3}{6}$

3 $3\dfrac{5}{7}$

4 $1\dfrac{6}{9}$

5 $5, 1\dfrac{3}{5}$

6 $12, 2\dfrac{4}{6}$

7 $28, 4\dfrac{2}{7}$

8 $24, 3\dfrac{5}{8}$

9 $20, 2\dfrac{3}{10}$

115쪽 | 연습

10 $2\frac{2}{3}$

11 $2\frac{3}{4}$

12 $4\frac{3}{5}$

13 $3\frac{1}{6}$

14 $4\frac{3}{7}$

15 $5\frac{2}{8}$

16 $3\frac{3}{9}$

17 $2\frac{7}{10}$

18 $3\frac{2}{11}$

19 $3\frac{1}{12}$

20 $3\frac{1}{13}$

21 $1\frac{11}{14}$

22 $2\frac{2}{15}$

23 $2\frac{3}{16}$

24 $2\frac{7}{20}$

116쪽 | 적용

25
26
27
28
29

30	○	
31	○	
32		○
33	○	
34	○	
35		○
36	○	

117쪽 | 완성

37 $2\frac{5}{6}$

38 $4\frac{6}{9}$

39 $5\frac{6}{10}$

40 $5\frac{10}{15}$

+문해력

41 $3\frac{3}{4}$ / $3\frac{3}{4}$

30회 분모가 같은 분수의 크기 비교 (1)

118쪽 | 개념

1 <, <

2 >, >

3 >, >

4 <, <

5 >, >

6 <, <

7 >, >

8 <, <

9 <, <

10 >, >

119쪽 | 연습

11 ① > ② <

12 ① > ② >

13 ① < ② <

14 ① < ② >

15 ① > ② <

16 ① < ② <

17 ① < ② >

18 ① > ② <

19 ① > ② >

20 ① > ② >

21 ① < ② >

120쪽 | 적용

22 $\frac{30}{7}$

23 $\frac{36}{9}$

24 $\frac{31}{15}$

25 $7\frac{1}{3}$

26 $8\frac{4}{5}$

27 $7\frac{10}{16}$

28 $\frac{12}{3}$

29 $\frac{9}{6}$

30 $\frac{16}{18}$

31 $1\frac{2}{10}$

32 $3\frac{3}{11}$

33 $4\frac{6}{14}$

※ **34** ~ **37**은 위에서부터 채점하세요.

34 $\dfrac{15}{8}$ / $\dfrac{12}{8}$, $\dfrac{15}{8}$ **36** $8\dfrac{1}{4}$ / $7\dfrac{2}{4}$, $8\dfrac{1}{4}$

35 $\dfrac{34}{12}$ / $\dfrac{34}{12}$, $\dfrac{23}{12}$ **37** $4\dfrac{6}{9}$ / $4\dfrac{6}{9}$, $4\dfrac{3}{9}$

+문해력

38 $7\dfrac{1}{3}$, $>$, $6\dfrac{2}{3}$ / 노란

31회 분모가 같은 분수의 크기 비교 (2)

1 $<$ / $<$ **4** $>$ / $>$

2 $2\dfrac{1}{6}$, $2\dfrac{1}{6}$, $>$ / $>$ **5** $\dfrac{37}{9}$, $\dfrac{37}{9}$, $>$ / $>$

3 $5\dfrac{3}{8}$, $>$, $5\dfrac{3}{8}$ / $>$ **6** $\dfrac{90}{11}$, $=$, $\dfrac{90}{11}$ / $=$

7 ① $>$ ② $<$ **12** ① $<$ ② $>$

8 ① $<$ ② $>$ **13** ① $<$ ② $>$

9 ① $<$ ② $>$ **14** ① $>$ ② $=$

10 ① $=$ ② $<$ **15** ① $>$ ② $<$

11 ① $<$ ② $>$ **16** ① $>$ ② $>$

                  17 ① $<$ ② $>$

18 $\dfrac{17}{4}$ **25** (○)

          (   )

19 $4\dfrac{1}{7}$ **26** (   )

          (○)

20 $\dfrac{24}{11}$ **27** (   )

          (○)

21 $\dfrac{18}{5}$ **28** (○)

          (   )

22 $3\dfrac{1}{13}$ **29** (○)

          (   )

23 $\dfrac{22}{18}$ **30** (   )

24 $2\dfrac{9}{25}$ (○)

31

+문해력

32 $6\dfrac{6}{7}$, $\dfrac{48}{7}\left(6\dfrac{6}{7}\right)$, $>$, $6\dfrac{1}{7}$ / 메뚜기

32회 평가 A

126쪽

1 $\dfrac{3}{5}$

2 $\dfrac{1}{3}$

3 $\dfrac{1}{2}$

4 $\dfrac{2}{4}$

5 $\dfrac{3}{6}$

6 $\dfrac{6}{7}$

7 ① 3 ② 15

8 ① 4 ② 12

9 8

10 25

11 36

127쪽

12 $\dfrac{5}{3}$

13 $\dfrac{85}{9}$

14 $\dfrac{73}{10}$

15 $\dfrac{40}{18}$

16 $5\dfrac{1}{7}$

17 $3\dfrac{5}{8}$

18 $6\dfrac{8}{9}$

19 $2\dfrac{7}{19}$

20 ① > ② <

21 ① < ② >

22 ① > ② <

23 ① > ② <

24 ① < ② =

25 ① > ② <

33회 평가 B

128쪽

1 $8,\ \dfrac{5}{8}$

2 $4,\ \dfrac{2}{4}$

3 $9,\ \dfrac{7}{9}$

4 $6,\ \dfrac{4}{6}$

5 ① 3 ② 6 ③ 9

6 ① 2 ② 6 ③ 16

7 ① 9 ② 18 ③ 54

8 ① 12 ② 48 ③ 84

129쪽

9 왼쪽 ○

10 오른쪽 ○

11 왼쪽 ○

12 왼쪽 ○

13 오른쪽 ○

14 왼쪽 ○

15 오른쪽 ○

16 $\dfrac{34}{5}$

17 $6\dfrac{5}{7}$

18 $3\dfrac{7}{12}$

19 $4\dfrac{1}{4}$

20 $\dfrac{30}{8}$

21 $\dfrac{50}{6}$

22 $2\dfrac{8}{9}$

34회 들이 단위

132쪽 | 개념

1 **400** mL
/ 400 밀리리터

2 **750** mL
/ 750 밀리리터

3 **1 L 800** mL
/ 1 리터 800 밀리리터

4 1000, 1300

5 4000, 4950

6 8000, 8600

7 2000, 2, 500

8 5000, 5, 150

133쪽 | 연습

9 1, 500

10 2, 300

11 5, 100

12 ① 1400
② 2600

13 ① 3700
② 9500

14 ① 6080
② 8030

15 ① 5, 500
② 9, 900

16 ① 6, 120
② 9, 330

17 ① 7, 80
② 8, 60

18 ① 4, 8
② 9, 7

134쪽 | 적용

19 mL

20 L

21 mL

22 mL

23 L

24 L

25		○
26	○	
27		○
28	○	
29		○
30		○
31	○	
32		○

135쪽 | 완성

33

34

+문해력

35 7000, 7, 250 / 7, 250

35회 들이의 덧셈과 뺄셈

136쪽 | 개념

1 5, 700

2 7, 600

3 1 / 6, 500

4 1 / 9, 200

5 1 / 8, 600

6 4, 600

7 3, 400

8 6, 1000 / 2, 600

9 7, 1000 / 5, 400

10 8, 1000 / 4, 900

137쪽 | 연습

11 ① 3 L 700 mL
② 1 L 500 mL

12 ① 5 L 700 mL
② 1 L 300 mL

13 ① 8 L 300 mL
② 500 mL

14 ① 9 L 400 mL
② 4 L 600 mL

15 ① 8 L 50 mL
② 5 L 450 mL

16 ① 9 L 630 mL
② 6 L 910 mL

17 ① 2 L 900 mL
② 700 mL

18 ① 6 L 300 mL
② 2 L 300 mL

19 ① 9 L 100 mL
② 1 L 300 mL

20 ① 8 L 900 mL
② 7 L 300 mL

21 ① 5 L 100 mL
② 1 L 600 mL

22 ① 9 L 210 mL
② 2 L 90 mL

23 ① 9 L 500 mL
② 5 L 180 mL

139쪽 | 완성

33

+문해력
34 2, 500, 700, 1, 800 / 1, 800

138쪽 | 적용

24
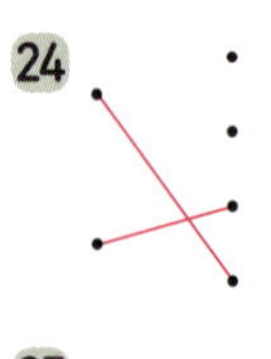

25

26

27

28 4 L 900 mL /
6 L 500 mL

29 5 L 900 mL /
7 L 50 mL

30 9 L 700 mL /
8 L 710 mL

31 2 L 900 mL /
2 L

32 5 L 90 mL /
3 L 850 mL

36회 무게 단위

140쪽 | 개념

1 **30 g**
/ 30 그램

2 **700 g**
/ 700 그램

3 **3 kg 200 g**
/ 3 킬로그램 200 그램

4 4000, 4100

5 6000, 6400

6 9000, 9850

7 2000, 2, 700

8 8000, 8, 650

141쪽 | 연습

9 1, 300

10 2, 500

11 4, 600

12 ① 1400
② 2900

13 ① 3820
② 6530

14 ① 4700
② 5100

15 ① 2, 600
② 3, 200

16 ① 4, 980
② 7, 260

17 ① 7, 600
② 8, 700

18 ① 8, 10
② 9, 50

142쪽 | 적용

19 kg

20 g

21 kg

22 t

23 g

24 kg

25 ㉠

26 ㉡

27 ㉠

28 ㉠

29 ㉡

30 ㉠

31 ㉡

32 ㉠

143쪽 | 완성

33 1800 g

34 6 kg 300 g

35 4500 kg

36 7t 900 kg

+문해력

37 7000, 7, 460 / 7, 460

37회 무게의 덧셈과 뺄셈

144쪽 | 개념

1 7, 300

2 9, 700

3 1 / 9, 400

4 1 / 8, 600

5 1 / 9, 200

6 3, 500

7 5, 100

8 5, 1000 / 2, 400

9 6, 1000 / 1, 600

10 7, 1000 / 3, 400

145쪽 | 연습

11 ① 4 kg 600 g
② 200 g

12 ① 4 kg 900 g
② 2 kg 300 g

13 ① 9 kg
② 1 kg 400 g

14 ① 8 kg 700 g
② 1 kg 300 g

15 ① 9 kg 10 g
② 5 kg 890 g

16 ① 9 kg 370 g
② 6 kg 670 g

17 ① 3 kg 700 g
② 1 kg 500 g

18 ① 6 kg 500 g
② 2 kg 500 g

19 ① 8 kg 600 g
② 4 kg 800 g

20 ① 9 kg
② 7 kg 600 g

21 ① 6 kg 200 g
② 2 kg 700 g

22 ① 9 kg 210 g
② 2 kg 90 g

23 ① 9 kg 290 g
② 4 kg 970 g

146쪽 | 적용

24

25

26

27

28 6 kg 500 g / 6 kg 100 g

29 7 kg 600 g / 7 kg 550 g

30 7 kg 600 g / 9 kg 180 g

31 4 kg / 3 kg 600 g

32 5 kg 640 g / 6 kg 100 g

147쪽 | 완성

33

+문해력

34 2, 280, 1, 160, 1, 120 / 1, 120

38회 평가 A

148쪽

1 ① 1600   ② 3900

2 ① 2270   ② 8750

3 ① 4090   ② 5030

4 ① 6001   ② 7009

5 ① 3, 300   ② 5, 700

6 ① 4, 80   ② 9, 20

7 ① 5, 4   ② 7, 6

8 ① 3 L 600 mL   ② 1 L 200 mL

9 ① 8 L 800 mL   ② 2 L 600 mL

10 ① 9 L 100 mL   ② 3 L 900 mL

11 ① 5 L 300 mL   ② 2 L 700 mL

12 ① 9 L 70 mL   ② 6 L 630 mL

13 ① 5 L 830 mL   ② 850 mL

14 ① 8 L 200 mL   ② 5 L 20 mL

149쪽

15 ① 2500   ② 3700

16 ① 4120   ② 7870

17 ① 5020   ② 6080

18 ① 1, 700   ② 5, 900

19 ① 3, 830   ② 9, 450

20 ① 7, 60   ② 8, 20

21 ① 4000   ② 9000

22 ① 5 kg 900 g   ② 1 kg 100 g

23 ① 8 kg 900 g   ② 4 kg 500 g

24 ① 9 kg 700 g   ② 6 kg 900 g

25 ① 7 kg 200 g   ② 2 kg 800 g

26 ① 8 kg 50 g   ② 710 g

27 ① 6 kg 820 g   ② 3 kg 720 g

28 ① 9 kg 370 g   ② 6 kg 90 g

39회 평가 B

150쪽

1 L
2 mL
3 L
4 kg
5 t
6 g

7 ○ |
8 | ○
9 | ○
10 ○ |
11 | ○
12 ○ |
13 ○ |
14 | ○

151쪽

15 ·
16 ·
17 ·
18 ·

19 5 L 700 mL / 8 L 300 mL

20 8 L 100 mL / 9 L 900 mL

21 2 L 100 mL / 3 L 800 mL

22 4 kg 850 g / 7 kg 250 g

23 2 kg 30 g / 6 kg 640 g

40회 그림그래프 알기

154쪽 | 개념

1 10, 1
2 100, 10
3 2, 1 / 21
4 1, 2 / 12
5 3, 4 / 34

155쪽 | 연습

6 ① 33 ② 24
7 ① 31 ② 42
8 ① 9 ② 17
9 ① 320 ② 500
10 ① 160 ② 240
11 ① 410 ② 350

156쪽 | 적용

12 O, 34
13 나, 420
14 가, 250
15 23, 31, 26, 125
16 41, 34, 25, 100
17 320, 230, 400, 950

157쪽 | 완성

18

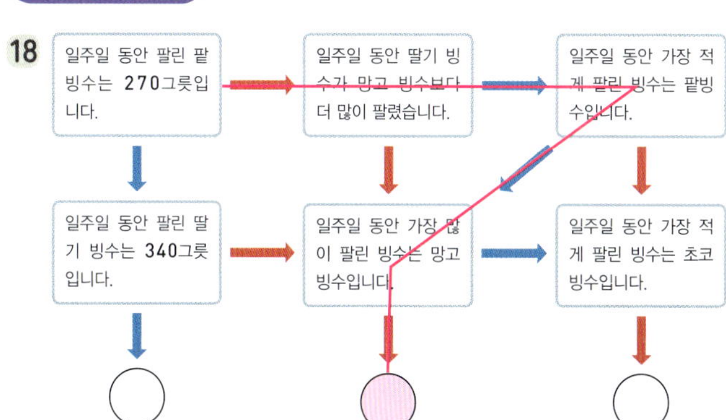

+문해력
19 3, 2, 단풍 / 단풍

41회 그림그래프로 나타내기

158쪽 | 개념

1 예 10, 예 1
2 예 100, 예 10
3 예 10, 예 1
4 2, 1, 3 / 5, 4, 0
5 1, 1, 1 / 5, 3, 2

159쪽 | 연습

6 봉지별 사탕 수

봉지	사탕 수
가	○○○○○
나	◎○
다	◎○○○○○○○○
라	◎◎○○○○○○

◎10개 ○1개

7 학생별 읽은 책 수

이름	책 수
인하	◎◎○○○○○
건희	◎○
승협	◎○○○○
민지	◎

◎10권 ○1권

8 방과 후 수업을 신청한 학년별 학생 수

학년	학생 수
3학년	◎◎◎
4학년	◎◎○○○○○○
5학년	◎○○○○○
6학년	◎◎○

◎10명 ○1명

9 색깔별 구슬 수

색깔	구슬 수
빨간색	◈◈◇◇◇◇
파란색	◈◇◇◇◇
노란색	◈◇◇
초록색	◈◈◇◇◇◇◇

◈100개 ◇10개

10 좋아하는 동물별 학생 수

동물	학생 수
기린	◈◇◇◇◇◇◇
사자	◈◇◇◇
수달	◈◈◇
펭귄	◇◇◇◇

◈100명 ◇10명

11 양계장별 달걀 생산량

양계장	생산량
가	◈◈◈◇
나	◈
다	◈◈◈
라	◈◈◇◇◇◇

◈100 kg ◇10 kg

160쪽 | 적용

12 13 / 종류별 팔린 꽃 수

종류	꽃 수
튤립	♡○○○○○
장미	♡♡○○
국화	♡○○○

♡10송이 ○1송이

13 15, 11 / 반별 안경을 쓴 학생 수

반	학생 수
1반	◎○○○○○
2반	○○○○○○○○○
3반	◎○

◎10명 ○1명

14 34 / 월별 모은 폐휴지의 양

월	폐휴지의 양
1월	⧈□□
2월	⧈⧈⧈□□□□
3월	⧈⧈⧈⧈□□□
4월	⧈⧈□

⧈10 kg □1 kg

15 12, 10, 35 / 좋아하는 간식별 학생 수

간식	학생 수
과자	⩔▽▽▽
빵	⩔▽▽
떡	⩔

⩔10명 ▽1명

16 12, 8, 14, 6, 40 / 좋아하는 동물별 학생 수

동물	학생 수
강아지	⩔▽▽
고양이	▽▽▽▽▽▽▽▽
토끼	⩔▽▽▽▽
햄스터	▽▽▽▽▽▽

⩔10명 ▽1명

161쪽 | 완성

17 혈액형별 3학년 학생 수

혈액형	학생 수
A형	◎◎◎◎◎
B형	◎◎○
AB형	◎○○○
O형	◎◎◎○

◎10명 ○1명

18 혈액형별 4학년 학생 수

혈액형	학생 수
A형	◎◎◎◎◎○
B형	◎◎
AB형	◎◎○○○○
O형	◎○○○○○

◎10명 ○1명

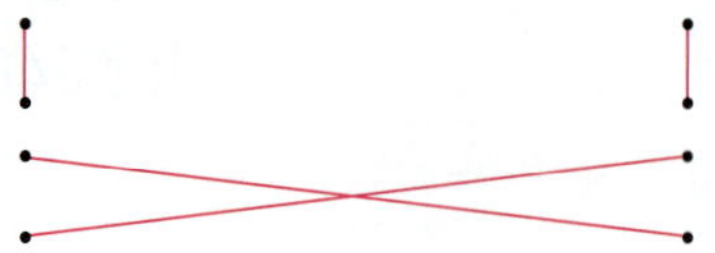

+문해력

19 10, 1, 1, 6 /

학년별 방과 후 수업 강좌 수

학년	강좌 수
1학년	◎○○○○
2학년	◎○○○○○
3학년	◎○○○

◎ 10개
○ 1개

42회 평가 A

162쪽

1 ① 25　② 46
2 ① 32　② 24
3 ① 340　② 230
4 ① 23　② 18
5 ① 430　② 270
6 ① 33　② 19

163쪽

7 색깔별 풍선 수

색깔	풍선 수
빨간색	◎○○○○○
보라색	◎◎○○○○
파란색	◎◎○

◎ 10개
○ 1개

8 가게별 요구르트 판매량

가게	판매량
가	◎◎◎○○○○
나	◎○○
다	◎◎○○○○○
라	◎○○○

◎ 10개
○ 1개

9 학생별 훌라후프 횟수

이름	횟수
우진	◎◎○
시현	◎◎◎◎◎○○○○
유빈	◎◎○○○○○
종훈	◎◎◎○○○○○

◎ 10회
○ 1회

10 배우고 싶은 악기별 학생 수

악기	학생 수
피아노	◇◇◇◇◇◇◇
기타	◇◇◇◇
플루트	◇◇◇

◇ 10명
◇ 1명

11 좋아하는 피자별 학생 수

피자	학생 수
불고기	◇◇◇◇◇◇◇
치즈	◇◇◇◇◇◇
고구마	◇◇◇◇
새우	◇◇◇◇◇◇◇

◇ 10명
◇ 1명

12 좋아하는 채소별 학생 수

채소	학생 수
당근	◇◇◇◇◇
오이	◇◇◇◇◇◇◇
가지	◇◇
양파	◇◇◇◇◇

◇ 10명
◇ 1명

43회 평가 B

164쪽

1 냉면, 35
2 다, 42
3 가, 510
4 42, 25, 100
5 31, 30, 24, 85
6 34, 16, 20, 70

165쪽

7 22 /

받고 싶은 선물별 학생 수

선물	학생 수
장난감	◎◎
게임기	◎◎○○
책	○○○○○○○○

◎ 10명
○ 1명

8 160 /

농장별 딸기 생산량

농장	생산량
가	△△
나	△△△△△
다	△△△△△△△△

△ 100 kg
△ 10 kg

9 17, 21 /

학생별 도서관에서 빌린 책 수

이름	책 수
정우	□□□
세희	□□□□□□□□
호준	□□□□□□
은아	□□□

□ 10권
□ 1권

10 11, 8, 36 /

좋아하는 꽃별 학생 수

꽃	학생 수
장미	◎○○○○○○
튤립	◎○
민들레	○○○○○○○○

◎ 10명
○ 1명

11 23, 16, 12, 21, 72 /

가 보고 싶은 나라별 학생 수

나라	학생 수
미국	◎◎○○○
영국	◎○○○○○○
프랑스	◎○○
일본	◎◎○

◎ 10명
○ 1명

44회 1~6단원 총정리

1 ① 246   ② 369

2 ① 654   ② 872

3 ① 2034   ② 2712

4 ① 3150   ② 4050

5 ① 116   ② 332

6 ① 636   ② 324

7 ① 2814   ② 4891

8 ① 30   ② 18

9 ① 42   ② 21

10 ① 26   ② 13

11 ① 11⋯3   ② 9⋯2

12 ① 18⋯3   ② 11⋯5

13 ① 128   ② 96

14 ① 163⋯3   ② 72⋯7

15 3

16 8

17 6

18 14

19 8

20 20

21 $\dfrac{3}{4}$

22 $\dfrac{4}{5}$

23 $\dfrac{2}{6}$

24 $\dfrac{28}{9}$

25 $\dfrac{37}{7}$

26 $9\dfrac{1}{2}$

27 $4\dfrac{6}{8}$

28 2400

29 6, 700

30 4100

31 9, 800

32 3, 200

33 ① 4 L 900 mL   ② 2 L 300 mL

34 ① 8 L 920 mL   ② 1 L 580 mL

35 ① 5 kg 300 g   ② 700 g

36 ① 8 kg 30 g   ② 5 kg 590 g

37 ① 41   ② 25

38 ① 43   ② 34

39 ① 260   ② 420

바른 독해의 빠른시작
초등 국어
문학 독해
4
바른 독해의 빠른시작
초등 국어
비문학 독해
3
독해력을 키우는 바른 어휘 학습
초등 국어
어휘 X 독해
5단계
5·6학년
믿고 보는
초등 국어
베스트셀러
빠작 3총사
문학, 비문학에 맞는 바른 독해법부터, 독해력을 키우는 어휘 학습까지!
#초등문해력 #완벽라인업
#빠작
NEW
NEW
초등 비문학 독해
통합과학
3
초등 비문학 독해
통합사회
3학년
초등 국어
문법
5·6학년
비문학 독해에 사회, 과학 교과 개념 더하고!
초등 눈높이에 맞는 문법까지!
동아출판

큐브 연산

정답 | 초등 수학 3·2

연산 | 전 단원 연산을 다잡는 기본서

개념 | 교과서 개념을 다잡는 기본서

유형 | 모든 유형을 다잡는 기본서

시작만 했을 뿐인데 완북했어요!

시작만 했을 뿐인데 그 끝은 완북으로! 학습할 땐 힘들었지만 큐브 연산으로 기초를 튼튼하게 다지면서 새 학기 때 수학의 자신감은 덤으로 뿜뿜할 수 있을 듯 해요^^

초1중2민지사랑민찬

아이 스스로 얻은 성취감이 커서 너무 좋습니다!

아이가 방학 중에 개념 공부를 마치고 수학이 세상에서 제일 싫었다가 이제는 좋아졌다고 하네요. 아이 스스로 얻은 성취감이 커서 너무 좋습니다. 자칭 수포자 아이와 함께 이렇게 쉽게 마친 것도 믿어지지 않네요.

초5 초3 유유

자세한 개념 설명 덕분에 부담없이 할 수 있어요!

처음에는 할 수 있을까 욕심을 너무 부리는 건 아닌가 신경 쓰였는데, 선행용, 예습용으로 하기에 입문하기 좋은 난이도와 자세한 개념 설명 덕분에 아이가 부담없이 할 수 있었던 거 같아요~

초5워킹맘

결과는 대성공! 공부 습관과 함께 자신감 얻었어요!

겨울방학 동안 공부 습관 잡아주고 싶었는데 결과는 대성공이었습니다. 다른 친구들과 함께한다는 느낌 때문인지 아이가 책임감을 느끼고 참여하는 것 같더라고요. 덕분에 공부 습관과 함께 수학 자신감을 얻었어요.

스리마미

엄마표 학습에 동영상 강의가 도움이 되었어요!

동영상 강의가 있어서 설명을 듣고 개념 정리 문제를 풀어보니 보다 쉽게 이해할 수 있었어요. 엄마표로 진행하는 거라 엄마인 저도 막히는 부분이 있었는데 동영상 강의가 많은 도움이 되었네요.

3학년 칭칭맘

심리적으로 수학과 가까워진 거 같아서 만족해요!

아이는 처음 배우는 개념을 정독한 후 문제를 풀다 보니 부담감 없이 할 수 있었던 것 같아요. 매일 아이가 제일 먼저 공부하는 책이 큐브였어요. 그만큼 심리적으로 수학과 가까워진 거 같아서 만족스러워요.

초2 산들바람

수학 개념을 제대로 잡을 수 있어요!

처음에는 어려웠던 개념들도 차분히 문제를 풀어보면서 자신감을 얻은 거 같아서 아이도 엄마도 즐거웠답니다. 6주 동안 큐브 개념으로 4학년 1학기 수학 개념을 제대로 잡을 수 있어서 너무 뿌듯했어요.

초4초6 너굴사랑